人工智能技术丛书

谷歌JAX
深度学习从零开始学

王晓华 著

清华大学出版社
北京

内容简介

JAX是一个用于高性能数值计算的Python库，专门为深度学习领域的高性能计算而设计。本书详解JAX框架深度学习的相关知识，配套示例源码、PPT课件、数据集和开发环境。

本书共分为13章，内容包括JAX从零开始，一学就会的线性回归、多层感知机与自动微分器，深度学习的理论基础，XLA与JAX一般特性，JAX的高级特性，JAX的一些细节，JAX中的卷积，JAX与TensorFlow的比较与交互，遵循JAX函数基本规则下的自定义函数，JAX中的高级包。最后给出3个实战案例：使用ResNet完成CIFAR100数据集分类，有趣的词嵌入，生成对抗网络（GAN）。

本书适合JAX框架初学者、深度学习初学者以及深度学习从业人员，也适合作为高等院校和培训机构人工智能相关专业的师生教学参考书。

本书封面贴有清华大学出版社防伪标签，无标签者不得销售
版权所有，侵权必究。举报：010-62782989，beiqinquan@tup.tsinghua.edu.cn。

图书在版编目（CIP）数据

谷歌JAX深度学习从零开始学/王晓华著. —北京：清华大学出版社，2022.4
（人工智能技术丛书）
ISBN 978-7-302-60436-5

Ⅰ．①谷⋯ Ⅱ．①王⋯ Ⅲ．①软件工具—程序设计②机器学习 Ⅳ．①TP311.561②TP181

中国版本图书馆CIP数据核字（2022）第052837号

责任编辑：夏毓彦
封面设计：王　翔
责任校对：闫秀华
责任印制：朱雨萌

出版发行：清华大学出版社
网　　址：http://www.tup.com.cn，http://www.wqbook.com
地　　址：北京清华大学学研大厦A座　　邮　编：100084
社 总 机：010-83470000　　邮　购：010-62786544
投稿与读者服务：010-62776969，c-service@tup.tsinghua.edu.cn
质量反馈：010-62772015，zhiliang@tup.tsinghua.edu.cn

印 装 者：大厂回族自治县彩虹印刷有限公司
经　　销：全国新华书店
开　　本：190mm×260mm　　印　张：16　　字　数：435千字
版　　次：2022年6月第1版　　　　　　印　次：2022年6月第1次印刷
定　　价：79.00元

产品编号：096189-01

前　言

深度学习和人工智能引领了一个新的研究和发展方向，同时正在改变人类固有的处理问题的思维。现在各个领域都处于运用深度学习技术进行重大技术突破的阶段，与此同时，深度学习本身也展现出巨大的发展空间。

JAX 是一个用于高性能数值计算的 Python 库，专门为深度学习领域的高性能计算而设计，其包含丰富的数值计算与科学计算函数，能够很好地满足用户的计算需求，特别是其基于 GPU 或者其他硬件加速器的能力，能够帮助我们在现有的条件下极大地加速深度学习模型的训练与预测。

JAX 继承了 Python 简单易用的优点，给使用者提供了一个"便于入门，能够提高"的深度学习实现方案。JAX 在代码结构上采用面向对象方法编写，完全模块化，并具有可扩展性，其运行机制和说明文档都将用户体验和使用难度纳入考虑范围，降低了复杂算法的实现难度。JAX 的计算核心使用的是自动微分，可以支持自动模式反向传播和正向传播，且二者可以任意组合成任何顺序。

本书由浅到深地向读者介绍 JAX 框架相关的知识，重要内容均结合代码进行实战讲解，读者通过这些实例可以深入掌握 JAX 程序设计的内容，并能对深度学习有进一步的了解。

本书特色

版本新，易入门

本书详细介绍 JAX 最新版本的安装和使用，包括 CPU 版本以及 GPU 版本。

作者经验丰富，代码编写细腻

作者是长期奋战在科研和工业界的一线算法设计和程序编写人员，实战经验丰富，对代码中可能会出现的各种问题和"坑"有丰富的处理经验，使得读者能够少走很多弯路。

理论扎实，深入浅出

在代码设计的基础上，本书深入浅出地介绍深度学习需要掌握的一些基本理论知识，并通过大量的公式与图示对理论做介绍。

对比多种应用方案，实战案例丰富

本书给出了大量的实例，同时提供多个实现同类功能的解决方案，覆盖使用 JAX 进行深度学习开发中常用的知识。

本书内容

第 1 章 JAX 从零开始

本章介绍 JAX 应用于深度学习的基本理念、基础，并通过一个真实的深度学习例子向读者展示深度学习的一般训练步骤。本章是全书的基础，读者需要先根据本章内容搭建 JAX 开发环境，并下载合适的 IDE。

第 2 章 一学就会的线性回归、多层感知机与自动微分器

本章以深度学习中最常见的线性回归和多层感知机的程序设计为基础，循序渐进地介绍 JAX 进行深度学习程序设计的基本方法和步骤。

第 3 章 深度学习的理论基础

本章主要介绍深度学习的理论基础，从 BP 神经网络开始，介绍神经网络两个基础算法，并着重介绍反向传播算法的完整过程和理论，最后通过编写基本 Python 的方式实现一个完整的反馈神经网络。

第 4 章 XLA 与 JAX 一般特性

本章主要介绍 JAX 的一些基础特性，例如 XLA、自动微分等。读者需要了解的是 XLA 是如何工作的，它能给 JAX 带来什么。

第 5 章 JAX 的高级特性

本章是基于上一章的基础比较 JAX 与 NumPy，重点解释 JAX 在实践中的一些程序设计和编写的规范要求，并对其中的循环函数做一个详尽而细致的说明。

第 6 章 JAX 的一些细节

本章主要介绍 JAX 在设计性能较优的程序时的细节问题，并介绍 JAX 内部一整套结构体保存方法和对模型参数的控制，这些都是为我们能编写出更为强大的深度学习代码打下基础。

第 7 章 JAX 中的卷积

卷积可以说是深度学习中使用最为广泛的计算部件，本章主要介绍卷积的基础知识以及相关用法，并通过一个经典的卷积神经网络 VGG 模型，讲解卷积的应用和 JAX 程序设计的一些基本内容。

第 8 章 JAX 与 TensorFlow 的比较与交互

本章主要介绍在一些需要的情况下使用已有的 TensorFlow 组件的一些方法。作为深度学习经典框架，TensorFlow 有很多值得 JAX 参考和利用的内容。

第 9 章 遵循 JAX 函数基本规则下的自定义函数

本章介绍 JAX 创建自定义函数的基本规则，并对其中涉及的一些细节问题进行详细讲解。期望读者在了解和掌握如何利用和遵循这些基本规则后去创建既满足需求又能够符合 JAX 函数规则的自定义函数。

第 10 章 JAX 中的高级包

本章详细介绍 JAX 中高级程序设计子包，特别是 2 个非常重要的模块 jax.experimental 和 jax.nn。这两个包目前仍处于测试阶段，但是包含了建立深度学习模型所必需的一些基本函数。

第 11 章 JAX 实战——使用 ResNet 完成 CIFAR100 数据集分类

本章主要介绍在神经网络领域具有里程碑意义的模型——ResNet。它改变了人们仅仅依

靠堆积神经网络层来获取更高性能的做法，在一定程度上解决了梯度消失和梯度爆炸的问题。这是一项跨时代的发明。本章以手把手的方式向读者介绍 ResNet 模型的编写和架构方法。

第 12 章 JAX 实战——有趣的词嵌入

本章介绍 JAX 于自然语言处理的应用，通过一个完整的例子向读者介绍自然语言处理所需要的全部内容，一步步地教会读者使用不同的架构和维度进行文本分类的方法。

第 13 章 JAX 实战——生成对抗网络（GAN）

本章介绍使用 JAX 完成生成对抗网络模型的设计，讲解如何利用 JAX 完成更为复杂的深度学习模型设计，掌握 JAX 程序设计的技巧。同时也期望通过本章能够帮助读者全面复习本书所涉及的 JAX 的深度学习程序设计内容。

源码下载与技术支持

本书配套源码、PPT 课件、数据集、开发环境、配图文件和答疑服务，需要使用微信扫描右边二维码下载，可按页面提示，把链接转发到自己的邮箱中下载。如果下载有问题或者阅读中发现问题，请联系 booksaga@163.com，邮件主题为"谷歌 JAX 深度学习从零开始学"。

本书读者

- 人工智能入门读者
- 深度学习入门读者
- 机器学习入门读者
- 高等院校人工智能专业的师生
- 专业培训机构的师生
- 其他对智能化、自动化感兴趣的开发者

技术支持、勘误和鸣谢

由于作者的水平有限，加上 JAX 框架的演进较快，书中难免存在疏漏之处，恳请读者来信批评指正。本书的顺利出版，首先要感谢家人的理解和支持，他们给予我莫大的动力，让我的努力更加有意义。此外特别感谢出版社的编辑们，感谢他们在本书编写过程中给予的无私指导。

编　者
2022 年 4 月

深度学习图书推荐

《深度学习案例精粹：基于TensorFlow与Keras》

本书由13个深度学习案例组成，所有案例都基于Python+TensorFlow 2.5+Keras技术，可用于深度学习的实战训练，拓宽解决实际问题的思路和方法。

《TensorFlow知识图谱实战》

大数据时代的到来，为人工智能的飞速发展带来前所未有的数据红利。在大数据背景下，大量知识不断涌现，如何有效地发掘这些知识呢？知识图谱横空出世。本书教会读者使用TensorFlow 2深度学习构建知识图谱，引导读者掌握知识图谱的构建理论和方法。

《TensorFlow人脸识别实战》

深度学习方法的主要优势是可以用非常大型的数据集进行训练，学习到表征这些数据的最佳特征，从而在要求的准确度下实现人脸识别的目标。本书教会读者如何运用TensorFlow 2深度学习框架实现人脸识别。

《TensorFlow语音识别实战》

本书使用TensorFlow 2作为语音识别的基本框架，引导读者入门并掌握基于深度学习的语音识别基本理论、概念以及实现实际项目。全书内容循序渐进，从搭建环境开始，逐步深入理论、代码及应用实践，是学习语音识别技术的首选。

《TensorFlow 2.0深度学习从零开始学》

本书系统讲解TensorFlow 2.0的新框架设计思想和模型的编写，详细介绍TensorFlow 2.0的安装、使用以及Keras编程方法与技巧，剖析卷积神经网络原理及其实战应用。

《深度学习的数学原理与实现》

本书主要讲解深度学习中的数学知识、算法原理和实现方法。内容包括深度学习概述、梯度下降算法、卷积函数、损失函数、线性回归和逻辑回归、时间序列模型和生成对抗网络、TensorFlow框架、推荐算法、标准化正则化和初始化、人脸识别案例、词嵌入向量案例。

《Python深度学习从零开始学》

本书立足实践，以通俗易懂的方式详细介绍深度学习的基础理论以及相关的必要知识，同时以实际动手操作的方式来引导读者入门人工智能深度学习。本书的读者只需具备Python语言基础知识，不需要有数学基础或者AI基础，按照本书的步骤循序渐进地学习，即可快速上手深度学习。

目　录

第1章　JAX 从零开始 1

1.1　JAX 来了 1
1.1.1　JAX 是什么 1
1.1.2　为什么是 JAX 2
1.2　JAX 的安装与使用 3
1.2.1　Windows Subsystem for Linux 的安装 3
1.2.2　JAX 的安装和验证 7
1.2.3　PyCharm 的下载与安装 8
1.2.4　使用 PyCharm 和 JAX 9
1.2.5　JAX 的 Python 代码小练习：计算 SeLU 函数 11
1.3　JAX 实战——MNIST 手写体的识别 12
1.3.1　第一步：准备数据集 12
1.3.2　第二步：模型的设计 13
1.3.3　第三步：模型的训练 13
1.4　本章小结 15

第2章　一学就会的线性回归、多层感知机与自动微分器 16

2.1　多层感知机 16
2.1.1　全连接层——多层感知机的隐藏层 16
2.1.2　使用 JAX 实现一个全连接层 17
2.1.3　更多功能的全连接函数 19
2.2　JAX 实战——鸢尾花分类 22
2.2.1　鸢尾花数据准备与分析 23
2.2.2　模型分析——采用线性回归实战鸢尾花分类 24
2.2.3　基于 JAX 的线性回归模型的编写 25
2.2.4　多层感知机与神经网络 27
2.2.5　基于 JAX 的激活函数、softmax 函数与交叉熵函数 29
2.2.6　基于多层感知机的鸢尾花分类实战 31
2.3　自动微分器 35
2.3.1　什么是微分器 36
2.3.2　JAX 中的自动微分 37

2.4 本章小结 38

第 3 章 深度学习的理论基础 ... 39

3.1 BP 神经网络简介 39
3.2 BP 神经网络两个基础算法详解 42
3.2.1 最小二乘法详解 43
3.2.2 道士下山的故事——梯度下降算法 44
3.2.3 最小二乘法的梯度下降算法以及 JAX 实现 46
3.3 反馈神经网络反向传播算法介绍 52
3.3.1 深度学习基础 52
3.3.2 链式求导法则 53
3.3.3 反馈神经网络原理与公式推导 54
3.3.4 反馈神经网络原理的激活函数 59
3.3.5 反馈神经网络原理的 Python 实现 60
3.4 本章小结 64

第 4 章 XLA 与 JAX 一般特性 ... 65

4.1 JAX 与 XLA 65
4.1.1 XLA 如何运行 65
4.1.2 XLA 如何工作 67
4.2 JAX 一般特性 67
4.2.1 利用 JIT 加快程序运行 67
4.2.2 自动微分器——grad 函数 68
4.2.3 自动向量化映射——vmap 函数 70
4.3 本章小结 71

第 5 章 JAX 的高级特性 ... 72

5.1 JAX 与 NumPy 72
5.1.1 像 NumPy 一样运行的 JAX 72
5.1.2 JAX 的底层实现 lax 74
5.1.3 并行化的 JIT 机制与不适合使用 JIT 的情景 75
5.1.4 JIT 的参数详解 77
5.2 JAX 程序的编写规范要求 78
5.2.1 JAX 函数必须要为纯函数 79
5.2.2 JAX 中数组的规范操作 80

5.2.3　JIT 中的控制分支 83

　　　5.2.4　JAX 中的 if、while、for、scan 函数 85

　5.3　本章小结 89

第 6 章　JAX 的一些细节　90

　6.1　JAX 中的数值计算 90

　　　6.1.1　JAX 中的 grad 函数使用细节 90

　　　6.1.2　不要编写带有副作用的代码——JAX 与 NumPy 的差异 93

　　　6.1.3　一个简单的线性回归方程拟合 94

　6.2　JAX 中的性能提高 98

　　　6.2.1　JIT 的转换过程 98

　　　6.2.2　JIT 无法对非确定参数追踪 100

　　　6.2.3　理解 JAX 中的预编译与缓存 102

　6.3　JAX 中的函数自动打包器——vmap 102

　　　6.3.1　剥洋葱——对数据的手工打包 102

　　　6.3.2　剥甘蓝——JAX 中的自动向量化函数 vmap 104

　　　6.3.3　JAX 中高阶导数的处理 105

　6.4　JAX 中的结构体保存方法 Pytrees 106

　　　6.4.1　Pytrees 是什么 106

　　　6.4.2　常见的 pytree 函数 107

　　　6.4.3　深度学习模型参数的控制（线性模型）...108

　　　6.4.4　深度学习模型参数的控制（非线性模型）...113

　　　6.4.5　自定义的 Pytree 节点 113

　　　6.4.6　JAX 数值计算的运行机制 115

　6.5　本章小结 117

第 7 章　JAX 中的卷积　118

　7.1　什么是卷积 118

　　　7.1.1　卷积运算 119

　　　7.1.2　JAX 中的一维卷积与多维卷积的计算 120

　　　7.1.3　JAX.lax 中的一般卷积的计算与表示 122

　7.2　JAX 实战——基于 VGG 架构的 MNIST 数据集分类 124

　　　7.2.1　深度学习 Visual Geometry Group（VGG）架构 124

　　　7.2.2　VGG 中使用的组件介绍与实现 126

　　　7.2.3　基于 VGG6 的 MNIST 数据集分类实战 129

7.3 本章小结 133

第 8 章 JAX 与 TensorFlow 的比较与交互 134

8.1 基于 TensorFlow 的 MNIST 分类 134
8.2 TensorFlow 与 JAX 的交互 137
    8.2.1 基于 JAX 的 TensorFlow Datasets 数据集分类实战 137
    8.2.2 TensorFlow Datasets 数据集库简介 141
8.3 本章小结 145

第 9 章 遵循 JAX 函数基本规则下的自定义函数 146

9.1 JAX 函数的基本规则 146
    9.1.1 使用已有的原语 146
    9.1.2 自定义的 JVP 以及反向 VJP 147
    9.1.3 进阶 jax.custom_jvp 和 jax.custom_vjp 函数用法 150
9.2 Jaxpr 解释器的使用 153
    9.2.1 Jaxpr tracer 153
    9.2.2 自定义的可以被 Jaxpr 跟踪的函数 155
9.3 JAX 维度名称的使用 157
    9.3.1 JAX 的维度名称 157
    9.3.2 自定义 JAX 中的向量 Tensor 158
9.4 本章小结 159

第 10 章 JAX 中的高级包 160

10.1 JAX 中的包 160
    10.1.1 jax.numpy 的使用 161
    10.1.2 jax.nn 的使用 162
10.2 jax.experimental 包和 jax.example_libraries 的使用 163
    10.2.1 jax.experimental.sparse 的使用 163
    10.2.2 jax.experimental.optimizers 模块的使用 166
    10.2.3 jax.experimental.stax 的使用 168
10.3 本章小结 168

第 11 章 JAX 实战——使用 ResNet 完成 CIFAR100 数据集分类 169

11.1 ResNet 基础原理与程序设计基础 169
    11.1.1 ResNet 诞生的背景 170

11.1.2 使用 JAX 中实现的部件——不要重复造轮子 173
　　11.1.3 一些 stax 模块中特有的类 175
11.2 ResNet 实战——CIFAR100 数据集分类 176
　　11.2.1 CIFAR100 数据集简介 176
　　11.2.2 ResNet 残差模块的实现 179
　　11.2.3 ResNet 网络的实现 181
　　11.2.4 使用 ResNet 对 CIFAR100 数据集进行分类 182
11.3 本章小结 184

第 12 章 JAX 实战——有趣的词嵌入 185

12.1 文本数据处理 185
　　12.1.1 数据集和数据清洗 185
　　12.1.2 停用词的使用 188
　　12.1.3 词向量训练模型 word2vec 的使用 190
　　12.1.4 文本主题的提取：基于 TF-IDF 193
　　12.1.5 文本主题的提取：基于 TextRank 197
12.2 更多的词嵌入方法——FastText 和预训练词向量 200
　　12.2.1 FastText 的原理与基础算法 201
　　12.2.2 FastText 训练以及与 JAX 的协同使用 202
　　12.2.3 使用其他预训练参数嵌入矩阵（中文） 204
12.3 针对文本的卷积神经网络模型——字符卷积 205
　　12.3.1 字符（非单词）文本的处理 206
　　12.3.2 卷积神经网络文本分类模型的实现——conv1d（一维卷积） 213
12.4 针对文本的卷积神经网络模型——词卷积 216
　　12.4.1 单词的文本处理 216
　　12.4.2 卷积神经网络文本分类模型的实现 218
12.5 使用卷积对文本分类的补充内容 219
　　12.5.1 中文的文本处理 219
　　12.5.2 其他细节 222
12.6 本章小结 222

第 13 章 JAX 实战——生成对抗网络（GAN） 223

13.1 GAN 的工作原理详解 223
　　13.1.1 生成器与判别器共同构成了一个 GAN 224
　　13.1.2 GAN 是怎么工作的 225

13.2 GAN 的数学原理详解 225
　　13.2.1 GAN 的损失函数 226
　　13.2.2 生成器的产生分布的数学原理——相对熵简介 226
13.3 JAX 实战——GAN 网络 227
　　13.3.1 生成对抗网络 GAN 的实现 228
　　13.3.2 GAN 的应用前景 232
13.4 本章小结 235

附录 Windows 11 安装 GPU 版本的 JAX 236

第 1 章 JAX 从零开始

近年来,人工智能(Artificial Intelligence,AI)在科研领域取得了巨大的成功,影响到了人们生活的方方面面,而其中基于神经网络的深度学习(Deep Learning,DL)发展尤为迅速。深度学习将现实世界中的每一个概念都由表现更为抽象的概念来定义,即通过神经网络来提取样本特征。

深度学习通过学习样本数据的内在规律和表示层次,从而使得人工智能能够像人一样具备分析能力,可以自动识别文字、图像和声音等数据,以便帮助人工智能项目更接近于人的认知形式。

深度学习是一个复杂的机器学习算法,目前在搜索技术、数据挖掘、机器学习、机器翻译、自然语言处理、多媒体学习、语音、推荐和个性化技术,以及其他相关领域都取得了令人瞩目的成就。深度学习解决了很多复杂的模式识别难题,使得人工智能相关技术取得了重大进步。

1.1 JAX 来了

"工欲善其事,必先利其器"。人工智能或者其核心理论深度学习也一样。任何一个好的成果落地并在将来发挥其巨大作用,都需要一个能够将其落地并应用的基本框架工具。JAX 是机器学习框架领域的新生力量,它具有更快的高阶微分计算方法,可以采用先编译后执行的模式,突破了已有深度学习框架的局限性,同时具有更好的硬件支持,甚至将来可能会成为谷歌的主要科学计算深度学习库。

1.1.1 JAX 是什么

JAX 官方文档的解释是:"JAX 是 CPU、GPU 和 TPU 上的 NumPy,具有出色的自动差异化功能,可用于高性能机器学习研究。"

就像 JAX 官方文档解释的那样,最简单的 JAX 是加速器支持的 NumPy,它具有一些便利的功能,可用于常见的机器学习操作。

更具体地说,JAX 的前身是 Autograd,也就是 Autograd 的升级版本。JAX 可以对 Python 和 NumPy 程序进行自动微分,可通过 Python 的大量特征子集进行区分,包括循环、分支、递归和闭包语句进行自动求导,也可以求三阶导数(三阶导数是由原函数导数的导数的导数,即将原函数进行三次求导)。通过 grad,JAX 完全支持反向模式和正向模式的求导,而且这两种模式可以任意组合成任何顺序,具有一定灵活性。

开发 JAX 的出发点是什么?说到这,就不得不提 NumPy。NumPy 是 Python 中的一个基础数值运算库,被广泛使用,但是 NumPy 不支持 GPU 或其他硬件加速器,也没有对反向传播的内置支持。此外,Python 本身的速度限制了 NumPy 使用,所以少有研究者在生产环境下直接用 NumPy 训练或部署深度学习模型。

在此情况下,出现了众多的深度学习框架,如 PyTorch、TensorFlow 等。但是 NumPy 具有灵活、调试方便、API 稳定等独特的优势,而 JAX 的主要出发点就是将 NumPy 的优势与硬件加速相结合。

目前,基于 JAX 已有很多优秀的开源项目,如谷歌的神经网络库团队开发了 Haiku,这是一个面向 JAX 的深度学习代码库,通过 Haiku,用户可以在 JAX 上进行面向对象开发;又比如 RLax,这是一个基于 JAX 的强化学习库,用户使用 RLax 就能进行 Q-learning 模型的搭建和训练;此外还包括基于 JAX 的深度学习库 JAXnet,该库一行代码就能定义计算图,可进行 GPU 加速。可以说,在过去几年中,JAX 掀起了深度学习研究的风暴,推动了其相关科学研究的迅速发展。

1.1.2 为什么是 JAX

JAX 是机器学习框架领域的新生力量。JAX 从诞生就具有相对于其他深度学习框架更高的高度,并迈出了重要的一步,不是因为它比现有的机器学习框架具有更简洁的 API,或者因为它比 TensorFlow 和 PyTorch 在被设计的事情上做得更好,而是因为它允许我们更容易地尝试更广阔的思想空间。

JAX 把看不到的细节藏在底层内部结构中,而无须关心其使用过程和细节,很明显,JAX 关心的是如何让开发者做出创造性的工作。JAX 对如何使用做了很少的假设,具有很好的灵活性。

JAX 目前已经达到深度学习框架的最高水平。在当前开源的框架中,没有哪一个框架能够在简洁、易用、速度这 3 个方面有两个能同时超过 JAX。

- 简洁:JAX 的设计追求最少的封装,尽量避免重复造轮子。不像 TensorFlow 中充斥着 graph、operation、name_scope、variable、tensor、layer 等全新的概念,JAX 的设计遵循 tensor → variable(autograd) → Module 3 个由低到高的抽象层次,分别代表高维数组(张量)、自动求导(变量)和神经网络(层/模块),而且这 3 个抽象之间联系紧密,可以同时进行修改和操作。简洁的设计带来的另外一个好处就是代码易于理解。JAX 的源码只有 TensorFlow 的十分之一左右,更少的抽象、更直观的设计使得 JAX 的源码十分易于阅读。
- 速度:JAX 的灵活性不以速度为代价,在许多评测中,JAX 的速度表现胜过 TensorFlow 和 PyTorch 等框架。框架的运行速度和程序员的编码水平存在着一定关系,但同样的算法，使用 JAX 实现可能快过用其他框架实现。
- 易用：JAX 是所有的框架中面向对象设计得最优雅的一个。JAX 的设计最符合人们的思维，它让用户尽可能地专注于实现自己的想法，即所思即所得，不需要考虑太多关于框架本身的束缚。

JAX 的设计体现了 Linux 设计哲学——do one thing and do it well。JAX 很轻量级，专注于高效的数值计算，由于提供了调用其他框架的功能，这样 JAX 程序的编写以及数据的加载可以使用其他框架的现成工具。并且 Google 也在基于 JAX 构建生态：包括神经网络库 Haiku、梯度处理和优化的库 Optax、强化学习库 Rlax，以及用来帮助编写可靠代码的 chex 工具库。很多 Google 的研究组利用 JAX 来开发训练神经网络的工具库，比如 Flax、Trax。

1.2 JAX 的安装与使用

JAX 是一个最新的深度学习框架，但是当读者开始使用 JAX 的时候就会发现其非常简单。本节将带领读者安装 JAX 的开发环境，并演示第 1 个 JAX 的实战程序——MNIST 数据集识别。

目前，JAX 开发环境必须搭建在 Linux 系统上，而对于大多数读者来说，安装和使用 Linux 是一个较为困难的操作，因此这里采用 Windows 10 或者更高版本自带的虚拟机形式安装 JAX 开发环境。不用担心，只需要安装一遍并跟随笔者手把手地配置好开发环境和工具，之后就可以像开发传统的 Windows 程序一样进行 JAX 程序的开发。

1.2.1 Windows Subsystem for Linux 的安装

在 Windows 10 操作系统中，借助 Windows Subsystem for Linux（简称 WSL）的功能，后续的 Windows 操作系统都支持和兼容 Linux 程序。而 Windows Subsystem for Linux 是一个为在 Windows 10 上能够原生运行 Linux 二进制可执行文件（ELF 格式）的兼容层。它由微软与 Canonical 公司合作开发，目标是使纯正的 Ubuntu Trusty Tahr 映像能下载和解压到用户的本地计算机，并且映像内的实用工具能在此子系统上原生运行。

当然，我们可以简单地认为就是在 Windows 环境上安装了一个 Linux 虚拟机环境。

1. 第一步：启用 Linux 子系统

（1）在开始菜单中选择"设置"命令打开"Windows 设置"窗口，搜索"启用或关闭 Windows 功能"，如图 1.1 所示。

（2）搜索出"启用或关闭 Windows 功能"选项，单击打开"Windows 功能"对话框，如图 1.2 所示。勾选"虚拟机平台"和"适用于 Linux 的 Windows 子系统"选项即可，其他选项为默认。

（3）单击"确定"按钮之后，等待更改完成并重启计算机，如图 1.3 所示。

图 1.1 "Windows 设置"窗口

图 1.2 "Windows 功能"对话框

图 1.3 重启计算机

2. 第二步：启用开发者模式

在"Windows 设置"中搜索"使用开发人员功能"，打开"开发者选项"窗口，将"开发人员模式"下的开关打开，如图 1.4 所示。然后单击"是"按钮。

图 1.4 打开"开发人员模式"

注意：在安装 Ubuntu 之前，需要手动设置 WSL 的版本，这里建议在 Windows 终端中以管理员身份运行如下命令：

```
wsl.exe --update
```

等待升级结束后运行如下命令：

```
wsl --set-default-version 2
```

可以通过如下命令查看 WSL 的版本号：

```
wsl --list --verbose
```

显示如图 1.5 所示的结果即可完成这一步的工作。

图 1.5 WSL 的版本号

3．第三步：从"Microsoft Store"中安装 Ubuntu

打开 Microsoft Store 页面，搜索 Ubuntu，在搜索的结果中选择安装 Ubuntu 20.04 版本的 Linux 虚拟机，如图 1.6 所示。单击"获取"按钮即开始安装，如图 1.7 所示。

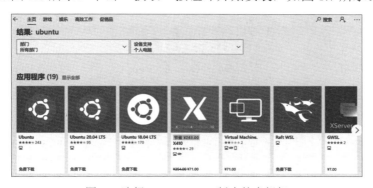

图 1.6 选择 Ubuntu 20.04 版本的虚拟机

图 1.7 安装 Ubuntu 20.04

4. 第四步：启动 WSL 虚拟机

安装完成后启动 WSL 虚拟机，第一次启动时可能时间稍长，根据不同的计算机配置需要花费若干分钟，请耐心等待一下，如图 1.8 所示。

图 1.8 第一次启动 WSL

 以后启动 WSL 可以像启动普通计算机程序一样，在 Windows 开始菜单的所有应用窗口中查找并点击对应的图标即可。。

5. 第五步：配置 Ubuntu 虚拟机

图 1.9 所示就是 Ubuntu 的配置界面，首先输入用户名和密码，这里需要注意的是，相对于 Windows 系统，Ubuntu 系统在输入密码时是不会有字符显示的。当出现此界面时，即可认为用户设置成功，另外，根据笔者的学习经验，配置一个最简单的密码是较为方便的选择。

图 1.9 Ubuntu 的配置界面

对于 WSL 的安装，读者需要知道几个小知识：

（1）如果想在 Linux 中查看其他分区，WSL 将其他盘符挂载在"/mnt/"下。

举例说明（下面的语句都是在 WSL 终端中操作输入）：

① 复制 Ubuntu 上 sources.list 到 Windows 上进行修改，可以在终端中输入如下命令：

```
sudo cp /etc/apt/sources.list /mnt/d/sources.list
```

其中 WSL 会把 Windows 上的磁盘挂载到"/mnt/"下，所以 Windows 的 D 盘根目录在 Ubuntu 上的路径为"/mnt/d/"。

② 用 Windows 上修改后的 sources.list 覆盖 Ubuntu 上的 sources.list：

```
sudo mv /mnt/d/sources.list /etc/apt/sources.list
```

这样就可以做到在 Windows 计算机与 WSL 之间互相查看文件。

（2）如果想在 Windows 下查看 WSL 文件位置，可以查看 "C:\Users\ 用户名 \AppData\Local\Packages\" 文件夹中以 "CanonicalGroupLimited.Ubuntu20.04onWindows" 为开头的文件夹，而其中的 "\LocalState\rootfs" 就是对应的 WSL 文件目录。

1.2.2 JAX 的安装和验证

新安装的 WSL 需要更新一次，打开 WSL 终端界面，依次输入如下操作语句：

```
sudo apt update
sudo apt install gcc make g++
sudo apt install build-essential
sudo apt install python3-pip
pip install --upgrade pip
pip install -i https://pypi.tuna.tsinghua.edu.cn/simple jax== 0.2.19
pip install -i https://pypi.tuna.tsinghua.edu.cn/simple jaxlib== 0.1.70
```

 因为 JAX 现在仍旧处于调整阶段，可能后面函数会有调整。本书使用的是 0.2.19 版本的 jax 和 0.1.70 版本的 jaxlib，读者一定要注意版本的选择。

在需要输入密码的地方直接输入，并且在需要确认的地方输入字符 "y" 进行确认。

等全部命令运行完毕后，用户可以打开 WSL 终端运行如下命令：

```
python3
```

这是启动 WSL 自带的 Python 命令，之后键入如下命令：

```
import jax.numpy as np
np.add(1.0,1.7)
```

最终结果如图 1.10 所示。还可以看到 Ubuntu 系统上默认安装了 Python 3.8.10。

图 1.10 运行结果

可以看到最终结果是 2.7，并且也提示了本机在运行中只使用 CPU 而非 GPU。对于想使用 GPU 版本的 JAX 读者来说，最好的方案是使用纯 Ubuntu 系统作为开发平台，或者可以升级到 Windows 11 并安装特定的 CUDA 驱动程序，这里不再过多阐述，有兴趣的读者可以参考本书附录。

1.2.3 PyCharm 的下载与安装

上一节笔者做过演示，Python 程序可以在 WSL 控制终端中编写。但是这种方式对于较为复杂的程序工程来说，容易混淆相互之间的层级和交互文件，因此在编写程序工程时，建议使用专用的 Python 编译器 PyCharm。

 笔者的做法是，在 Windows 中安装 PyCharm，然后使用 WSL 中的 Ubuntu 环境进行编译。

（1）进入 PyCharm 官网的 Download 页面后可以选择不同的版本，如图 1.11 所示。有收费的专业版和免费的社区版，这里建议读者选择免费的社区版即可。

（2）双击运行后进入安装界面，如图 1.12 所示。直接单击"Next"按钮，采用默认安装即可。

图 1.11 PyCharm 的下载页面　　　　　图 1.12 PyCharm 的安装界面

（3）如图 1.13 所示，在安装 PyCharm 的过程中需要对安装的位数进行选择，这里建议选择与已安装的 Python 相同位数的文件。

（4）安装完成后出现"Finish"按钮，单击该按钮即可完成安装，如图 1.14 所示。

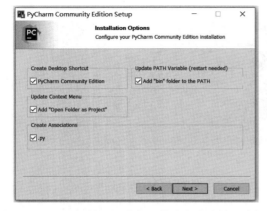 

图 1.13 PyCharm 的配置选择（按个人真实情况选择）　　图 1.14 PyCharm 安装完成

1.2.4 使用 PyCharm 和 JAX

下面使用 PyCharm 进行程序设计，在进行程序设计之前，需要在 PyCharm 中加载 JAX 编译环境，编译步骤说明如下。

步骤01 在桌面新建一个空文件夹，命名为"JaxDemo"。启动 PyCharm 并打开刚才新建的空文件夹"JaxDemo"，结果如图 1.15 所示。

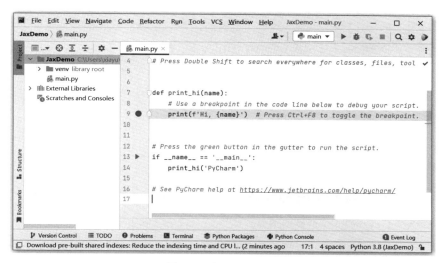

图 1.15 启动 PyCharm

此时并没有使用 WSL 中的 Python 进行解释，请继续进行下一步工作。

步骤02 在 Windows 环境下启动 PyCharm，依次选择"Setting|Project|ProjectInterpreter|Python Interpreter"选项，然后单击图 1.16 所示窗口右侧的操作按钮，准备更改 Python 的解释器。

步骤03 单击"Add"按钮，加载 WSL 中的 Python 解释器，如图 1.17 所示。

步骤04 之后在弹出的界面左侧的类别中选择"WSL"，右侧路径改成如图 1.18 所示的内容。

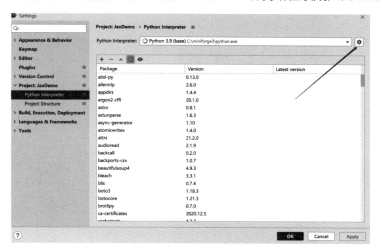

图 1.16 更改 Python 解释器

这里的默认路径地址是 python，而读者在 WSL 中使用的 Python 版本是 python3。

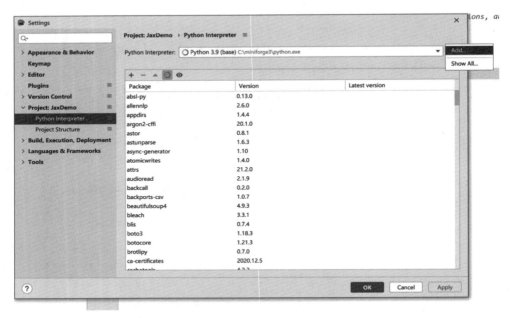

图 1.17 添加 Python 解释器

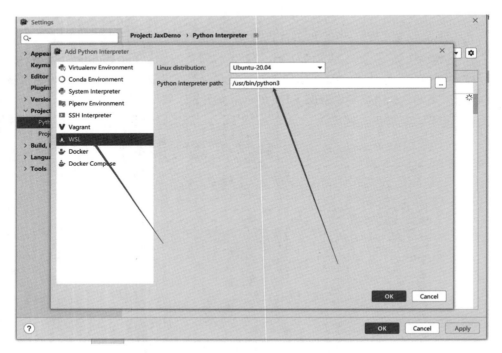

图 1.18 加载 WSL 中的 Python3 解释器

步骤 05 单击"OK"按钮，PyCharm 开始加载文件，界面如图 1.19 所示。

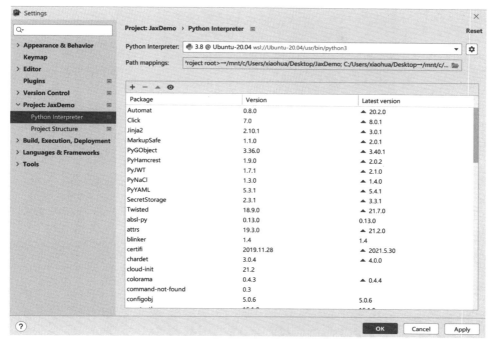

图 1.19 编译器配置完成

等编译结束后就可以进入 PyCharm 的程序代码阶段，至此配置完成。

1.2.5 JAX 的 Python 代码小练习：计算 SeLU 函数

对于科学计算来说，最简单的想法就是可以将数学公式直接表达成程序语言，可以说，Python 满足了这个想法。本小节将使用 Python 实现和计算一个深度学习中最为常见的函数——SeLU 激活函数。至于这个函数的作用，现在不加以说明，这里只是带领读者尝试实现其程序的编写。

首先 SeLU 激活函数计算公式如下所示：

$\alpha = \alpha \times (e^x - 1) \times \theta$

$\alpha = 1.67$

$\theta = 1.05$

e 是自然常数

其中 α 和 θ 是预定义的参数，e 是自然常数，以上 3 个数在这里直接使用即可。SeLU 激活函数的图形如图 1.20 所示。

SeLU 激活函数的代码如下所示。

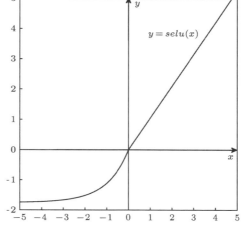

图 1.20 SeLU 激活函数图形

【程序 1-1】

```
import jax.numpy as jnp                              # 导入 NumPy 计算包
from jax import random                                # 导入 random 随机数包
# 完成的 seLU 函数
def selu(x, alpha=1.67, lmbda=1.05):
    return lmbda * jnp.where(x > 0, x, alpha * jnp.exp(x) - alpha)
key = random.PRNGKey(17)                              # 产生了一个固定数 17 作为 key
x = random.normal(key, (5,))                          # 随机生成一个大小为 [1,5] 的矩阵
print(selu(x))                                        # 打印结果
```

可以看到，当传入一个随机数列后，分别计算每个数值所对应的函数值，结果如下：

[-1.2464962   0.45437852   1.5749676   -0.8136045   0.27492574]

1.3 JAX 实战——MNIST 手写体的识别

MNIST 是深度学习领域常见的数据集。每一个 MNIST 数据单元由两部分组成：一幅包含手写数字的图片和一个对应的标签。我们把这些图片设为"xs"，把这些标签设为"ys"。训练数据集和测试数据集都包含 xs 和 ys，比如训练数据集的图片是 mnist_train_x，训练数据集的标签是 mnist_train_y。

如图 1.21 所示，每一幅图片包含 28×28 个像素点。如果我们把这个数组展开成一个向量，长度是 28×28 = 784。如何展开这个数组（数字间的顺序）不重要，只要保持各幅图片采用相同的方式展开即可。从这个角度来看，MNIST 数据集的图片就是在 784 维向量空间里面的点。

图 1.21 数据集 MNIST

1.3.1 第一步：准备数据集

程序设计的第一步是准备数据，我们使用 tensorflow_datasets 自带的框架解决 MNIST 数据集下载的问题。打开 WSL 终端，输入如下命令：

```
pip install -i https://pypi.tuna.tsinghua.edu.cn/simple tensorflow_datasets
```

 进度条读取完毕后还不能使用，PyCharm 对于 WSL 的支持需要重新加载在 WSL 中的 Python 程序，这里只需要重启计算机即可。

MNIST 数据集下载好了之后，只需要直接使用给定的代码完成 MNIST 数据集的载入即可。代码如下：

```
import tensorflow as tf
import tensorflow_datasets as tfds
```

```
x_train = jnp.load("mnist_train_x.npy")
y_train = jnp.load("mnist_train_y.npy")
```

注意，由于 MNIST 给出的 label 是一个以当前图像值为结果的数据，需要转换成 one_hot 格式，代码如下：

```
def one_hot_nojit(x, k=10, dtype=jnp.float32):
    """ Create a one-hot encoding of x of size k. """
    return jnp.array(x[:, None] == jnp.arange(k), dtype)
```

1.3.2 第二步：模型的设计

我们需要使用一个深度学习网络对 MNIST 数据集进行分类计算，如图 1.22 所示。在此采用的深度学习网络是使用两个全连接层加激活层进行，代码如下：

```
# {Dense(1024) -> ReLU}x2 -> Dense(10) -> Logsoftmax
init_random_params, predict = stax.serial(
    stax.Dense(1024), stax.Relu,
    stax.Dense(1024), stax.Relu,
    stax.Dense(10), stax.Logsoftmax)
```

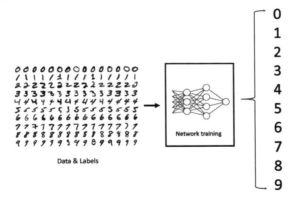

图 1.22 分类计算

其中的 Dense 是全连接层，而参数是当全连接层计算后生成的维度。

1.3.3 第三步：模型的训练

下面就是模型的训练过程，由于深度学习的训练需要使用激活函数以及优化函数，在本例中笔者为了方便起见，只提供具体的使用方法，暂时不提供相应的讲解，完整的模型训练代码如下所示。

【程序 1-2】

```
import tensorflow as tf
import tensorflow_datasets as tfds
import jax
import jax.numpy as jnp
```

```python
from jax import jit, grad, random
from jax.experimental import optimizers
from jax.experimental import stax
num_classes = 10
reshape_args = [(-1, 28 * 28), (-1,)]
input_shape = reshape_args[0]
step_size = 0.001
num_epochs = 10
batch_size = 128
momentum_mass = 0.9
rng = random.PRNGKey(0)
x_train = jnp.load("mnist_train_x.npy")
y_train = jnp.load("mnist_train_y.npy")
def one_hot_nojit(x, k=10, dtype=jnp.float32):
    """ Create a one-hot encoding of x of size k. """
    return jnp.array(x[:, None] == jnp.arange(k), dtype)
total_train_imgs = len(y_train)
y_train = one_hot_nojit(y_train)
ds_train = tf.data.Dataset.from_tensor_slices((x_train, y_train)).shuffle(1024).batch(256).prefetch(
    tf.data.experimental.AUTOTUNE)
ds_train = tfds.as_numpy(ds_train)
def pred_check(params, batch):
    """ Correct predictions over a minibatch. """
    inputs, targets = batch
    predict_result = predict(params, inputs)
    predicted_class = jnp.argmax(predict_result, axis=1)
    targets = jnp.argmax(targets, axis=1)
    return jnp.sum(predicted_class == targets)
# {Dense(1024) -> ReLU}x2 -> Dense(10) -> Logsoftmax
init_random_params, predict = stax.serial(
    stax.Dense(1024), stax.Relu,
    stax.Dense(1024), stax.Relu,
    stax.Dense(10), stax.Logsoftmax)
def loss(params, batch):
    """ Cross-entropy loss over a minibatch. """
    inputs, targets = batch
    return jnp.mean(jnp.sum(-targets * predict(params, inputs), axis=1))
def update(i, opt_state, batch):
    """ Single optimization step over a minibatch. """
    params = get_params(opt_state)
    return opt_update(i, grad(loss)(params, batch), opt_state)
# 这里的 step_size 就是学习率
opt_init, opt_update, get_params = optimizers.adam(step_size = 2e-4)
_, init_params = init_random_params(rng, input_shape)
opt_state = opt_init(init_params)
```

```
    for _ in range(17):
        itercount = 0
        for batch_raw in ds_train:
            data = batch_raw[0].reshape((-1, 28 * 28))
            targets = batch_raw[1].reshape((-1, 10))
            opt_state = update((itercount), opt_state, (data, targets))
            itercount += 1
        params = get_params(opt_state)
        train_acc = []
        correct_preds = 0.0
        for batch_raw in ds_train:
            data = batch_raw[0].reshape((-1, 28 * 28))
            targets = batch_raw[1]
            correct_preds += pred_check(params, (data, targets))
        train_acc.append(correct_preds / float(total_train_imgs))
        print(f"Training set accuracy: {train_acc}")
```

这样就完成了一个模型的训练代码，运行结果如图 1.23 所示。

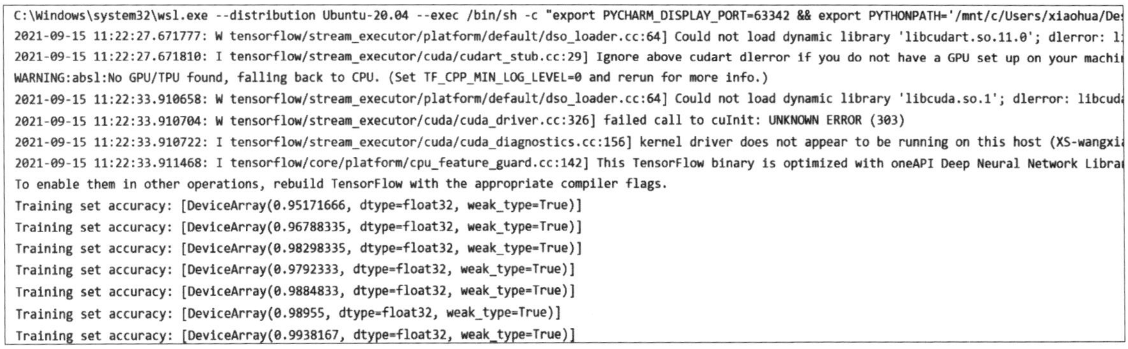

```
C:\Windows\system32\wsl.exe --distribution Ubuntu-20.04 --exec /bin/sh -c "export PYCHARM_DISPLAY_PORT=63342 && export PYTHONPATH='/mnt/c/Users/xiaohua/De
2021-09-15 11:22:27.671777: W tensorflow/stream_executor/platform/default/dso_loader.cc:64] Could not load dynamic library 'libcudart.so.11.0'; dlerror: l
2021-09-15 11:22:27.671810: I tensorflow/stream_executor/cuda/cudart_stub.cc:29] Ignore above cudart dlerror if you do not have a GPU set up on your machi
WARNING:absl:No GPU/TPU found, falling back to CPU. (Set TF_CPP_MIN_LOG_LEVEL=0 and rerun for more info.)
2021-09-15 11:22:33.910658: W tensorflow/stream_executor/platform/default/dso_loader.cc:64] Could not load dynamic library 'libcuda.so.1'; dlerror: libcud
2021-09-15 11:22:33.910704: W tensorflow/stream_executor/cuda/cuda_driver.cc:326] failed call to cuInit: UNKNOWN ERROR (303)
2021-09-15 11:22:33.910722: I tensorflow/stream_executor/cuda/cuda_diagnostics.cc:156] kernel driver does not appear to be running on this host (XS-wangxi
2021-09-15 11:22:33.911468: I tensorflow/core/platform/cpu_feature_guard.cc:142] This TensorFlow binary is optimized with oneAPI Deep Neural Network Libra
To enable them in other operations, rebuild TensorFlow with the appropriate compiler flags.
Training set accuracy: [DeviceArray(0.95171666, dtype=float32, weak_type=True)]
Training set accuracy: [DeviceArray(0.96788335, dtype=float32, weak_type=True)]
Training set accuracy: [DeviceArray(0.98298335, dtype=float32, weak_type=True)]
Training set accuracy: [DeviceArray(0.9792333, dtype=float32, weak_type=True)]
Training set accuracy: [DeviceArray(0.9884833, dtype=float32, weak_type=True)]
Training set accuracy: [DeviceArray(0.98955, dtype=float32, weak_type=True)]
Training set accuracy: [DeviceArray(0.9938167, dtype=float32, weak_type=True)]
```

图 1.23 模型训练结果

可以看到从第 7 个 epoch 开始，模型在训练集上的准确率已经达到了一个较高的水平。

1.4 本章小结

本章介绍了 JAX 的基本概念、JAX 虚拟环境搭建以及 JAX 应用开发方法，还分析了一个 MNIST 手写体识别的例子，告诉读者使用 JAX 时只需要简单的几步就可以。当然，在真正掌握 JAX 处理的步骤和方法之前，还有很长一段路要走，希望本书能够引导大家入门。

第 2 章
一学就会的线性回归、多层感知机与自动微分器

本章将正式进入 JAX 的模型搭建过程。从我们在上一章使用过的全连接层 Dense 开始，向读者介绍基于 JAX 的全连接层的构建，并以此为基础实现一个多层感知机的实战案例。

此外，JAX 的一大基础功能就是作为一个自动微分器去使用，所以本章也会详细讲解此部分内容并实现对应的代码。

2.1 多层感知机

多层感知机（Multilayer Perceptron，MLP）是一种前馈人工神经网络模型，其将输入的多个数据集映射到单一的输出的数据集上，如图 2.1 所示。

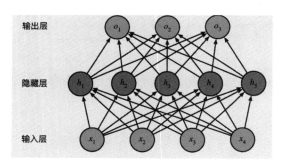

图 2.1 多层感知机

一般的多层感知机分为 3 层：输入层、隐藏层、输出层。当引入非线性的隐藏层后，理论上只要隐藏的节点足够多，就可以拟合任意函数，同时，隐藏层越多，越容易拟合更复杂的函数。隐藏层的两个属性为每个隐藏层的节点数和隐藏层的层数。层数越多，每一层需要的节点数就会越少。

2.1.1 全连接层——多层感知机的隐藏层

多层感知机的核心是其包含的隐藏层，而隐藏层实际上就是一个全连接层。全连接层的

每一个结点都与上一层的所有结点相连,用来把前边提取到的特征综合起来。由于其全相连的特性,一般全连接层的参数也是最多的。图2.2所示的是一个简单的全连接网络。

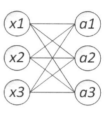

图 2.2 全连接网络

其推导过程如下:

$$w_{11} \times x_1 + w_{12} \times x_2 + w_{13} \times x_3 = a_1$$
$$w_{21} \times x_1 + w_{22} \times x_2 + w_{23} \times x_3 = a_2$$
$$w_{31} \times x_1 + w_{32} \times x_2 + w_{33} \times x_3 = a_3$$

将推导公式转化一下写法,如下:

$$\begin{bmatrix} w_{11} & w_{12} & w_{13} \\ w_{21} & w_{22} & w_{23} \\ w_{31} & w_{32} & w_{33} \end{bmatrix} @ \begin{bmatrix} x_1 \\ x_2 \\ x_3 \end{bmatrix} = \begin{bmatrix} a_1 \\ a_2 \\ a_3 \end{bmatrix} \quad \text{\# 其中 @ 是矩阵乘号}$$

可以看到,全连接的核心操作就是矩阵向量乘积:$w@x=y$。

下面举一个例子,使用Python自带的API实现一个简单的矩阵计算。

$$\begin{bmatrix} 1.7 & 1.7 \\ 2.14 & 2.14 \end{bmatrix} @ \begin{bmatrix} 1 \\ 2 \end{bmatrix} + 0.99 = \begin{bmatrix} 6.09 \\ 7.41 \end{bmatrix}$$

首先通过公式计算对数据做一个先行验证,按推导公式计算如下:

$$1.7 \times 1 + 1.7 \times 2 + 0.99 = 6.09$$
$$2.14 \times 1 + 2.14 \times 2 + 0.99 = 7.41$$

这样最终形成了一个新的矩阵 [6.09,7.41],代码如下:

```
import jax.numpy as jnp
mat_a = jnp.array([[1.7,1.7],[2.14,2.14]])
weight = jnp.array([[1],[2]])
bias = 0.99
print(jnp.matmul(mat_a,weight) + 0.99)
```

打印结果如下所示:

```
[[6.09]
 [7.41]]
```

可以看到最终的打印结果是生成了一个维度为 [2,1] 的矩阵,这与前面的分析一致。

 最终的打印结果是一个数值矩阵而非其他深度学习框架所产生的"tensor",这与JAX的定位有关。

2.1.2 使用 JAX 实现一个全连接层

下面将使用JAX完整地实现一个全连接层。前面演示了全连接层的计算方法,可以看到全连接本质就是由一个特征空间线性变换到另一个特征空间。目标空间的任一维（也就是隐藏层的一个节点）都认为会受到源空间的每一维的影响。可以说，目标向量是源向量的加权和。

全连接层一般是接在特征提取网络之后，用作对特征的分类器。全连接层常出现在最后几层，用于对前面设计的特征做加权和，如图2.3所示。前面的网络部分可以看作特征抽取，而后加的全连接层相当于特征加权计算。

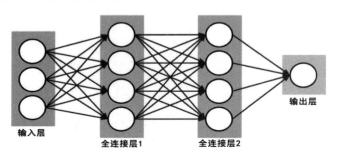

图 2.3 加权和

使用 JAX 实现的全连接层代码如下：

```python
import jax.numpy as jnp
from jax import random
def Dense(dense_shape = [2, 1]):
    rng = random.PRNGKey(17)            #17是随机种子数，可以更换成任意数
    weight = random.normal(rng, shape=dense_shape)
    bias = random.normal(rng, shape=(dense_shape[-1],))
    params = [weight,bias]
    def apply_fun(inputs):              #apply_fun是python特性之一，称为内置函数
        W, b = params
        return jnp.dot(inputs, W) + b
    return apply_fun
```

本例中使用了一个内置函数做全连接层的计算函数，将函数在初始化时生成的 weight 和 bias 纳入计算。使用方法如下所示。

【程序 2-1】

```python
import jax.numpy as jnp
from jax import random
def Dense(dense_shape = [2, 1]):
    rng = random.PRNGKey(17)            #17是随机种子数，可以更换成任意数
    weight = random.normal(rng, shape=dense_shape)
    bias = random.normal(rng, shape=(dense_shape[-1],))
    params = [weight,bias]
    def apply_fun(inputs):              #apply_fun是python特性之一，称为内置函数
        W, b = params
        return jnp.dot(inputs, W) + b
    return apply_fun
mat_a = jnp.array([[1.7,1.7],[2.14,2.14]])
```

```
res = Dense()(mat_a)
print(res)
```

可以看到，当 mat_a 被传入 Dense 函数计算后，全连接函数 Dense 会依次完成函数的初始化，并调用默认的内置函数 apply_fun 对传入的数据进行计算，最终结果如下所示：

$$[[-0.77548695]$$
$$[-0.86121607]]$$

这是第一次打印结果，由于 Dense 中生成的参数是一个随机数，因此计算结果也是按生成的数值进行计算。此时如果再一次进行计算，那么结果如下所示：

$$[[-0.77548695]$$
$$[-0.86121607]]$$

可以发现这两次计算的结果是相同的，那么这就与前文说的生成随机的参数去进行计算不符。这就要回到代码中，在生成随机参数的过程中，我们设置了 key 值为 17，由于这个 key 值是一个预选定义的值，所以生成的随机数实际上也是根据这个 key 值所生成的。有兴趣的读者可以更改随机值自行验证。

2.1.3 更多功能的全连接函数

1. 可加载外部参数的全连接函数

下面需要解决一个参数更新的问题。回到 Dense 函数内置的函数中，其实际上是调用了生成的参数进行计算，如果此时想使用外部的参数而非 Dense 函数内部新生成的参数，那么该怎么处理呢？处理代码如下所示：

```
import jax.numpy as jnp
from jax import random
def Dense(dense_shape = [2, 1]):
    rng = random.PRNGKey(17)
    weight = random.normal(rng, shape=dense_shape)
    bias = random.normal(rng, shape=(dense_shape[-1],))
    params = [weight,bias]
    def init_parm():
        return params
#apply_fun 是 Python 特性之一，称为内置函数
    def apply_fun(inputs,params = params):
        W, b = params
        return jnp.dot(inputs, W) + b
    return init_parm,apply_fun
```

上述代码段修改了内置函数，从而可以载入外部参数而不仅仅只能使用预生成的参数。使用方法如下所示。

【程序2-2】

```
import jax.numpy as jnp
from jax import random
def Dense(dense_shape = [2, 1]):
    rng = random.PRNGKey(17)
    weight = random.normal(rng, shape=dense_shape)
    bias = random.normal(rng, shape=(dense_shape[-1],))
    params = [weight,bias]
    def apply_fun(inputs,params = params):  #apply_fun是Python特性之一，称为内置函数
        W, b = params
        return jnp.dot(inputs, W) + b
    return apply_fun
rng = random.PRNGKey(18)
dense_shape = [2, 1]
weight = random.normal(rng, shape=dense_shape)
bias = random.normal(rng, shape=(dense_shape[-1],))
params2 = [weight,bias]
mat_a = jnp.array([[1.7,1.7],[2.14,2.14]])
res = Dense()(mat_a,params2)
print(res)
```

这里并没有修改 Dense 中的随机种子数，而是使用随机种子数生成了一个新的随机参数组，并使得 Dense 函数可以使用外部参数进行计算，结果如下所示：

[[3.187891]

[3.6152506]]

可以看到，虽然内部的随机种子数没有变化，但是由于使用了外部参数值从而使得最终结果不相同。

有兴趣的读者可以尝试更多的种子计算，修正的核心就是采用不同的随机数，即修改下面语句中的参数值：

```
rng = random.PRNGKey(17)
```

2．可保存参数的全连接函数

在前面我们学习了全连接函数及其加载外部参数的使用方法。读者可能会有更进一步的想法，那就是如何保存全连接函数的参数。

笔者使用了一种新的方法对数据进行保存和载入，代码如下：

```
def Dense(dense_shape = [2, 1]):
    def init_fun(input_shape = dense_shape):
        rng = random.PRNGKey(17)
        W, b = random.normal(rng, shape=input_shape), random.normal(rng, shape=(input_shape[-1],))
        return (W, b)
```

```
        def apply_fun(inputs,params):
            W, b = params
            return jnp.dot(inputs, W) + b
        return init_fun, apply_fun
```

可以看到，这里使用了 2 个内置函数：init_fun 与 apply_fun。它们作用分别是对参数初始化以及进行默认计算，使用方法也很简单，代码如下所示。

【程序 2-3】

```
import jax.numpy as jnp
from jax import random
mat_a = jnp.array([[1.7,1.7],[2.14,2.14]])
def Dense(dense_shape = [2, 1]):
    def init_fun(input_shape = dense_shape):
        rng = random.PRNGKey(17)
        W, b = random.normal(rng, shape=input_shape), random.normal(rng, shape=(input_shape[-1],))
        return (W, b)
    def apply_fun(inputs,params):
        W, b = params
        return jnp.dot(inputs, W) + b
    return init_fun, apply_fun
init_fun, apply_fun = Dense()
res = apply_fun(mat_a,init_fun())
print(res)
```

代码首先获取了全连接函数中的参数与计算函数，之后通过具体化参数值对输入的数值进行计算，打印结果如下所示：

$$[[-0.77548695]$$
$$[-0.86121607]]$$

如果需要使用不同全连接函数中的参数对数值进行计算，方法如下所示。

【程序 2-4】

```
import jax.numpy as jnp
from jax import random
mat_a = jnp.array([[1.7,1.7],[2.14,2.14]])
def Dense17(dense_shape = [2, 1]):
    def init_fun(input_shape = dense_shape):
        rng = random.PRNGKey(17)
        W, b = random.normal(rng, shape=input_shape), random.normal(rng, shape=(input_shape[-1],))
        return (W, b)
    def apply_fun(inputs,params):
        W, b = params
```

```
            return jnp.dot(inputs, W) + b
        return init_fun, apply_fun
init_fun, apply_fun = Dense17()
res = apply_fun(mat_a,init_fun())
print(res)
params17 = (init_fun())
def Dense18(dense_shape = [2, 1]):
    def init_fun(input_shape = dense_shape):
        rng = random.PRNGKey(18)          # 注意这里修正了随机数
        W, b = random.normal(rng, shape=input_shape), random.normal(rng, shape=(input_shape[-1],))
        return (W, b)
    def apply_fun(inputs,params):
        W, b = params
        return jnp.dot(inputs, W) + b
    return init_fun, apply_fun
print("---------------------------")
init_fun, apply_fun18 = Dense18()
res = apply_fun18(mat_a,params17)        # 注意这里使用的是 Dense17 生成的参数
print(res)
```

最终结果打印如下：

```
[[-0.77548695]
 [-0.86121607]]
---------------------------
[[-0.77548695]
 [-0.86121607]]
```

这里虽然在全连接函数中使用了不同的种子，但是无论是 Dense17 还是 Dense18 都使用了相同的参数，因此计算和打印结果是相同的。这样就实现了全连接函数数据生成、保存以及重载的功能。

2.2 JAX 实战——鸢尾花分类

iris 数据集是常用的分类实验数据集，由 Fisher 于 1936 年收集整理。iris 也称鸢尾花数据集，是一类用于多重变量分析的数据集。该数据集包含 150 个数据集，分为 3 类，每类 50 个数据，每个数据包含 4 个属性。可通过花萼长度、花萼宽度、花瓣长度、花瓣宽度 4 个属性预测鸢尾花是属于 Setosa、Versicolour、Virginica 这 3 个种类中的哪一类。鸢尾花如图 2.4 所示。

图 2.4 鸢尾花

2.2.1 鸢尾花数据准备与分析

下面将一步一步地带领读者实战鸢尾花分类。

1. 第一步：数据的下载与分析

在 WSL 终端界面输入如下命令：

```
pip install -i https://pypi.tuna.tsinghua.edu.cn/simple sklearn
```

即可下载对应的文件包。引入数据集的代码如下：

```
from sklearn.datasets import load_iris
data = load_iris()
```

这里调用的是 skleran 数据库中的 iris 数据集，直接载入即可。

而其中的数据又是以 key-value 值对应存放，其 key 值如下：

```
dict_keys(['data', 'target', 'target_names', 'DESCR', 'feature_names'])
```

由于本例中需要 iris 的特征与分类目标，因此这里只需要获取 data 和 target，代码如下：

```
from sklearn.datasets import load_iris
import jax.numpy as jnp
data = load_iris()
iris_data = jnp.float32(data.data)        #将其转化为float类型的list
iris_target = jnp.float32(data.target)
print("data:",iris_data[:5])
print("---------------")
print("target:",iris_target[:5])
```

数据打印结果如图 2.5 所示。

```
data: [[5.1 3.5 1.4 0.2]
 [4.9 3.  1.4 0.2]
 [4.7 3.2 1.3 0.2]
 [4.6 3.1 1.5 0.2]
 [5.  3.6 1.4 0.2]]
---------------
target: [0. 0. 0. 0. 0.]
```

图 2.5 数据打印结果

这里是分别打印了前 5 条数据。可以看到 iris 数据集中的特征是分成了 4 个不同特征进行数据记录，而每条特征又对应于一个分类表示。

2. 第二步：数据的处理

下面就是数据处理部分，对特征的表示不需要变动。而对于分类表示的结果，全部打印结果如图 2.6 所示。

```
target: [0. 0. 0. 0. 0. 0. 0. 0. 0. 0. 0. 0. 0. 0. 0. 0. 0. 0. 0. 0. 0. 0. 0. 0.
 0. 0. 0. 0. 0. 0. 0. 0. 0. 0. 0. 0. 0. 0. 0. 0. 0. 0. 0. 0. 0. 0. 0. 0.
 0. 0. 1. 1. 1. 1. 1. 1. 1. 1. 1. 1. 1. 1. 1. 1. 1. 1. 1. 1. 1. 1. 1. 1.
 1. 1. 1. 1. 1. 1. 1. 1. 1. 1. 1. 1. 1. 1. 1. 1. 1. 1. 1. 1. 1. 1. 1. 1.
 1. 1. 2. 2. 2. 2. 2. 2. 2. 2. 2. 2. 2. 2. 2. 2. 2. 2. 2. 2. 2. 2. 2. 2.
 2. 2. 2. 2. 2. 2. 2. 2. 2. 2. 2. 2. 2. 2. 2. 2. 2. 2. 2. 2. 2. 2. 2. 2.
 2. 2. 2. 2. 2. 2.]
```

图 2.6 数据处理

可以看到，对应不同特征的 iris 数据，给出了对应的标签，用 [0,1,2] 进行标注。

2.2.2 模型分析——采用线性回归实战鸢尾花分类

首先采用线性回归的方法解决鸢尾花分类的问题。一个最简单的思路就是把模型假设成一个新兴公式，即类似一个全连接方程：

$$y=f(x)=a\times x+b$$

在这个公式中，已知了部分的 x 和 y，我们称为"训练样本"，它可能来自于已经存在的累积数据，也可能是标注的一些数据。在本实战中来自于我们准备的 iris 数据集。下面的目的是希望通过已有的部分 x 和 y，找到一个合适的 a 和 b，那么问题来了，如何找到合适的 a 和 b 呢？这里我们考虑引入一个损失函数来解决这个问题。

之前的公式是 $y=f(x)$，也就是说 $f(x)-y=0$。那么此时定义一个函数 $g(x)$，让 $g(x)=f(x)-y$。由此，一个简单的想法是当 $g(x)$ 等于 0 的时候，就相当于找到了一个最好的 $f(x)$。

当然这里又有一个问题，就是不能保证 $f(x)$ 是有最值的，也不能保证 $g(x)$ 有最小值，因此在这里将 $g(x)$ 修改为：

$$g(x)-(f(x)-y)^2$$

也就是通过这种方式，保证了 $g(x)$ 有最小值。而这种寻找最小值的方法称为最小二乘法。

在找到 $g(x)$ 的最小值之后，就需要对 $f(x)$ 中的参数进行更新，我们使用的是梯度下降算法。梯度下降算法在后面章节中会讲到，这里只做个简单介绍，一个函数的梯度（导数）方向的反方向会指向极值方向，如图 2.7 所示。

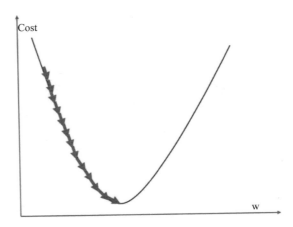

图 2.7 梯度下降算法

列举一个单独的例子。把一个单独的、和本实战没有关系的函数定义为：

$$f(x)=x^2$$

很显然，只有当 $x=0$ 时可以取得最小值，但是需要注意的是，我们根据经验能够答出当 $x=0$ 时，$f(x)$ 的最小值是 0，而计算机不知道。那么有什么办法能够让计算机知道最小值就是 0，或者能够教给计算机一种方法去寻找到最小值，这就要使用梯度下降算法，如图 2.8 所示。

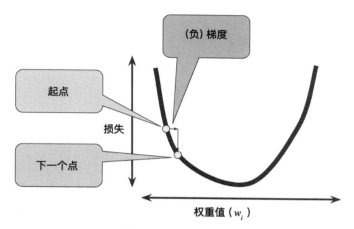

图 2.8 梯度下降算法

我们先介绍梯度下降的计算方法。

对于给定的函数 $f(x)=x^2$，求得其导函数为 $f(x)=2×x$，在进行梯度下降的过程中，首先随机定义 x 一个值，例如定义 $f(x)=x^2=3^2=9$，那么函数值为 9，而此时计算其对应的导数值 $f(x)=2×x=2×3=6$，那么这个就是极值，而其对应的反方向就是指向极值方向。可以得到负导数的值为 −6。

下面对参数进行更新，在这里定义的参数更新公式为：

$$新参数 = 参数 + （学习率 * 负导数）$$

我们通过一个被称为学习率的常数来控制每次 a 走多少，例如学习率是 0.2，那么下一个 a 就是 3+(0.2×−6)=1.8。它距离正确答案 a=0 更近了一点！

现在读者只需要知道最小二乘法以及梯度下降算法这些名称和作用即可，更为细节的内容会在下一章中讲解。

2.2.3 基于 JAX 的线性回归模型的编写

下面进行 JAX 的线性回归模型的编写。

1. 第一步：全连接层函数的使用

使用全连接层函数作为深度学习模型的主要计算部分，代码如下：

```
def Dense(dense_shape = [4, 1]):
    def init_fun(input_shape = dense_shape):
        rng = random.PRNGKey(17)
        W, b = random.normal(rng, shape=input_shape), random.normal(rng, shape=(input_shape[-1],))
        return (W, b)
    def apply_fun(inputs,params):
        W, b = params
        return jnp.dot(inputs, W) + b
```

```
    return init_fun, apply_fun
```

这里使用了前面所定义的全连接层函数。

2. 第二步：损失函数的设计

损失函数的设计与编写，我们使用"均方误差（Mean Squared Error，MSE）"作为损失函数设计的主要模型，代码如下：

```
def loss_linear(params, x, y):
    """loss function:
    g(x) = (f(x) - y) ** 2
    """
    preds = apply_fun(x,params)
    return jnp.mean(jnp.power(preds - y, 2.0))
```

这里的损失函数设计完全仿照最小二乘法作为损失函数来计算完成。

3. 第三步：模型的训练

下面就是模型的训练部分，使用梯度下降算法对模型参数进行更新，代码如下所示。

【程序 2-5】

```
from sklearn.datasets import load_iris
import jax.numpy as jnp
import jax.numpy as jnp
from jax import random,grad
data = load_iris()
iris_data = jnp.float32(data.data)                    #将其转化为float类型的list
iris_target = jnp.float32(data.target)
def Dense(dense_shape = [4, 1]):
    def init_fun(input_shape = dense_shape):
        rng = random.PRNGKey(17)
        W, b = random.normal(rng, shape=input_shape), random.normal(rng, shape=(input_shape[-1],))
        return (W, b)
    def apply_fun(inputs,params):
        W, b = params
        return jnp.dot(inputs, W) + b
    return init_fun, apply_fun
init_fun, apply_fun = Dense()
params = init_fun()
def loss_linear(params, x, y):
    """loss function:
    g(x) = (f(x) - y) ** 2
    """
    preds = apply_fun(x,params)
    return jnp.mean(jnp.power(preds - y, 2.0))
learning_rate = 0.005        #学习率
```

```
N = 1000    #梯度下降的迭代次数
for i in range(N):
    # 计算损失
    loss = loss_linear(params,iris_data, iris_target)
    if i % 100 == 0:
        print(f'i: {i}, loss: {loss}')
    # 计算并更新梯度算法
    params_grad = grad(loss_linear)(params,iris_data, iris_target)
    params = [
        # 对每个参数，加上学习率乘以负导数的值
        (p - g * learning_rate) for p, g in zip(params, params_grad)
    ]
print(f'i: {N}, loss: {loss}')
```

最终结果如图 2.9 所示。

```
i: 0, loss: 61.22492218017578
i: 100, loss: 1.082484245300293
i: 200, loss: 1.0256887674331665
i: 300, loss: 0.9819086194038391
i: 400, loss: 0.9443020820617676
i: 500, loss: 0.9119066596031189
i: 600, loss: 0.8839622139930725
i: 700, loss: 0.8598271012306213
i: 800, loss: 0.8389541506767273
i: 900, loss: 0.8208712935447693
i: 1000, loss: 0.8053272366523743
```

图 2.9 训练结果

可以看到，经过 1000 轮的计算，结果的损失函数值已经非常接近 0。

2.2.4 多层感知机与神经网络

在上一节的实战中，我们使用线性回归解决了 iris 的分类问题。线性模型大多数面对的是回归问题，直接计算出预测的数值即可，但在分类问题当中，直接使用输出的结果却不太好，主要有两个方面的原因：一方面，由于输出层的输出值的范围不确定，难以直观上判断这些值的意义；另一方面，由于真实标签是离散值，这些离散值与不确定范围的输出值之间的误差难以衡量。

这两个方面的原因看似简单，仅使用全连接层却没有办法解决，仅通过堆叠多个全连接层也无法解决数据的线性可分问题，即这个问题到底是分成 a 结论还是分成 b 结论或者 c 结论。因为无论堆叠了多少个全连接层，在结果上仅仅相当于使用了一个较为复杂的线性回归方程，而对整个模型并没有实质性的改变。

$$f(x)=f_1((f_2(x)+b_2)+b_1)=\cdots$$

但是我们要求的模型中的全连接层（可能不止一个）的计算结果必须是线性可分的。

为了解决此问题，人们提出了使用调整全连接层结构的方法来解决，即层与层之间通过

激活函数相连，从而可以使得全连接层能够互相连接，这样做使得模型的深度大大增加，这也是深度学习这个名字的由来。我们把多层全连接层互相连接称为多层感知机或者神经网络，如图 2.10 所示。

然而这并没有解决我们提出的要求结果能够被"分类"的问题。带有激活函数的多层感知机并不能较好地对结果进行分类，特别是最后一层的激活函数往往只能简单地采用"与非门"的形式进行二值判定，当需要更多的判定类别时就会显得力不从心。输出层常常用另一个共用的激活函数来代替——softmax 函数（softmax 函数的说明在后面章节会介绍）。这样多层感知机被改成如图 2.11 所示的形式。

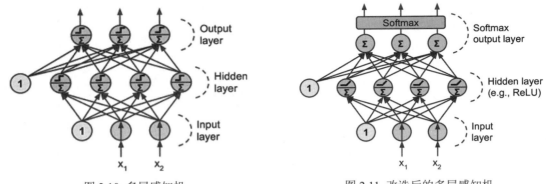

图 2.10 多层感知机　　　　　　　图 2.11 改造后的多层感知机

这里是我们第一次接触到"神经网络"这个名称。那为什么叫它神经网络？人们解决拟合异或问题其实就是受到了生物神经元的启发。生物大脑中的神经元是互相连接的，构成的神经网络彼此连接得非常的深，当一个信号传递到某一个神经元，如果信号达到了一定的强度，那么此神经元会被激活，将信号往下传递；如果传递过来的信号没有激活此神经元，这个信号就不再往下传递。这便是大脑中神经元大概的工作原理。它有两个方面特点：

- 一是互相连接，网络非常深。
- 二是对信号有一个判断或者激活。

那么神经网络或者多层感知机，正是模拟了生物大脑神经元的这种信号传递的特点，所以称为"神经网络"，如图 2.12 所示。

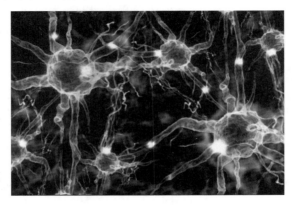

图 2.12 神经元和神经网络

2.2.5 基于 JAX 的激活函数、softmax 函数与交叉熵函数

下面使用 JAX 实现构建多层感知机的各种组件。

1. 激活函数

前面已经讲解过，激活函数的作用是将线性函数变为非线性可分离的函数。最简单的线性函数就是 tanh 函数，即数学计算中的双曲正切函数，公式如下所示：

$$\tanh(x) = \frac{e^x - e^{-x}}{e^x + e^{-x}}$$

tanh 函数的图形如图 2.13 所示。

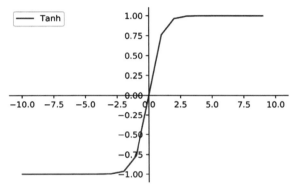

图 2.13 tanh 函数

其使用也很简单，直接引入如下语句即可完成：

```
x = jnp.tanh(x)
```

此外，我们在第 1 章实现的 SeLU 激活函数也是一个非常不错的激活函数，读者可以回头复习一下相关内容。

2. softmax 函数的实现

下面是对 softmax 函数的实现，简单来说，softmax 函数用于多分类过程中，它将多个神经元的输出映射到（0,1）区间内，可以看成概率来理解，从而进行多分类。

softmax 计算公式如下：

$$s_i = \frac{e^{vi}}{\sum_0^j e^{vi}}$$

其中 V_i 是长度为 j 的数列 V 中的一个数，带入 softmax 的结果其实就是先对每一个 V_i 取 e 为底的指数计算变成非负，然后除以所有项之和进行归一化，之后每个 V_i 就可以解释成：在观察到的数据集类别中，特定的 V_i 属于某个类别的概率，或者称作似然（Likelihood）。softmax 函数的计算如图 2.14 所示。

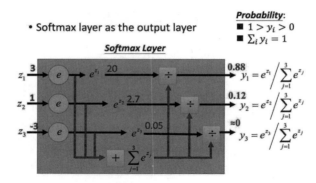

图 2.14 softmax 的计算（具体过程参看 softmax 代码部分）

 softmax 用于解决概率计算中概率结果大而占绝对优势的问题。例如，函数计算结果中 2 个值 a 和 b，且 $a>b$，如果简单地以值的大小为单位衡量的话，那么在后续的使用过程中，a 永远被选用，而 b 由于数值较小而不会被选择使用，但有时也需要使用数值小的 b，那么 softmax 就可以解决这个问题。

softmax 按照概率选择 a 和 b，由于 a 的概率值大于 b，在计算时 a 经常会被选用，而 b 由于概率较小，选用的可能性也较小，但是也有机率被选用。

softmax 代码如下所示：

```
def softmax(x, axis = -1):
    unnormalized = jnp.exp(x)
    return unnormalized / unnormalized.sum(axis, keepdims=True)
```

下面使用 softmax 函数完成对数据的计算，代码如下：

```
import jax.numpy as jnp
def softmax(x, axis = -1):
    unnormalized = jnp.exp(x)
    return unnormalized / unnormalized.sum(axis, keepdims=True)
arr = jnp.array([[3,1,-3]])
print(softmax(arr))
```

结果如下所示：

[[0.87887824 0.11894324 0.00217852]]

JAX 中也提供了现成的 softmax 计算方法，引入语句如下：

```
x = jax.nn.softmax(x)
```

有兴趣的读者可以自行比较结果。

3．交叉熵函数的实现

前面我们在线性回归计算时使用均方误差作为损失函数，交叉熵损失函数是最常用于分类问题的损失函数。简单地理解，交叉熵能够衡量同一个随机变量中的两个不同概率分布的差异程度，在神经网络中就表示为真实概率分布与预测概率分布之间的差异。交叉熵的值越小，模型预测效果就越好。

交叉熵在分类问题中常常与 softmax 函数搭配使用，softmax 函数将输出的结果进行处理，使其多个分类的预测值和为 1，再通过交叉熵来计算损失。

交叉熵的公式为：

$$H(p,q) = -\sum_{i=1}^{n} p(x_i)\log(q(x_i))$$

在神经网络训练时，输入数据与标签常常已经确定，那么真实概率分布 $p(x)$ 也就确定了，所以信息熵在这里就是一个常量。由于真实概率分布 $p(x)$ 与预测概率分布 $q(x)$ 之间的差异，值越小表示预测的结果越好，所以需要最小化结果，即最小化交叉熵。

这里实现的交叉熵代码如下：

```
def cross_entropy(y_true,y_pred):
    y_true = jnp.array(y_true)
    y_pred = jnp.array(y_pred)
    res = -jnp.sum(y_true*jnp.log(y_pred+1e-7),axis=-1)
    return round(res, 3)
```

其中，log 表示以 e 为底数的自然对数，y_pred 是神经网络的输出，y_true 是正确的标签。计算方法如下所示：

```
def cross_entropy(y_true,y_pred):
    y_true = jnp.array(y_true)
    y_pred = jnp.array(y_pred)
    res = -jnp.sum(y_true*jnp.log(y_pred+1e-7),axis=-1)
return round(res, 3)
a = [0.1, 0.05, 0.6, 0.0, 0.05, 0.1, 0.0, 0.1, 0.0, 0.0]
y = [0, 0, 1, 0, 0, 0, 0, 0, 0, 0]
print(cross_entropy(y,a))
```

结果请读者自行打印验证。

2.2.6　基于多层感知机的鸢尾花分类实战

本小节实战基于多层感知机的鸢尾花分类。前面已经介绍过，任何一个多层感知机都是由输入层、隐藏层以及输出层构成，如图 2.15 所示。

模型图 2.15 所示的多层感知机中，输入和输出个数分别为 4 和 3，中间的隐藏层中包含了 5 个隐藏单元（hidden unit）。由于输入层不涉及计算，模型图中的多层感知机的层数为 2。由模型图可见，隐藏层中的神经元和输入层中各个输入完全连接，输出层中的神经元和隐藏层中的各个神经元也完全连接。因此，多层感知机中的隐藏层和输出层都是全连接层。下面我们仿照多层感知机模型来完成鸢尾花分类程序设计。

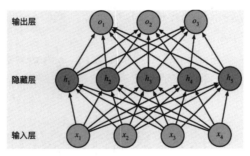

图 2.15 多层感知机

1. 数据的准备

首先需要说明的是，在本实战中笔者的意图是使用多层感知机进行鸢尾花分类。相对于线性回归时所做的数据准备，我们需要更改生成标签的形式，即由原本的数值型变更为one-hot 的形式。代码如下：

```
from sklearn.datasets import load_iris
data = load_iris()
iris_data = jnp.float32(data.data)            # 将其转化为 float 类型的 list
iris_target = jnp.float32(data.target)
iris_data = jax.random.shuffle(random.PRNGKey(17),iris_data)
iris_target = jax.random.shuffle(random.PRNGKey(17),iris_target)
def one_hot_nojit(x, k=10, dtype=jnp.float32):
    """ Create a one-hot encoding of x of size k. """
    return jnp.array(x[:, None] == jnp.arange(k), dtype)
iris_target = one_hot_nojit(iris_target)
```

与线性回归类似，这里首先获取了鸢尾花数据集，之后的 one-hot 模型改变了鸢尾花的生成标签。

2. 多层感知机组件

首先需要准备多层感知机的组件，在图 2.15 中我们可以看到，任何一个多层感知机的组件一般包括全连接层、激活函数、softmax 函数以及损失函数，我们采用 tanh 作为激活函数，同时使用交叉熵函数作为损失函数。代码如下：

```
# 全连接层
def Dense(dense_shape = [1, 1]):
    rng = random.PRNGKey(17)
    weight = random.normal(rng, shape=dense_shape)
    bias = random.normal(rng, shape=(dense_shape[-1],))
    params = [weight,bias]
    def apply_fun(inputs,params = params):   #apply_fun 是 Python 特性之一，
                                              称为内置函数
        W, b = params
        return jnp.dot(inputs, W) + b
```

```
        return apply_fun
# 激活函数
def selu(x, alpha=1.67, lmbda=1.05):
    return lmbda * jnp.where(x > 0, x, alpha * jnp.exp(x) - alpha)
#softmax 函数
def softmax(x, axis = -1):
    unnormalized = jnp.exp(x)
    return unnormalized / unnormalized.sum(axis, keepdims=True)
# 交叉熵函数
def cross_entropy(y_true,y_pred):
    y_true = jnp.array(y_true)
    y_pred = jnp.array(y_pred)
    res = -jnp.sum(y_true*jnp.log(y_pred+1e-7),axis=-1)
    return res
```

以上是定义好的多层感知机组件。

3. 模型设计

下一步就是进行多层感知机的模型设计，这里使用3层网络结构的多层感知机，代码如下：

```
def mlp(x,params):
# 导入参数
    a0, b0, a1, b1 = params
    x = Dense()(x, [a0,b0])                    # 隐藏层
    x = jax.nn.tanh(x)                         #tanh 激活函数
    x = Dense()(x, [a1,b1])                    # 输出层
    x = softmax(x,axis=-1)                     #softmax 层
    return x
def loss_mlp(params, x, y):
    preds = mlp(x,params)                      # 预测结果
    loss_value = cross_entropy(y,preds)        # 计算交叉熵损失值
    return jnp.mean(loss_value)                # 计算交叉熵均值
```

4. 多层感知机实战鸢尾花分类

下面开始实战鸢尾花分类，代码如下所示。

【程序2-6】

```
from sklearn.datasets import load_iris
import jax.numpy as jnp
import jax.numpy as jnp
from jax import random,grad
import jax
from sklearn.datasets import load_iris
data = load_iris()
iris_data = jnp.float32(data.data)             # 将其转化为float 类型的list
iris_target = jnp.float32(data.target)
```

```python
iris_data = jax.random.shuffle(random.PRNGKey(17),iris_data)
iris_target = jax.random.shuffle(random.PRNGKey(17),iris_target)
def one_hot_nojit(x, k=10, dtype=jnp.float32):
    """ Create a one-hot encoding of x of size k. """
    return jnp.array(x[:, None] == jnp.arange(k), dtype)
iris_target = one_hot_nojit(iris_target)
def Dense(dense_shape = [1, 1]):
    rng = random.PRNGKey(17)
    weight = random.normal(rng, shape=dense_shape)
    bias = random.normal(rng, shape=(dense_shape[-1],))
    params = [weight,bias]
#apply_fun是Python特性之一,称为内置函数
    def apply_fun(inputs,params = params):
        W, b = params
        return jnp.dot(inputs, W) + b
    return apply_fun
def selu(x, alpha=1.67, lmbda=1.05):
    return lmbda * jnp.where(x > 0, x, alpha * jnp.exp(x) - alpha)
def softmax(x, axis = -1):
    unnormalized = jnp.exp(x)
    return unnormalized / unnormalized.sum(axis, keepdims=True)
def cross_entropy(y_true,y_pred):
    y_true = jnp.array(y_true)
    y_pred = jnp.array(y_pred)
    res = -jnp.sum(y_true*jnp.log(y_pred+1e-7),axis=-1)
    return res
def mlp(x,params):
    a0, b0, a1, b1 = params
    x = Dense()(x, [a0,b0])
    x = jax.nn.tanh(x)
    x = Dense()(x, [a1,b1])
    x = softmax(x,axis=-1)
    return x
def loss_mlp(params, x, y):
    preds = mlp(x,params)
    loss_value = cross_entropy(y,preds)
    return jnp.mean(loss_value)
# 因为现在有两层线性层,所以有5个参数,这5个参数需要注入模型中作为起始参数
rng = random.PRNGKey(17)
a0 = random.normal(rng, shape=[4,5])
b0 = random.normal(rng, shape=(5,))
a1 = random.normal(rng, shape=[5,10])
b1 = random.normal(rng, shape=(10,))
params = [a0, b0, a1, b1]
learning_rate = 2.17e-4
```

```
for i in range(20000):
    loss = loss_mlp(params,iris_data,iris_target)
    if i % 1000 == 0:
        predict_result = mlp(iris_data, params)
        predicted_class = jnp.argmax(predict_result, axis=1)
        _iris_target = jnp.argmax(iris_target, axis=1)
        accuracy = jnp.sum(predicted_class == _iris_target) / len(_iris_target)
        print("i:",i,"loss:",loss,"accuracy:",accuracy)
    params_grad = grad(loss_mlp)(params,iris_data,iris_target)
    params = [
    (p - g * learning_rate) for p, g in zip(params, params_grad)
    ]
predict_result = mlp(iris_data, params)
predicted_class = jnp.argmax(predict_result, axis=1)
iris_target = jnp.argmax(iris_target, axis=1)
accuracy =  jnp.sum(predicted_class == iris_target)/len(iris_target)
print(accuracy)
```

对于多层感知机中的参数，笔者使用了外部预生成的参数作为初始参数进行传入，这样做的好处是便于复用参数从而在后续的预测阶段能够直接使用训练好的参数进行预测。

模型运行结果如图 2.16 所示。

```
i: 0 loss: 5.9396596 accuracy: 0.34
i: 1000 loss: 5.1929297 accuracy: 0.28666666
i: 2000 loss: 4.690182 accuracy: 0.24666667
i: 3000 loss: 4.043723 accuracy: 0.24666667
i: 4000 loss: 3.360269 accuracy: 0.23333333
i: 5000 loss: 2.7611468 accuracy: 0.32
i: 6000 loss: 2.257472 accuracy: 0.36
i: 7000 loss: 1.8604118 accuracy: 0.36
i: 8000 loss: 1.567366 accuracy: 0.36
i: 9000 loss: 1.3890042 accuracy: 0.35333332
i: 10000 loss: 1.2938257 accuracy: 0.36666667
i: 11000 loss: 1.2354681 accuracy: 0.36666667
i: 12000 loss: 1.1959138 accuracy: 0.36
i: 13000 loss: 1.1679282 accuracy: 0.4
```

图 2.16 模型运行结果

可以看到随着模型的训练，准确率在不停地提升。

 ## 2.3 自动微分器

前面实战了鸢尾花数据集。从实战过程可以看到，无论是线性回归还是多层感知机，都使用了一个 JAX 自带的函数：

```
grad()
```

这个函数可以说是整个模型的核心内容，grad 是自动微分器的意思，如图 2.17 所示。一一直以来，自动微分都在神经网络框架背后默默地运行着，本节将初步探讨一下它到底是什么，以及在 JAX 中的自动微分如何使用？

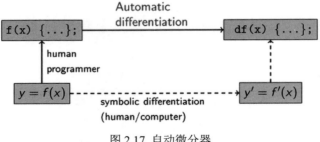

图 2.17 自动微分器

2.3.1 什么是微分器

在数学与计算代数学中，自动微分也被称为微分算法或数值微分。它是一种数值计算的方式，用来计算因变量对某个自变量的导数。此外，它还是一种计算机程序，与我们手动计算微分的"分析法"不太一样。

自动微分基于一个事实，即每一个计算机程序，不论它有多么复杂，都是在执行加、减、乘、除这一系列基本算术运算，以及指数、对数、三角函数这类初等函数运算。通过将链式求导法则应用到这些运算上，我们能以任意精度自动地计算导数，而且最多只比原始程序多一个常数级的运算。

例如需要对下面公式求解微分：

$$f(x_1, x_2) = \ln(x_1) + x_1 x_2 - \sin(x_2)$$

将上述公式转换成计算图形式，如图 2.18 所示。

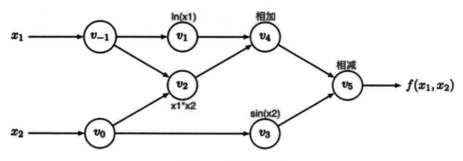

图 2.18 微分求解图

图 2.18 中每个圆圈表示操作产生的中间结果，下标顺序表示它们的计算顺序。根据计算图我们一步步来计算函数的值，如图 2.19 所示，其中左侧表示数值计算过程，右侧表示梯度计算过程。

Forward Primal Trace			Forward Tangent (Derivative) Trace		
$v_{-1} = x_1$	$= 2$		$\dot{v}_{-1} = \dot{x}_1$	$= 1$	
$v_0 = x_2$	$= 5$		$\dot{v}_0 = \dot{x}_2$	$= 0$	
$v_1 = \ln v_{-1}$	$= \ln 2$		$\dot{v}_1 = \dot{v}_{-1}/v_{-1}$	$= 1/2$	
$v_2 = v_{-1} \times v_0$	$= 2 \times 5$		$\dot{v}_2 = \dot{v}_{-1} \times v_0 + \dot{v}_0 \times v_{-1}$	$= 1 \times 5 + 0 \times 2$	
$v_3 = \sin v_0$	$= \sin 5$		$\dot{v}_3 = \dot{v}_0 \times \cos v_0$	$= 0 \times \cos 5$	
$v_4 = v_1 + v_2$	$= 0.693 + 10$		$\dot{v}_4 = \dot{v}_1 + \dot{v}_2$	$= 0.5 + 5$	
$v_5 = v_4 - v_3$	$= 10.693 + 0.959$		$\dot{v}_5 = \dot{v}_4 - \dot{v}_3$	$= 5.5 - 0$	
$y = v_5$	$= 11.652$		$\dot{y} = \dot{v}_5$	$= 5.5$	

图 2.19 数值计算过程和梯度计算过程

2.3.2 JAX 中的自动微分

我们以一个例子来讲解 JAX 自动微分：

$$y = x^3$$

根据我们在高等数学中所学的知识，很容易得到 y 关于 x 的导数，如下所示：

$$x = 1$$
$$y = x^3 = 1$$
$$y' = 3x^2 = 3$$
$$y'' = 6x = 6$$
$$y''' = 6 = 6$$

如果使用 JAX 完成此项工作的话，代码和结果如下所示：

```
import jax
def f(x):
    return x * x * x
D_f = jax.grad(f)
D2_f= jax.grad(D_f)
D3_f = jax.grad(D2_f)
print(f(1.0))
print(D_f(1.0))
print(D2_f(1.0))
print(D3_f(1.0))
```

其中需要说明的是，jax.grad 是 JAX 的微分程序，对结果进行自动求导，结果如图 2.20 所示。

可以看到，grad 是一个求导接口，其输入/输出都是函数，因此可以借助于 grad 很方便地去做高阶求导的工作。

下面问题来了，我们知道在神经网络中的求导往往并不是一个数，而是一个序列多个数字共同求导，那这个问题怎么解

```
1.0
3.0
6.0
6.0
```

图 2.20 求导结果

决呢？代码如下所示：

```
import jax
import jax.numpy as jnp
def f(x):
    return x*x*x
# 这里先对f(x)函数求和
D_f = jax.grad(lambda x:jnp.sum(f(x)))
x = jnp.linspace(1,5,5)
print(D_f(x))
```

可以看到，JAX 中的求导函数先对函数值进行求和计算，之后根据求和结果对求和值进行求导，然后求导结果分解到每个数值所占据的权重和位置。

然而从更深一层来说，JAX 中的 grad 使用的是反向自动微分模式：

```
jax.vjp()
```

vjp() 根据原始函数 f，输入 x 计算得出函数结果 y 并生成微分用的线性函数。grad 默认采用反向自动微分，从底层调用 vjp()。

2.4 本章小结

本章介绍了 JAX 的基本模型构建方法，并使用 JAX 完成了一些编程实战，包括构建线性回归以及多层感知机来进行鸢尾花分类。

本章仅仅是一个开始，向读者演示了通过 JAX 可以构建的深度学习方案与相关内容，实际上也完成了一个神经网络框架的设计，从组建全连接层的 3 种形式到各个组件的设计和编写，完整地展示出一个神经网络框架的雏形，有兴趣的读者可以深入学习。

第 3 章 深度学习的理论基础

本章是选学内容,难度略有提高,供有兴趣的读者自行学习。

上一章使用 JAX 进行实战操作的演示,并完成了一个简单的深度学习框架,分别使用线性回归和多层感知机进行鸢尾花分类。

然而还有一部分内容没有涉及,作为一种智能信息处理系统,人工神经网络实现其功能的核心是反向传播(Back Propagation,BP)神经网络(见图 3.1)。BP 神经网络是一种按误差反向传播(简称误差反传)训练的多层前馈网络,它的基本思想是梯度下降法,利用梯度搜索技术,以期使网络的实际输出值和期望输出值的误差均方差为最小。

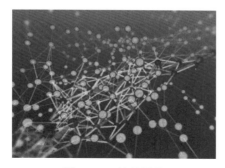

图 3.1 BP 神经网络

本章将从 BP 神经网络开始全面介绍 BP 神经网络的概念、原理及其背后的数学原理。

3.1 BP 神经网络简介

在介绍 BP 神经网络之前,人工神经网络(Artificial Neural Network,ANN)是必须提到的内容。人工神经网络的发展经历了大约半个世纪,从 20 世纪 40 年代初到 80 年代,神经网络的研究经历了低潮和高潮几起几落的发展过程。

1930 年,B.Widrow 和 M.Hoff 提出了自适应线性元件网络(ADAptive LInear NEuron,ADALINE),这是一种连续取值的线性加权求和阈值网络。后来,在此基础上发展了非线性多层自适应网络。Widrow-Hoff 的技术被称为最小均方误差(least mean square,LMS)学习规则。从此神经网络的发展进入了第一个高潮期。

的确，在有限范围内，感知机有较好的功能，并且收敛定理得到证明。单层感知机能够通过学习把线性可分的模式分开，但对像 XOR（异或）这样简单的非线性问题却无法求解。

1939 年，麻省理工学院著名的人工智能专家 M.Minsky 和 S.Papert 出版了颇具影响力的 Perceptron 一书，从数学上剖析了简单神经网络的功能和局限性，并且指出多层感知机还不能找到有效的计算方法，由于 M.Minsky 在学术界的地位和影响，其悲观的结论，大大降低了人们对神经网络研究的热情。

其后，人工神经网络的研究进入了低潮期。尽管如此，神经网络的研究并未完全停滞下来，仍有不少学者在极其艰难的条件下致力于这一研究。

1943 年，心理学家 W.McCulloch 和数理逻辑学家 W.Pitts 在分析、总结神经元基本特性的基础上提出神经元的数学模型（McCulloch-Pitts 模型，简称 MP 模型），标志着神经网络研究的开始。由于受当时研究条件的限制，很多工作不能模拟，在一定程度上影响了 MP 模型的发展。尽管如此，MP 模型对后来的各种神经元模型及网络模型都有很大的启发作用。1949 年，D.O.Hebb 从心理学的角度提出了至今仍对神经网络理论有着重要影响的 Hebb 法则。

1945 年，冯·诺依曼领导的设计小组试制成功存储程序式电子计算机，标志着电子计算机时代的开始。1948 年，他在研究工作中比较了人脑结构与存储程序式计算机的根本区别，提出了以简单神经元构成的再生自动机网络结构。但是，由于指令存储式计算机技术的发展非常迅速，迫使他放弃了神经网络研究的新途径，继续投身于指令存储式计算机技术的研究，并在此领域作出了巨大贡献。虽然，冯·诺依曼的名字是与普通计算机联系在一起的，但他也是人工神经网络研究的先驱之一（见图 3.2）。

图 3.2 人工神经网络研究的先驱们

1958 年，F.Rosenblatt 设计制作出了"感知机"，它是一种多层的神经网络。这项工作首次把人工神经网络的研究从理论探讨付诸工程实践。感知机由简单的阈值性神经元组成，初步具备了诸如学习、并行处理、分布存储等神经网络的一些基本特征，从而确立了从系统角度进行人工神经网络研究的基础。

1972 年，T.Kohonen 和 J.Anderson 不约而同地提出具有联想记忆功能的新神经网络。1973 年，S.Grossberg 与 G.A.Carpenter 提出了自适应共振理论（Adaptive Resonance Theory，ART），并在以后的若干年内发展了 ART1、ART2、ART3 这 3 个神经网络模型，从而为神经网络研究的发展奠定了理论基础。

进入 20 世纪 80 年代，特别是 80 年代末，对神经网络的研究从复兴很快转入了新的热潮。这主要是因为：

- 一方面以逻辑符号处理为主的人工智能理论经过了十几年的迅速发展和冯·诺依曼计

算机在处理诸如视觉、听觉、形象思维、联想记忆等智能信息处理问题上受到了挫折。
- 另一方面，并行分布处理的神经网络本身的研究成果，使人们看到了新的希望。

1982年，美国加州工学院的物理学家J.Hoppfield提出了HNN（Hoppfield Neural Network）模型，并首次引入了网络能量函数的概念，使网络稳定性研究有了明确的依据，其电子电路实现为神经计算机的研究奠定了基础，同时也开拓了神经网络用于联想记忆和优化计算的新途径。

1983年，K.Fukushima等提出了神经认知机网络理论。1985年D.H.Ackley、G.E.Hinton和T.J.Sejnowski将模拟退火概念移植到Boltzmann机模型的学习之中，以保证网络能收敛到全局最小值。1983年，D.Rumelhart和J.McCelland等提出了PDP（parallel distributed processing）理论，致力于认知微观结构的探索，同时发展了多层网络的BP算法，使BP网络成为目前应用最广的网络。

反向传播（backpropagation，如图3.3所示）一词的使用出现在1985年后，它的广泛使用是在1983年由D.Rumelhart和J.McCelland所著的《Parallel Distributed Processing》这本书出版以后。1987年，T.Kohonen提出了自组织映射（self organizing map，SOM）。1987年，美国电气和电子工程师学会IEEE（institute for electrical and electronic engineers）在圣地亚哥（San Diego）召开了盛大规模的神经网络国际学术会议，国际神经网络学会（International Neural Networks Society）也随之诞生。

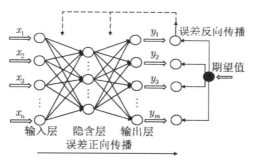

图3.3 反向传播

1988年，国际神经网络学会的正式杂志Neural Networks创刊；从1988年开始，国际神经网络学会和IEEE每年联合召开一次国际学术年会。1990年IEEE神经网络会刊问世，各种期刊的神经网络特刊层出不穷，神经网络的理论研究和实际应用进入了一个蓬勃发展的时期。

BP神经网络（见图3.4）的代表者是D.Rumelhart和J.McCelland，BP神经网络是一种按误差逆传播算法训练的多层前馈网络，是目前应用最广泛的神经网络模型之一。

BP算法（反向传播算法）的学习过程，由信息的正向传播和误差的反向传播两个过程组成。

- 输入层：各神经元负责接收来自外界的输入信息，并传递给中间层各神经元。
- 中间层：中间层是内部信息处理层，负责信息变换，根据信息变化能力的需求，中间层可以设计为单隐藏层或者多隐藏层结构。
- 最后一个隐藏层：传递到输出层各神经元的信息，经进一步处理后，完成一次学习的正向传播处理过程，由输出层向外界输出信息处理结果。

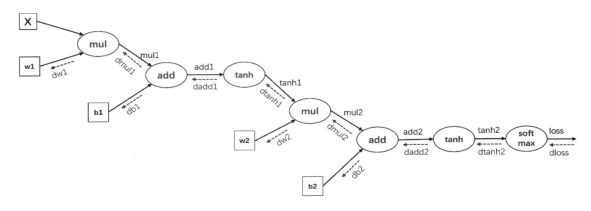

图 3.4 BP 神经网络

当实际输出与期望输出不符时，进入误差的反向传播阶段。误差通过输出层，按误差梯度下降的方式修正各层权值，向隐藏层、输入层逐层反传。周而复始的信息正向传播和误差反向传播过程，是各层权值不断调整的过程，也是神经网络学习训练的过程，此过程一直进行到网络输出的误差减少到可以接受的程度或者预先设定的学习次数为止。

目前神经网络的研究方向和应用很多，反映了多学科交叉技术领域的特点。主要的研究工作集中在以下几个方面：

- 生物原型研究。从生理学、心理学、解剖学、脑科学、病理学等生物科学方面研究神经细胞、神经网络、神经系统的生物原型结构及其功能机理。
- 建立理论模型。根据生物原型的研究，建立神经元、神经网络的理论模型。其中包括概念模型、知识模型、物理化学模型、数学模型等。
- 网络模型与算法研究。在理论模型研究的基础上构建具体的神经网络模型，以实现计算机模拟或硬件的仿真，并且还包括网络学习算法的研究。这方面的工作也称为技术模型研究。
- 人工神经网络应用系统。在网络模型与算法研究的基础上，利用人工神经网络组成实际的应用系统。例如，完成某种信号处理或模式识别的功能、构建专家系统、制造机器人，等等。

纵观当代新兴科学技术的发展历史，人类在征服宇宙空间、基本粒子、生命起源等科学技术领域的进程中历经了崎岖不平的道路。我们也看到，探索人脑功能和神经网络的研究将伴随着重重困难的克服而日新月异。

3.2　BP 神经网络两个基础算法详解

在正式介绍 BP 神经网络之前，需要先介绍两个非常重要的算法，即最小二乘法（LS 算法）和随机梯度下降算法。

最小二乘法是统计分析中最常用的逼近计算的一种算法，其交替计算结果使得最终结果尽可能地逼近真实结果。而随机梯度下降算法是其充分利用了深度学习的运算特性的迭代和高效性，通过不停地判断和选择当前目标下的最优路径，使得能够在最短路径下达到最优的结果从而提高大数据的计算效率。

3.2.1 最小二乘法详解

LS 算法是一种数学优化技术，也是一种机器学习常用算法。它通过最小化误差的平方和寻找数据的最佳函数匹配。利用最小二乘法可以简便地求得未知的数据，并使得这些求得的数据与实际数据之间误差的平方和为最小。最小二乘法还可用于曲线拟合。其他一些优化问题也可通过最小化能量或最大化熵用最小二乘法来表达。

由于最小二乘法不是本章的重点内容，笔者只通过一个图示演示一下 LS 算法的原理。LS 算法原理如图 3.5 所示。

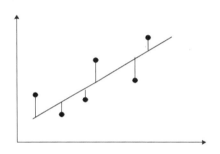

图 3.5 最小二乘法原理

从图 3.5 可以看到，若干个点依次分布在向量空间中，如果希望找出一条直线和这些点达到最佳匹配，那么最简单的一个方法就是希望这些点到直线的值最小，即下面最小二乘法实现公式最小。

$$f(x) = ax + b$$
$$\delta = \sum (f(x_i) - y_i)^2$$

这里直接引用的是真实值与计算值之间的差的平方和，具体而言，这种差值有个专门的名称为"残差"。基于此，表达残差的方式有以下 3 种：

- ∞ 范数：残差绝对值的最大值 $\max\limits_{1 \leq i \leq m}|r_i|$，即所有数据点中残差距离的最大值。
- L1 范数：绝对残差和 $\sum\limits_{i=1}^{m}|r_i|$，即所有数据点残差距离之和。
- L2 范数：残差平方和 $\sum\limits_{i=1}^{m}r_i^2$。

可以看到，所谓的最小二乘法就是 L2 范数的一个具体应用。通俗地说，就是看模型计算出的结果与真实值之间的相似性。

因此，最小二乘法可由如下定义：

对于给定的数据 $(x_i, y_i)(i=1,\cdots,m)$，在取定的假设空间 H 中，求解 $f(x) \in H$，使得残差 $\delta = \sum(f(x_i) - y_i)^2$ 的 L2 范数最小。

看到这里可能有读者又会提出疑问，这里的 $f(x)$ 应该如何表示？

实际上函数 $f(x)$ 是一条多项式函数曲线：

$$f(x) = w_0 + w_1 x^1 + w_2 x^2 + \cdots + w_n x^n \quad (w_n \text{ 为一系列的权重})$$

由上面公式可知，所谓的最小二乘法就是找到这么一组权重 w，使得 $\delta = \sum(f(x_i) - y_i)^2$ 最小。那么如何能使得最小二乘法值最小？

对于求出最小二乘法的结果，可以通过数学上的微积分处理，这是一个求极值的问题，只需要对权值依次求偏导数，最后令偏导数为 0，即可求出极值点。

$$\frac{\partial J}{\partial w_0} = \frac{1}{2m} * 2\sum_1^m (f(x) - y) * \frac{\partial(f(x))}{\partial w_0} = \frac{1}{m}\sum_1^m (f(x) - y) = 0$$

$$\frac{\partial J}{\partial w_1} = \frac{1}{2m} * 2\sum_1^m (f(x) - y) * \frac{\partial(f(x))}{\partial w_1} = \frac{1}{m}\sum_1^m (f(x) - y) * x = 0$$

$$\cdots$$

$$\frac{\partial J}{\partial w_n} = \frac{1}{2m} * 2\sum_1^m (f(x) - y) * \frac{\partial(f(x))}{\partial w_n} = \frac{1}{m}\sum_1^m (f(x) - y) * x = 0$$

3.2.2 道士下山的故事——梯度下降算法

在介绍随机梯度下降算法之前，先讲一个道士下山的故事，如图 3.6 所示。

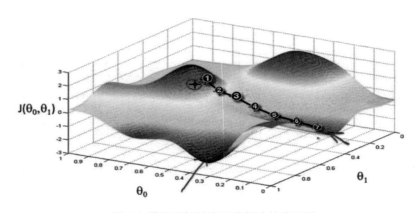

图 3.6 模拟随机梯度下降算法的演示图

这是一个模拟随机梯度下降算法的演示图。为了便于理解，我们将其比喻成道士想要出去游玩的一座山。

设想道士有一天和道友一起到一座不太熟悉的山上去玩，在兴趣盎然中很快登上了山顶。

但是天有不测，下起了雨。如果这时需要道士和其同来的道友用最快的速度下山，那么该怎么办呢？

如果想以最快的速度下山，那么最快的办法就是顺着坡度最陡峭的地方走下去。但是由于不熟悉路，道士在下山的过程中，每走过一段路程就需要停下来观望，从而选择最陡峭的下山路。这样一路走下来的话，就可以在最短时间内走到山下。

从图上可以近似的表示为：

① → ② → ③ → ④ → ⑤ → ⑥ → ⑦

每个数字代表每次停顿的地点，这样只需要在每个停顿的地点选择最陡峭的下山路即可。

这就是道士下山的故事，随机梯度下降算法和这个类似。如果想要使用最快捷的下山方法，那么最简单的办法就是在下降一个梯度的阶层后，寻找一个当前获得的最大梯度继续下降。这就是随机梯度算法的原理。

从上面的例子可以看到，随机梯度下降算法就是不停地寻找某个节点中下降幅度最大的那个趋势进行迭代计算，直到将数据收缩到符合要求的范围为止。通过数学表达的方式计算，公式如下：

$$f(\theta) = \theta_0 x_0 + \theta_1 x_1 + \cdots + \theta_n x_n = \sum \theta_i x_i$$

在上一节讲最小二乘法的时候，我们通过最小二乘法说明了直接求解最优化变量的方法，也介绍了求解的前提条件是要求计算值与实际值的偏差的平方最小。

但是在随机梯度下降算法中，对于系数需要通过不停地求解得出当前位置下最优化的数据。这个过程如果使用数学方式表达的话，就是不停地对系数 θ 求偏导数，即公式如下所示：

$$\frac{\partial f(\theta)}{\partial w_n} = \frac{1}{2m} * 2 \sum_1^m (f(\theta) - y) * \frac{\partial (f(\theta))}{\partial \theta} = \frac{1}{m} \sum_1^m (f(x) - y) * x$$

公式中 θ 的会向着梯度下降的最快方向减少，从而推断出 θ 的最优解。

因此，随机梯度下降算法最终被归结为通过迭代计算特征值从而求出最合适的值。θ 求解的公式如下：

$$\theta = \theta - \alpha(f(\theta) - y_i)x_i$$

公式中 α 是下降系数，用较为通俗的语言表示就是用来计算每次下降的幅度大小。系数越大则每次计算的差值越大，系数越小则差值越小，但是计算时间也相对延长。

随机梯度下降算法的迭代过程如图 3.7 所示。

从图中可以看到，实现随机梯度下降算法的关键是拟合算法的实现。而本例的拟合算法实现较为简单，通过不停地修正数据值从而达到数据的最优值。

图 3.7 随机梯度下降算法过程

随机梯度下降算法在神经网络特别是机器学习中应用较广泛，但是由于其天生的缺陷，噪音较多，使得在计算过程中并不是都向着整体最优解的方向优化，往往可能只是一个局部最优解。因此，为了克服这些困难，最好的办法就是增大数据量，在不停地使用数据进行迭代处理的过程中，能够确保整体的方向是全局最优解，或者最优结果在全局最优解附近。

3.2.3 最小二乘法的梯度下降算法以及 JAX 实现

从前面的介绍可以看到，任何一个需要进行梯度下降的函数都可以比作一座山，而梯度下降的目标就是找到这座山的底部，也就是函数的最小值。根据之前道士下山的案例，最快的下山方式就是找到最为陡峭的山路，然后沿着这条山路走下去，直到下一个观察点；之后在下一个观察点重复这个过程，直到山脚。

下面实现这个过程去求解最小二乘法的最小值，但是在开始之前先展示一下需要掌握的数学原理。

1. 微分

高等数学中对函数微分的解释有很多，其中最主要的有两种：

- 函数曲线上某点切线的斜率。
- 函数的变化率。

因此对于一个二元微分的计算如下所示：

$$\frac{\partial(x^2 y^2)}{\partial x} = 2xy^2 d(x)$$

$$\frac{\partial(x^2 y^2)}{\partial y} = 2x^2 y d(y)$$

$$(x^2 y^2)' = 2xy^2 d(x) + 2x^2 y d(y)$$

2. 梯度

所谓的梯度就是微分的一般形式，对于多元微分来说，微分则是各个变量的变化率的总和，公式如下所示：

$$J(\theta) = 2.17 - (17\theta_1 + 2.1\theta_2 - 3\theta_3)$$

$$\nabla J(\theta) = \left[\frac{\partial J}{\partial \theta_1}, \frac{\partial J}{\partial \theta_2}, \frac{\partial J}{\partial \theta_3}\right] = [17, 2.1, -3]$$

可以看到，求解梯度值则是分别对每个变量进行微分计算，之后用逗号隔开。而这里使用[]将每个变量的微分值包裹在一起形成一个 3 维向量，因此可以将微分计算后的梯度认为是一个向量。

由此可以得出梯度的定义：在多元函数中，梯度是一个向量，而向量具有方向性，梯度的方向指出了函数在给定点上的上升最快的方向。

这个与道士下山的过程联系在一起，如果需要到达山脚下，则需要在每一个观察点寻找梯度最陡峭的地方。梯度计算的值是在当前点上升最快的方向，那么反方向则是给定点下降最快的方向。梯度的计算就是得出这个值的具体向量值，如图 3.8 所示。

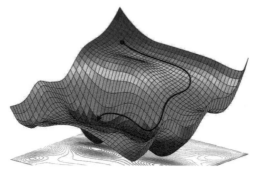

图 3.8 梯度的计算

3．梯度下降的数学计算

在上一节中已经给出了梯度下降的公式，这里对其进行变形：

$$\theta' = \theta - \alpha \frac{\partial}{\partial \theta} f(\theta) = \theta - \alpha \nabla J(\theta)$$

此公式中的参数含义说明如下：

- J 是关于参数 θ 的函数，假设当前点为 θ，如果需要找到这个函数的最小值，也就是山脚下，那么首先需要确定行进的方向，也就是梯度计算的反方向，之后走 α 的步长，走完这个步长之后就到了下一个观察点。
- α 的意义在上一节已经介绍了，是学习率或者步长，使用 α 来控制每一步走的距离。α 过小会造成拟合时间过长，而 α 过大会造成下降幅度太大而错过最低点，如图 3.9 所示。

图 3.9 学习率太小（左）与学习率太大（右）

还要注意，梯度下降公式中 $\nabla J(\theta)$ 求出的是斜率最大值，也就是梯度上升最大的方向，而这里所需要的是梯度下降最大的方向，因此在 $\nabla J(\theta)$ 前加一个负号。下面使用一个例子演示梯度下降法的计算。

假设公式为：

$$J(\theta) = \theta^2$$

此时的微分公式为:

$$\nabla J(\theta) = 2\theta$$

设第一个值 $\theta^0 = 1$,$\alpha = 0.3$,则根据梯度下降公式:

$$\theta^1 = \theta^0 - \alpha * 2\theta^0 = 1 - \alpha * 2 * 1 = 1 - 0.6 = 0.4$$
$$\theta^2 = \theta^1 - \alpha * 2\theta^1 = 0.4 - \alpha * 2 * 0.4 = 0.4 - 0.24 = 0.16$$
$$\theta^3 = \theta^2 - \alpha * 2\theta^2 = 0.16 - \alpha * 2 * 0.16 = 0.16 - 0.096 = 0.064$$

这样依次进行运算,即可得到 $J(\theta)$ 的最小值,也就是"山脚",如图 3.10 所示。

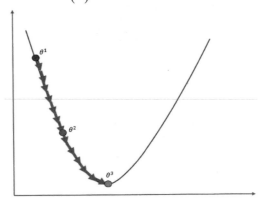

图 3.10 山脚

实现程序如下所示:

```
x = 1
def chain(x,gama = 0.1):
    x = x - gama * 2 * x
    return x
for _ in range(4):
    x = chain(x)
    print(x)
```

多变量的梯度下降方法和前文所述的多元微分求导类似。例如一个二元函数形式如下:

$$J(\theta) = \theta_1^2 + \theta_2^2$$

此时对其的梯度微分为:

$$\nabla J(\theta) = 2\theta_1 + 2\theta_2$$

设置:

$$J(\theta^0) = (2,5), \alpha = 0.3$$

则依次计算的结果如下：

$$\nabla J(\theta^1) = (\theta_{1\_0} - \alpha 2\theta_{1_0}, \theta_{2_0} - \alpha 2\theta_{2_0}) = (0.8, 4.7)$$

剩下的计算请读者自行完成。

如果把二元函数采用图像的方式展示出来，可以很明显地看到梯度下降的每个"观察点"坐标，如图3.11所示。

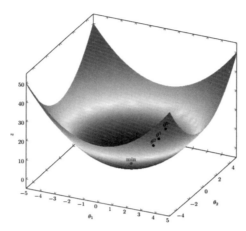

图3.11 梯度下降的每个"观察点"坐标

4．使用梯度下降法求解最小二乘法

假设最小二乘法的公式如下：

$$J(\theta) = \frac{1}{2m}\sum_{1}^{m}\left(h_\theta(x) - y\right)^2$$

参数解释如下：

- m是数据点总数。
- $\frac{1}{2}$是一个常量，这样是为了在求梯度的时候，二次方微分后的结果与$\frac{1}{2}$抵消了，自然就没有多余的常数系数，方便后续的计算，同时对结果不会有影响。
- y是数据集中每个点的真实y坐标的值。

其中$h_\theta(x)$为预测函数，形式如下所示：

$$h_\theta(x) = \theta_0 + \theta_1 x$$

每个输入值x，都有一个经过参数计算后的预测值输出。

$h_\theta(x)$的JAX实现如下所示：

```
h_pred = jnp.dot(x,theta)
```

其中x是输入的维度为[-1,2]的二维向量，_1的意思是维度不定。这里使用了一个技巧，即将$h_\theta(x)$的公式转化成矩阵相乘的形式，而θ是一个[2,1]维度的二维向量。

依照最小二乘法实现的 Python 代码为：

```
import jax.numpy as jnp
def error_function(theta,x,y):
    h_pred = jnp.dot(x,theta)
    j_theta = (1./2*m) * jnp.dot(jnp.transpose(h_pred), h_pred)
return j_theta
```

这里 j_theta 的实现同样是将原始公式转化成矩阵计算，即：

$$\left(h_\theta(x)-y\right)^2 = \left(h_\theta(x)-y\right)^T * \left(h_\theta(x)-y\right)$$

下面分析一下最小二乘法公式 $J(\theta)$，此时如果求 $J(\theta)$ 的梯度，则需要对其中涉及的两个参数 θ_0 和 θ_1 进行微分：

$$\nabla J(\theta) = \left[\frac{\partial J}{\partial \theta_0}, \frac{\partial J}{\partial \theta_1}\right]$$

下面分别对 2 个参数的求导公式进行求导：

$$\frac{\partial J}{\partial \theta_0} = \frac{1}{2m} * 2\sum_1^m \left(h_\theta(x)-y\right) * \frac{\partial(h_\theta(x))}{\partial \theta_0} = \frac{1}{m}\sum_1^m \left(h_\theta(x)-y\right)$$

$$\frac{\partial J}{\partial \theta_1} = \frac{1}{2m} * 2\sum_1^m \left(h_\theta(x)-y\right) * \frac{\partial(h_\theta(x))}{\partial \theta_1} = \frac{1}{m}\sum_1^m \left(h_\theta(x)-y\right) * x$$

此时将分开求导的参数合并可得新的公式如下：

$$\frac{\partial J}{\partial \theta} = \frac{\partial J}{\partial \theta_0} + \frac{\partial J}{\partial \theta_1} = \frac{1}{m}\sum_1^m \left(h_\theta(x)-y\right) + \frac{1}{m}\sum_1^m \left(h_\theta(x)-y\right) * x = \frac{1}{m}\sum_1^m \left(h_\theta(x)-y\right) * (1+x)$$

将公式最右边常数 1 去掉，公式变为：

$$\frac{\partial J}{\partial \theta} = \frac{1}{m} * (x) * \sum_1^m \left(h_\theta(x)-y\right)$$

采用矩阵相乘的方式，并使用矩阵相乘表示：

$$\frac{\partial J}{\partial \theta} = \frac{1}{m} * (x)^T * \left(h_\theta(x)-y\right)$$

这里 $(x)^T * \left(h_\theta(x)-y\right)$ 已经转化为矩阵相乘的表示形式。使用 Python 代码表示如下：

```
import jax.numpy as jnp
def gradient_function(theta, X, y):
    h_pred = jnp.dot(X, theta) - y
    return (1./m) * jnp.dot(jnp.transpose(X), h_pred)
```

其中的 jnp.dot(jnp.transpose(X), h_pred)，如果读者对此理解有难度，可以将公式使用逐个 x 值的形式列出来，此处就不一一罗列了。

最后是梯度下降的 JAX 实现，代码如下：

```
import jax.numpy as jnp
def gradient_descent(X, y, alpha):
    theta = jnp.array([1, 1]).reshape(2, 1)   #[2,1]   这里的theta是参数
    gradient = gradient_function(theta,X,y)
    while not jnp.all(jnp.absolute(gradient) <= 1e-5):
        theta = theta - alpha * gradient
        gradient = gradient_function(theta, X, y)
    return theta
```

这 2 组程序代码段的区别在于，第一个代码段是固定循环次数，可能会造成欠下降或者过下降；第二个代码段使用的是数值判定，可以设定阈值或者停止条件。

全部代码如下所示。

【程序 3-1】

```
import jax.numpy as jnp
m = 20
# 生成数据集 x，此时的数据集 x 是一个二维矩阵
x0 = jnp.ones((m, 1))
x1 = jnp.arange(1, m+1).reshape(m, 1)
x = jnp.hstack((x0, x1))  #【20,2】
y = jnp.array([
    3, 4, 5, 5, 2, 4, 7, 8, 11, 8, 12,
    11, 13, 13, 16, 17, 18, 17, 19, 21
]).reshape(m, 1)
alpha = 0.01
# 这里的 theta 是一个 [2,1] 大小的矩阵，用来与输入 x 进行计算并获得计算的预测值 y_pred,
而 y_pred 是与 y 的计算误差
def error_function(theta,x,y):
    h_pred = jnp.dot(x,theta)
    j_theta = (1./2*m) * jnp.dot(jnp.transpose(h_pred), h_pred)
    return j_theta
def gradient_function(theta, X, y):
    h_pred = jnp.dot(X, theta) - y
    return (1./m) * jnp.dot(jnp.transpose(X), h_pred)
def gradient_descent(X, y, alpha):
    theta = jnp.array([1, 1]).reshape(2, 1)   #[2,1]   这里的theta是参数
    gradient = gradient_function(theta,X,y)
    while not jnp.all(jnp.absolute(gradient) <= 1e-5):
        theta = theta - alpha * gradient
        gradient = gradient_function(theta, X, y)
    return theta
theta = gradient_descent(x, y, alpha)
```

```
print('optimal:', theta)
print('error function:', error_function(theta, x, y)[0,0])
```

打印结果和拟合曲线请读者自行完成。

现在请回到前面的道士下山这个例子上，实际上，道士下山代表了反向传播算法，而要寻找的下山路径就代表着算法中一直在寻找的参数，山上当前点的最陡峭的方向实际上就是代价函数在这一点的梯度方向，场景中观察最陡峭方向所用的工具就是微分。

3.3 反馈神经网络反向传播算法介绍

反向传播算法是神经网络的核心与精髓，在神经网络算法中具有举足轻重的地位。所谓的反向传播算法就是复合函数的链式求导法则的一个强大应用，而且实际上的应用比起理论上的推导强大得多。本节将主要介绍反向传播算法的一个最简单模型的推导，虽然模型简单，但是这个模型是其广泛应用的基础。

3.3.1 深度学习基础

机器学习在理论上可以看作是统计学在计算机科学上的一个应用。在统计学上，一个非常重要的内容就是拟合和预测，即基于以往的数据，建立光滑的曲线模型实现数据结果与数据变量的对应关系。

深度学习为统计学的应用，同样是为了寻找结果与影响因素的一一对应关系。只不过样本点由狭义的 x 和 y 扩展到向量、矩阵等广义的对应点。此时，由于数据的复杂度增加，对应关系模型的复杂度也随之增加，而不能使用一个简单的函数表达。

数学上通过建立复杂的高次多元函数解决复杂模型拟合的问题，但是大多数都失败了，因为过于复杂的函数式是无法进行求解的，也就是其公式的获取是不可能的。

基于前人的研究，科研工作人员发现可以通过神经网络来表示这样的一个一一对应关系，而神经网络本质就是一个多元复合函数，通过增加神经网络的层次和神经单元，可以更好地表达函数的复合关系。

图 3.12 是多层神经网络的一个图像表达方式，通过设置输入层、隐藏层与输出层，可以形成一个多元函数用于求解相关问题。

通过数学表达式将多层神经网络模型表示出来，公式如下所示：

$$a_1 = f(w_{11} \times x_1 + w_{12} \times x_2 + w_{13} \times x_3 + b_1)$$
$$a_2 = f(w_{21} \times x_1 + w_{22} \times x_2 + w_{23} \times x_3 + b_2)$$
$$a_3 = f(w_{31} \times x_1 + w_{32} \times x_2 + w_{33} \times x_3 + b_3)$$
$$h(x) = f(w_{11} \times x_1 + w_{12} \times x_2 + w_{13} \times x_3 + b_1)$$

其中 x 是输入数值，而 w 是相邻神经元之间的权重，也就是神经网络在训练过程中需要学习的参数。与线性回归类似的是，神经网络学习同样需要一个损失函数，即训练目标通过调整每个权重值 w 来使得损失函数最小。前面在讲解梯度下降算法的时候已经说过，如果权重过多或者指数过大时，直接求解系数是一件不可能的事情，因此梯度下降算法是能够求解权重问题的比较好的方法。

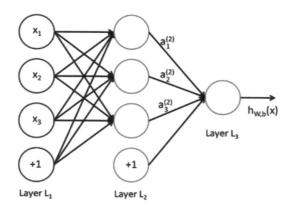

图 3.12 多层神经网络

3.3.2 链式求导法则

在前面梯度下降算法的介绍中，没有对其背后的原理做出更为详细的讲解。实际上梯度下降算法就是链式法则的一个具体应用，如果把前面公式中损失函数以向量的形式表示为：

$$h(x) = f(w_{11}, w_{12}, w_{13}, w_{14}, \cdots, w_{ij})$$

那么其梯度向量为：

$$\nabla h = \frac{\partial f}{\partial W_{11}} + \frac{\partial f}{\partial W_{12}} + \cdots + \frac{\partial f}{\partial W_{ij}}$$

可以看到，其实所谓的梯度向量就是求出函数在每个向量上的偏导数之和。这也是链式法则善于解决的方面。

下面以 $e = (a+b)\times(b+1)$ 为例子，其中 $a=2$、$b=1$，计算其偏导数，如图 3.13 所示。

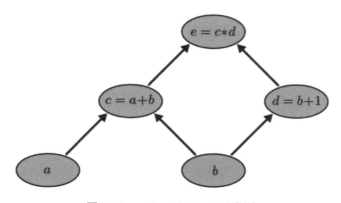

图 3.13 $e = (a+b)\times(b+1)$ 示意图

本例中为了求得最终值 e 对各个点的梯度，需要将各个点与 e 联系在一起，例如期望求得 e 对输入点 a 的梯度，则只需要求得：

$$\frac{\partial e}{\partial a} = \frac{\partial e}{\partial c} \times \frac{\partial c}{\partial a}$$

这样就把 e 与 a 的梯度联系在一起，同理可得：

$$\frac{\partial e}{\partial a} = \frac{\partial e}{\partial c} \times \frac{\partial c}{\partial b} + \frac{\partial e}{\partial d} \times \frac{\partial d}{\partial b}$$

链式法则的应用如图 3.14 所示。

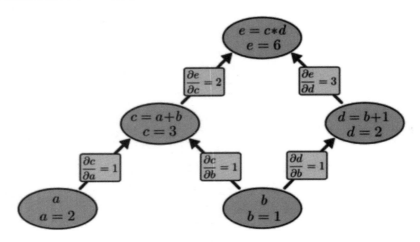

图 3.14 链式法则的应用

这样做的好处是显而易见的，求 e 对 a 的偏导数只要建立一个 e 到 a 的路径，图中经过 c，那么通过相关的求导链接就可以得到所需要的值。对于求 e 对 b 的偏导数，也只需要建立所有 e 到 b 路径中的求导路径从而获得需要的值。

3.3.3 反馈神经网络原理与公式推导

在求导过程中，如果拉长了求导过程或者增加了其中的单元，那么就会大大增加其中的计算过程，即很多偏导数的求导过程会被反复计算，因此在实际中对于权值达到上十万或者上百万的神经网络来说，这样的重复冗余所导致的计算量是很大的。

同样是为了求得对权重的更新，反馈神经网络算法将训练误差 E 看作以权重向量每个元素为变量的高维函数，通过不断更新权重，寻找训练误差的最低点，按误差函数梯度下降的方向更新权值。

 反馈神经网络算法具体计算公式在本节后半部分进行推导。

首先求得最后的输出层与真实值之间的差距，如图 3.15 所示。

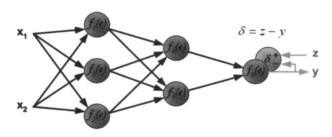

图 3.15 反馈神经网络最终误差的计算

然后以计算出的测量值与真实值为起点,反向传播到上一个节点,并计算出节点的误差值,如图 3.16 所示。

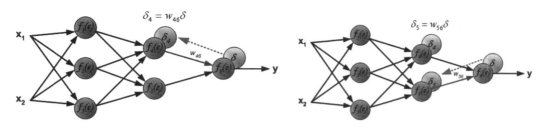

图 3.16 反馈神经网络输出层误差的反向传播

最后将计算出的节点误差重新设置为起点,依次向后传播误差,如图 3.17 所示。

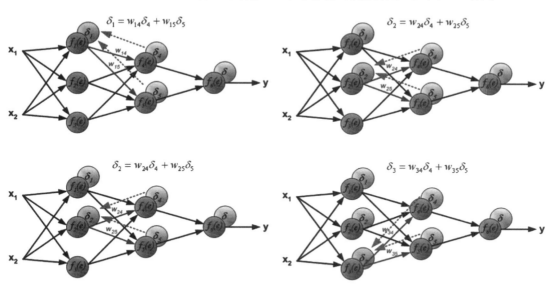

图 3.17 反馈神经网络隐藏层误差的反向传播

 对于隐藏层,误差并不是像输出层一样由单个节点确定,而是由多个节点确定的,因此对它的计算要求是得到所有的误差值之和。

一般情况下,误差的产生是由于输入值与权重的计算产生了错误,而对于输入值来说,往往是固定不变的,因此对于误差的调节,则需要对权重进行更新。而权重的更新又是以输入值与真实值的偏差为基础，当最终层的输出误差被反向一层层地传递回来后，每个节点被相应地分配适合其在神经网络地位中所担负的误差，即只需要更新其所需承担的误差量，如图 3.18 所示。

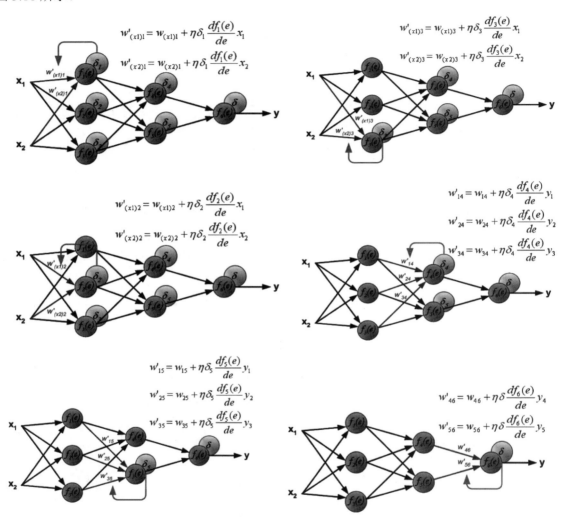

图 3.18 反馈神经网络权重的更新

在每一层，需要维护输出对当前层的微分值，该微分值相当于被复用于之前每一层里权值的微分计算，因此空间复杂度没有变化。同时也没有重复计算，每一个微分值都在之后的迭代中使用。

下面介绍一下公式的推导。公式的推导需要使用一些高等数学的知识，因此读者可以自由选择学习。

首先是算法的分析，前面已经说过，对于反馈神经网络算法需要知道输出值与真实值之间的差值。

- 对输出层单元，误差项是真实值与模型计算值之间的差值。

- 对于隐藏层单元，由于缺少直接的目标值来计算隐藏层单元的误差，因此需要以间接的方式来计算隐藏层的误差项，即对受隐藏层单元影响的每一个单元的误差进行加权求和。
- 权值的更新方面，主要依靠学习速率，该权值对应的输入以及单元的误差项。

1. 定义一：前向传播算法

对于前向传播的值传递，隐藏层输出值定义如下：

$$a_h^{H1} = W_h^{H1} \times X_i$$
$$b_h^{H1} = f(a_h^{H1})$$

其中，X_i 是当前节点的输入值，W_h^{H1} 是连接到此节点的权重，a_h^{H1} 是输出值；f 是当前阶段的激活函数，b_h^{H1} 为当前节点的输入值经过计算后被激活的值。

对于输出层，定义如下：

$$a_k = \sum W_{hk} \times b_h^{H1}$$

其中，W_{hk} 为输入的权重，b_h^{H1} 为将节点输入数据经过计算后的激活值作为输入值。这里对所有输入值进行权重计算后求和，作为神经网络的最后输出值 a_k。

2. 定义二：反向传播算法

与前向传播类似，首先需要定义两个值 δ_k 与 δ_h^{H1}：

$$\delta_k = \frac{\delta L}{\delta a_k} = (Y - T)$$

$$\delta_h^{H1} = \frac{\partial L}{\partial a_h^{H1}}$$

其中，δ_k 为输出层的误差项，其计算值为真实值与模型计算值之间的差值；Y 是计算值，T 是真实值；δ_h^{H1} 为输出层的误差。

对于 δ_k 与 δ_h^{H1} 来说，无论定义在哪个位置，都可以看作当前的输出值对于输入值的梯度计算。

通过前面的分析可以知道，所谓的神经网络反馈算法就是逐层地将最终误差进行分解，即每一层只与下一层打交道，如图3.19所示。据此可以假设每一层均为输出层的前一个层级，通过计算前一个层级与输出层的误差得到权重的更新。

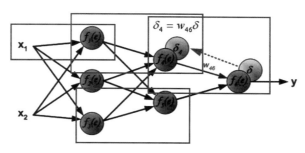

图 3.19 权重的逐层反向传导

因此，反馈神经网络计算公式定义为：

$$\delta_h^{H1} = \frac{\partial L}{\partial a_h^{H1}}$$

$$= \frac{\partial L}{\partial b_h^{H1}} \times \frac{\partial b_h^{H1}}{\partial a_h^{H1}}$$

$$= \frac{\partial L}{\partial b_h^{H1}} \times f'(a_h^{H1})$$

$$= \frac{\partial L}{\partial a_k} \times \frac{\partial a_k}{\partial b_h^{H1}} \times f'(a_h^{H1})$$

$$= \delta_k \times \sum W_{hk} \times f'(a_h^{H1})$$

$$= \sum W_{hk} \times \delta_k \times f'(a_h^{H1})$$

即当前层输出值对误差的梯度可以通过下一层的误差与权重和输入值的梯度乘积获得。在公式 $\sum W_{hk} \times \delta_k \times f'(a_h^{H1})$ 中，若 δ_k 为输出层，则 δ_k 可以通过 $\delta_k = \frac{\partial L}{\partial a_k} = (Y - T)$ 求得；若 δ_k 为非输出层，则可以使用逐层反馈的方式求得 δ_k 的值。

千万要注意，对于 δ_k 与 δ_h^{H1} 来说，其计算结果都是当前的输出值对于输入值的梯度计算，是权重更新过程中一个非常重要的数据计算内容。

或者换一种表述形式将前面公式表示为：

$$\delta^l = \sum W_{ij}^l \times \delta_j^{l+1} \times f'(a_i^l)$$

可以看到，通过更为泛化的公式，把当前层的输出对输入的梯度计算转化成求下一个层级的梯度计算值。

3．定义三：权重的更新

反馈神经网络计算的目的是对权重进行更新，因此与梯度下降算法类似，其更新可以仿照梯度下降对权值的更新公式：

$$\theta = \theta - \alpha(f(\theta) - y_i)x_i$$

即：

$$W_{ji} = W_{ji} + \alpha \times \delta_j^l \times x_{ji}$$
$$b_{ij} = b_{ji} + \alpha \times \delta_j^l$$

其中，ji 表示为反向传播时对应的节点系数，通过对 δ_j^l 的计算就可以更新对应的权重值。W_{ji} 的计算公式如上所示。

对于没有推导的 b_{ji}，其推导过程与 W_{ji} 类似，但是在推导过程中输入值是被消去的，请读者自行学习。

3.3.4 反馈神经网络原理的激活函数

现在回到反馈神经网络的函数:

$$\delta^1 = \sum W_{ij}^1 \times \delta_j^{1+1} \times f'(a_i^1)$$

对于此公式中的 W_{ij}^1 和 δ_j^{1+1} 以及所需要计算的目标 δ^1,我们已经做了较为详细的解释。但是对于 $f'(a_i^1)$ 则一直没有做出介绍。

回到前面生物神经元的图示中,传递进来的电信号通过神经元进行传递,由于神经元的突触强弱是有一定的敏感度的,也就是只会对超过一定范围的信号进行反馈,即这个电信号必须大于某个阈值,神经元才会被激活引起后续的传递。

在训练模型中同样需要设置神经元的阈值,即神经元被激活的频率用于传递相应的信息,模型中这种能够确定是否当前神经元节点的函数被称为"激活函数",如图 3.20 所示。

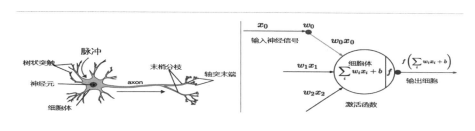

图 3.20 激活函数示意图

激活函数代表了生物神经元中接收到的信号强度,目前应用范围较广的是 sigmoid 函数。因为其在运行过程中只接收一个值,输出也是一个经过公式计算后的值,且其输出值在 0~1 之间。sigmoid 激活函数的公式为:

$$y = \frac{1}{1+e^{-x}}$$

sigmoid 激活函数图如图 3.21 所示。

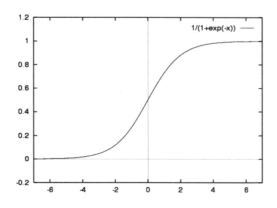

图 3.21 sigmoid 激活函数图

其导函数求法也较为简单，即：

$$y' = \frac{e^{-x}}{(1+e^{-x})^2}$$

换一种表示方式为：

$$f(x)' = f(x) \times (1 - f(x))$$

sigmoid 输入一个实值的数，之后将其压缩到 0~1 之间，较大值的负数被映射成 0，较大值的正数被映射成 1。

顺带说一句，sigmoid 函数在神经网络模型中占据了很长时间的一段统治地位，但是目前已经不常使用了，主要原因是其非常容易进入饱和区，当输入值非常大或者非常小的时候，sigmoid 会产生一个平缓区域，其中的梯度值几乎为 0，而这又会造成梯度传播过程中产生接近于 0 的传播梯度，这样在后续的传播时会造成梯度消散的现象，因此并不适合现代的神经网络模型使用。

除此之外，近年来涌现出大量新的激活函数模型，例如 Maxout、Tanh 和 ReLU 模型，这些都是为了解决传统的 sigmoid 模型在更深程度上的神经网络所产生的各种不良影响。

sigmoid 函数的具体使用和影响会在下一章进行详细介绍。

3.3.5 反馈神经网络原理的 Python 实现

经过前几节的解释，读者应该对神经网络的算法和描述有了一定的理解，本小节将使用 Python 代码去实现一个反馈神经网络。为了简化起见，这里的神经网络设置成三层，即只有一个输入层、一个隐藏层以及最终的输出层。

（1）首先是辅助函数的确定：

```
def rand(a, b):
    return (b - a) * random.random() + a
def make_matrix(m,n,fill=0.0):
    mat = []
    for i in range(m):
        mat.append([fill] * n)
    return mat
def sigmoid(x):
    return 1.0 / (1.0 + math.exp(-x))
def sigmod_derivate(x):
    return x * (1 - x)
```

上述代码中首先定义了随机值，调用 random 包中的 random 函数生成了一系列随机数，之后调用 make_matrix 函数生成了相对应的矩阵。sigmoid 和 sigmod_derivate 分别是激活函数和激活函数的导函数。这也是前文所定义的内容。

（2）在 BP 神经网络类的正式定义中需要对数据进行内容设置：

```
def __init__(self):
    self.input_n = 0
    self.hidden_n = 0
    self.output_n = 0
    self.input_cells = []
    self.hidden_cells = []
    self.output_cells = []
    self.input_weights = []
    self.output_weights = []
```

init 函数对数据内容进行初始化，即在其中设置了输入层、隐藏层以及输出层中节点的个数；各个 cell 数据是各个层中节点的数值；weights 数据代表各个层的权重。

（3）setup 函数的作用是对 init 函数中设置的数据进行初始化：

```
def setup(self,ni,nh,no):
    self.input_n = ni + 1
    self.hidden_n = nh
    self.output_n = no
    self.input_cells = [1.0] * self.input_n
    self.hidden_cells = [1.0] * self.hidden_n
    self.output_cells = [1.0] * self.output_n
    self.input_weights = make_matrix(self.input_n,self.hidden_n)
    self.output_weights = make_matrix(self.hidden_n,self.output_n)
    # random activate
    for i in range(self.input_n):
        for h in range(self.hidden_n):
            self.input_weights[i][h] = rand(-0.2, 0.2)
    for h in range(self.hidden_n):
        for o in range(self.output_n):
            self.output_weights[h][o] = rand(-2.0, 2.0)
```

输入层节点个数被设置成 ni+1，这是由于其中包含 bias 偏置数。各个节点与 1.0 相乘是初始化节点的数值。各个层的权重值根据输入层、隐藏层以及输出层中节点的个数被初始化并被赋值。

（4）定义完各个层的数目后，下面进入正式的神经网络内容的定义，首先是对于神经网络前向的计算。

```
def predict(self,inputs):
    for i in range(self.input_n - 1):
        self.input_cells[i] = inputs[i]
    for j in range(self.hidden_n):
        total = 0.0
        for i in range(self.input_n):
```

```python
            total += self.input_cells[i] * self.input_weights[i][j]
        self.hidden_cells[j] = sigmoid(total)
    for k in range(self.output_n):
        total = 0.0
        for j in range(self.hidden_n):
            total += self.hidden_cells[j] * self.output_weights[j][k]
        self.output_cells[k] = sigmoid(total)
    return self.output_cells[:]
```

上述代码段中将数据输入到函数中,通过隐藏层和输出层的计算,最终以数组的形式输出。案例的完整代码如下所示。

【程序3-2】

```python
import math
import random
def rand(a, b):
    return (b - a) * random.random() + a
def make_matrix(m,n,fill=0.0):
    mat = []
    for i in range(m):
        mat.append([fill] * n)
    return mat
def sigmoid(x):
    return 1.0 / (1.0 + math.exp(-x))
def sigmod_derivate(x):
    return x * (1 - x)
class BPNeuralNetwork:
    def __init__(self):
        self.input_n = 0
        self.hidden_n = 0
        self.output_n = 0
        self.input_cells = []
        self.hidden_cells = []
        self.output_cells = []
        self.input_weights = []
        self.output_weights = []
    def setup(self,ni,nh,no):
        self.input_n = ni + 1
        self.hidden_n = nh
        self.output_n = no
        self.input_cells = [1.0] * self.input_n
        self.hidden_cells = [1.0] * self.hidden_n
        self.output_cells = [1.0] * self.output_n
        self.input_weights = make_matrix(self.input_n,self.hidden_n)
        self.output_weights = make_matrix(self.hidden_n,self.output_n)
        # random activate
```

```python
            for i in range(self.input_n):
                for h in range(self.hidden_n):
                    self.input_weights[i][h] = rand(-0.2, 0.2)
            for h in range(self.hidden_n):
                for o in range(self.output_n):
                    self.output_weights[h][o] = rand(-2.0, 2.0)
    def predict(self,inputs):
        for i in range(self.input_n - 1):
            self.input_cells[i] = inputs[i]
        for j in range(self.hidden_n):
            total = 0.0
            for i in range(self.input_n):
                total += self.input_cells[i] * self.input_weights[i][j]
            self.hidden_cells[j] = sigmoid(total)
        for k in range(self.output_n):
            total = 0.0
            for j in range(self.hidden_n):
                total += self.hidden_cells[j] * self.output_weights[j][k]
            self.output_cells[k] = sigmoid(total)
        return self.output_cells[:]
    def back_propagate(self,case,label,learn):
        self.predict(case)
        # 计算输出层的误差
        output_deltas = [0.0] * self.output_n
        for k in range(self.output_n):
            error = label[k] - self.output_cells[k]
            output_deltas[k] = sigmod_derivate(self.output_cells[k]) * error
        # 计算隐藏层的误差
        hidden_deltas = [0.0] * self.hidden_n
        for j in range(self.hidden_n):
            error = 0.0
            for k in range(self.output_n):
                error += output_deltas[k] * self.output_weights[j][k]
            hidden_deltas[j] = sigmod_derivate(self.hidden_cells[j]) * error
        # 更新输出层权重
        for j in range(self.hidden_n):
            for k in range(self.output_n):
                self.output_weights[j][k] += learn * output_deltas[k] * self.hidden_cells[j]
        # 更新隐藏层权重
        for i in range(self.input_n):
            for j in range(self.hidden_n):
                self.input_weights[i][j] += learn * hidden_deltas[j] * self.input_cells[i]
```

```
            error = 0
            for o in range(len(label)):
                error += 0.5 * (label[o] - self.output_cells[o]) ** 2
            return error
    def train(self,cases,labels,limit = 100,learn = 0.05):
        for i in range(limit):
            error = 0
            for i in range(len(cases)):
                label = labels[i]
                case = cases[i]
                error += self.back_propagate(case, label, learn)
        pass
    def test(self):
        cases = [
            [0, 0],
            [0, 1],
            [1, 0],
            [1, 1],
        ]
        labels = [[0], [1], [1], [0]]
        self.setup(2, 5, 1)
        self.train(cases, labels, 10000, 0.05)
        for case in cases:
            print(self.predict(case))
if __name__ == '__main__':
    nn = BPNeuralNetwork()
    nn.test()
```

3.4 本章小结

本章讲解了深度学习的理论基础，完整介绍了深度学习的基本知识——BP 神经网络的原理和实现。本章内容是整个深度学习的基础，可以说深度学习所有的后续发展都是建立在对 BP 神经网络进行修正的基础之上。

第 4 章
XLA 与 JAX 一般特性

JAX 简单来说就是支持 GPU 加速、自动微分（autodiff）的 NumPy。一般而言，任何一个使用 Python 进行数值计算的用户都离不开 NumPy，它是 Python 下的基础数值运算库。但是 NumPy 不支持 GPU 或其他硬件加速器，也不对 backpropagation 的内置进行支持，再加上 Python 本身的速度限制，所以很少有人会在生产环境下直接用 NumPy 训练或部署深度学习模型。这也是为什么会出现 Theano、TensorFlow、Caffe 等深度学习框架的原因。

JAX（Logo 见图 4.1）是机器学习框架领域的新生力量，具有更快的高阶渐变，它建立在 XLA 之上，具有其他有趣的转换和更好的 TPU 支持，甚至将来可能会成为 Google 的主要科学计算和 NN 库。

JAX 是机器学习框架领域的新生力量，作为 TensorFlow 的竞争对手，其在 2018 年年末就已经出现，但直到最近，JAX 才开始在更广泛的机器学习研究领域中获得关注。

图 4.1 JAX

前面章节介绍了 JAX 的基本使用，也向读者演示了如何使用 JAX 进行深度学习的实战。本章开始将依次讲解 JAX 的一些特性，以及 JAX 在深度学习或者其他领域中的一些优势之处。

4.1 JAX 与 XLA

在全面讲解 JAX 之前先介绍一下 XLA。简单来说，XLA 是将 JAX 转化为加速器支持操作的中坚力量。

XLA 的全称是 Accelerated Linear Algebra，即加速线性代数。作为一种深度学习编译器，其长期以来作为 Google 在深度学习领域的一个重要特性被开发，历时至今已经超过两年，特别是作为 TensorFlow 2.0 背后支持力量之一，XLA 也终于从试验特性变成了默认打开的特性。

4.1.1 XLA 如何运行

XLA 是一种针对特定领域的线性代数编译器，能够加快 TensorFlow 模型的运行速度，而且完全不需要更改源码。我们知道，无论哪个功能和编译器都需要服务于以下目的：

- 提高代码执行速度。
- 优化存储使用。

XLA 也不例外，XLA 的功能主要体现在以下几个方面。

1．融合可组合算子从而提高性能

XLA 通过对 TensorFlow 运行时的计算图进行分析，将多个低级算子进行融合，从而生成高效的机器码。

如图 4.2 所示，计算图中的许多算子都是逐元素（element-wise）地计算，所以，可以融合到一个 element-wise 的循环计算 kernel 中。matmul 的结果加 biases 时为 element-wise，然后对 add 的结果进行 ReLU，再对 ReLU 的结果中的每个元素进行取幂运算。

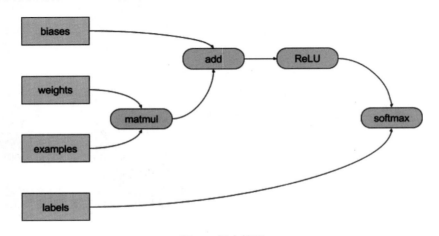

图 4.2 组合算子

通过将这些算子融合，可以减少申请这些算子间的中间结果所占用的内存。同时因为将多个 kernel 融合为一个 kernel，因此减少了加载 kernel 的时间消耗。

因此，XLA 对模型的性能提升主要来自于将多个连续的 element-wise 算子融合为一个算子。

2．提高内存利用率

通过对内存使用的分析和规划，原则上可以消除许多中间数据的内存占用。

3．减少模型可执行文件大小

对于移动设备场景，XLA 可以减少模型的执行文件大小。通过 AOT（Ahead OF Time）编译将整个计算图生成轻量级的机器码，这些机器码实现了计算图中的各个操作。

在模型运行时，不需要一个完整的运行环境，因为计算图实际执行时的操作被转换编译为设备代码。

4．方便支持不同硬件后端

当传统的深度学习应用支持一种新的设备时，需要将所有的 kernels（ops）再重新实现一遍，这无疑需要巨大的工作量。而通过 XLA 则需要很小的工作量，因为 XLA 的算子都是操作原语（低级算子），数量少且容易实现，XLA 会自动地将 TensorFlow 计算图中复杂的算子拆解为 primitive 算子。

4.1.2 XLA 如何工作

XLA 的输入语言是 "HLO IR"，也可以称为 HLO（High Level Optimizer）。XLA 将 HLO 描述的计算图（计算流程）编译为针对各种特定后端的机器指令。

XLA HLO 的完整计算流程如图 4.3 所示。

首先，XLA 对输入的 HLO 计算图进行与目标设备无关的优化，如 CSE、算子融合，运行时的内存分配分析。输出为优化后的 HLO 计算图。

然后，将 HLO 计算图发送到后端（Backend），后端结合特定的硬件属性对 HLO 计算图进行进一步的 HLO 级优化，例如将某些操作或其组合进行模式匹配从而优化计算库调用。

最后，后端将 HLO IR 转化为 LLVM IR，LLVM 再进行低级优化并生成机器码。

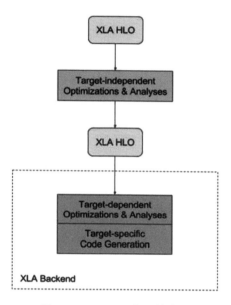

图 4.3 XLA HLO 的计算流程

4.2 JAX 一般特性

JAX 可以自动微分本机 Python 和 NumPy 代码。它可以通过 Python 的大部分功能（包括循环、if、递归和闭包）进行微分，甚至可以采用派生类的派生类。它支持反向模式和正向模式微分，并且两者可以以任意顺序组成。

JAX 的新功能是使用 XLA 在诸如 GPU 和 TPU 的加速器上编译和运行 NumPy 代码。默认情况下，编译是在后台进行的，而库调用将得到及时的编译和执行。但是，JAX 允许使用单功能 API 将 Python 函数编译为 XLA 优化的内核。编译和自动微分可以任意组合，因此我们无需离开 Python 即可表达复杂的算法并获得最佳性能。

4.2.1 利用 JIT 加快程序运行

虽然我们精心编写的 NumPy 代码运行起来效率很高，但对于现代机器学习来说，我们还希望这些代码运行得尽可能快。这一般通过在 GPU 或 TPU 等不同的"加速器"上运行代码来实现。JAX 提供了一个 JIT（即时）编译器，它采用标准的 Python、NumPy 函数，经编译后可以在加速器上高效运行。编译函数还可以避免 Python 解释器的开销，这决定了你是否使用加速器。总的来说，jax.jit 可以显著加速代码运行，且基本上没有编码开销，需要做的就是使用 JAX 编译函数。在使用 jax.jit 时，即使是微小的神经网络也可以实现相当惊人的加速度。

下面示例演示使用 JIT 加速程序运行速度。

【程序 4-1】

```
import time
import jax
import jax.numpy as jnp
def selu(x, alpha=1.67, lmbda=1.05):
    return lmbda * jnp.where(x > 0, x, alpha * jnp.exp(x) - alpha)
rng = jax.random.PRNGKey(17)
x = jax.random.normal(rng, (1000000,))
start = time.time()
selu(x)
end = time.time()
print(" 循环运行时间:%.2f 秒 "%(end-start))
selu_jit = jax.jit(selu)
start = time.time()
selu(x)
end = time.time()
print(" 循环运行时间:%.2f 秒 "%(end-start))
@jax.jit
def selu(x, alpha=1.67, lmbda=1.05):
    return lmbda * jnp.where(x > 0, x, alpha * jnp.exp(x) - alpha)
start = time.time()
selu(x)
end = time.time()
print(" 循环运行时间:%.2f 秒 "%(end-start))
```

结果打印如图 4.4 所示。

```
循环运行时间:0.08秒
循环运行时间:0.00秒
循环运行时间:0.02秒
```

图 4.4 运行时间

可以看到，相同的一段代码在不同的运行标准下速度有极大的不同。这是由于 JAX 充分利用了 JIT 特性，通过使用 jit 函数，使得被包装的函数在第一次调用后就被 jit-compile 缓存，如果不使用 JIT 缓存技术，同样也可以在运行时极大加速程序的运行。

4.2.2 自动微分器——grad 函数

除了评估数值函数外，我们还可以使用自动微分进行转换。在 JAX 中，可以使用 jax.

grad 函数来计算梯度。jax.grad 接收一个函数并返回一个新函数，该函数计算原始函数的渐变。要使用梯度下降，可以根据神经网络的参数计算损失函数的梯度，因此，可以使用 jax.grad(loss)。

在前面我们通过演示初步了解了 grad 的用法，这里换一个计算函数，并采用 grad 函数直接对其进行求导，代码如下：

```
import jax
import jax.numpy as jnp
def sum_logistic(x):
    return jnp.sum(1.0 / (1.0 + jnp.exp(-x)))
x_small = jnp.arange(3.)        # 这里输入的数据类型必须是浮点型
derivative_fn = jax.grad(sum_logistic)
print(derivative_fn(x_small))
```

首先准备一个数值序列，调用的是求和函数，然后使用自动微分进行求导，结果如下：

[0.25   0.19661197 0.10499357]

 在这里输入的数据类型必须是浮点型。

下面演示 jit 函数和 grad 函数共同使用的方法，代码如下所示。

【程序 4-2】

```
import jax
import time
import jax.numpy as jnp
@jax.jit
def sum_logistic(x):
    return jnp.sum(1.0 / (1.0 + jnp.exp(-x)))
start = time.time()
x_small = jnp.arange(1024.)
derivative_fn = jax.grad(sum_logistic)
print(derivative_fn(x_small))
end = time.time()
print("循环运行时间:%.2f 秒 "%(end-start))
def sum_logistic(x):
    return jnp.sum(1.0 / (1.0 + jnp.exp(-x)))
start = time.time()
jit_sum_logistic = jax.jit(sum_logistic)
x_small = jnp.arange(1024.)
derivative_fn = jax.grad(sum_logistic)
print(derivative_fn(x_small))
end = time.time()
print("循环运行时间:%.2f 秒 "%(end-start))
def sum_logistic(x):
```

```
        return jnp.sum(1.0 / (1.0 + jnp.exp(-x)))
start = time.time()
derivative_fn = jax.grad(sum_logistic)
jit_sum_logistic = jax.jit(derivative_fn)
x_small = jnp.arange(1024.)
print(jit_sum_logistic(x_small))
end = time.time()
print("循环运行时间:%.2f秒"%(end-start))
```

打印结果如图 4.5 所示。

```
[0.25        0.19661197 0.10499357 ... 0.         0.         0.        ]
循环运行时间:0.17秒
[0.25        0.19661197 0.10499357 ... 0.         0.         0.        ]
循环运行时间:0.11秒
[0.25        0.19661196 0.10499357 ... 0.         0.         0.        ]
循环运行时间:0.02秒
```

图 4.5 运行结果

可以看到计算同样的结果，使用 jit 包装的值极大地减少了运行速度，而且当包装顺序发生调整后，花费时间只有原始的 1/10，可以说是飞速了。

4.2.3 自动向量化映射——vmap 函数

JAX 在其 API 中还有另一种转换函数——vmap 向量化映射。它具有沿数组轴映射函数的熟悉语义（familiar semantics），但不是将循环保留在外部，而是将循环推入函数的原始操作中以提高性能。当与 jit() 组合时，更能提高计算速度。

在实践中，当训练现代机器学习模型时，可以执行"小批量"梯度下降，在梯度下降的每个步骤中，我们对一小批示例中的损失梯度求平均值；当示例中的数据适中时，这样做完全没有问题，但是当数据过多时，这样的做法会使得 JAX 在计算时耗费大量的时间。

解决的办法就是 JAX 额外提供的 jax.vmap，它可以对函数进行"向量化"处理，也就是说它允许我们在输入的某个轴上并行计算函数的输出。简单来说，就是可以应用 jax.vmap 函数向量化并立即获得损失函数渐变的版本，该版本适用于小批量示例。代码如下所示。

【程序 4-3】

```
import jax
import time
import jax.numpy as jnp
def sum_logistic(x):
    return jnp.sum(1.0 / (1.0 + jnp.exp(-x)))
start = time.time()
x_small = jnp.arange(1024000.)
derivative_fn = (jax.grad(sum_logistic))
end = time.time()
```

```
print(" 循环运行时间 :%.2f 秒 "%(end-start))
start = time.time()
x_small = jnp.arange(1024000.)
derivative_fn = jax.vmap(jax.grad(sum_logistic))
end = time.time()
print(" 循环运行时间 :%.2f 秒 "%(end-start))
start = time.time()
x_small = jnp.arange(1024000.)
derivative_fn = jax.jit(jax.vmap(jax.grad(sum_logistic)))
end = time.time()
print(" 循环运行时间 :%.2f 秒 "%(end-start))
```

结果打印如图 4.6 所示。

```
循环运行时间:0.03秒
循环运行时间:0.00秒
循环运行时间:0.00秒
```

图 4.6 运行时间

可以看到，随着加载更多的 JAX 特性函数，计算时间依次递减。

除前面介绍的这些函数外，再简单介绍两个函数：

- in_axes：是一个元组或整数，它告诉 JAX 函数参数应该对哪些轴并行化。元组应该与 vmap 函数的参数数量相同，或者只有一个参数时为整数。示例中，使用（None,0,0）是指"不在第一个参数（params）上并行化，并在第二个和第三个参数（x 和 y）的第一个（第 0 个）维度上并行化"。
- out_axes：类似于 in_axes，指定了函数输出的哪些轴并行化。我们在示例中使用 0，表示在函数唯一输出的第一个（第 0 个）维度上进行并行化（损失梯度）。

4.3 本章小结

本章在第 1 章的基础上，继续讲解一些 JAX 的基础特性，目的是让读者从多角度认识和掌握 JAX。本章开头讲解了 XLA 的工作原理，解释了 JAX 之所以执行速度快的原因，这也是读者为什么要学习 JAX 的原因。

第 5 章 JAX 的高级特性

上一章对 JAX 的一般特性做了介绍，但是仅仅了解这些是不够的，JAX 的目的是希望取代 NumPy 成为下一代标准运算库，因此其为编写高效的数字处理代码提供了简单而强大的 API。本章将继续讲解 JAX 的一些高级特性，帮助读者全面理解 JAX 的操作方式，以便能够更有效地使用 JAX 完成工作目标。

5.1 JAX 与 NumPy

JAX 在应用上是想取代 NumPy 成为下一代标准运算库。众所周知，NumPy 提供了一个功能强大的数字处理 API。JAX 吸取 NumPy 的优点并使之成为自己框架的一个部分，同时这也能在不改变用户使用习惯的基础上方便用户快速掌握 JAX。

JAX 与 NumPy 的主要异同表现在以下几点：

- JAX 提供了一个受 NumPy 启发的接口。
- 同样为了适配 Python 的多态性，JAX 可以作为 NumPy 的一个很好的替代 API。
- 与 NumPy 数组不同，JAX 数组总是不可变（immutable）的。

5.1.1 像 NumPy 一样运行的 JAX

NumPy 最主要的用途就是对数组进行处理，JAX 同样可以对数组进行计算，代码如下所示。

【程序 5-1】

```
import jax.numpy as jnp
x_jnp = jnp.linspace(0, 9, 10)
print(x_jnp)
```

打印结果如下所示：

```
[0. 1. 2. 3. 4. 5. 6. 7. 8. 9.]
```

同样，JAX 也支持数组间的计算，以最常用的矩阵乘法为例：

```
import jax.numpy as jnp
import jax.random
key = jax.random.PRNGKey(17)
mat_a = jax.random.normal(key,shape=[2,3])
mat_b = jax.random.normal(key,shape=[3,1])
print(jax.numpy.matmul(mat_a,mat_b))
print(jax.numpy.dot(mat_a,mat_b))
```

注意，这里使用了 matmul 乘法和 dot 乘法，计算结果如图 5.1 所示。

```
[[-1.6613321]
 [ 1.9448022]]
[[-1.6613321]
 [ 1.9448022]]
```

图 5.1 计算结果

以上内容主要演示了 JAX 与 NumPy 在运算上的相同点，但是在前面讲解 JAX 的时候也提到了，与 NumPy 一个非常大的不同之处在于，JAX 的数组是不可变的。如下代码：

```
import jax.numpy as jnp
import jax.random
x_jnp = jnp.linspace(0, 9, 10)
x_jnp[0] = 17                              # 这个语句是错误的
print(x_jnp)
```

可以看到，这里对于数组的操作会报错，报错的提示如图 5.2 所示。

```
Traceback (most recent call last):
  File "/mnt/c/Users/xiaohua/Desktop/JaxDemo/Tst.py", line 20, in <module>
    x_jnp[0] = 17
  File "/home/xiaohua/.local/lib/python3.8/site-packages/jax/_src/numpy/lax_numpy.py", line 6028,
    raise TypeError(msg.format(type(self)))
TypeError: '<class 'jaxlib.xla_extension.DeviceArray'>' object does not support item assignment.
```

图 5.2 报错

对于报错的解释我们先打出报错的 x_jnp 的数据类型，代码如下：

```
print(type(x_jnp))
```

结果如下所示：

<class 'jaxlib.xla_extension.DeviceArray'>

可以看到，在 JAX 中数组的类型并不是一个简单的 array 类型，而是被 JAX 包装成一个 DeviceArray 的"对象（Object）"，因此，像在 NumPy 中对数组更改的简单方式无法应用在 JAX 中对数组进行修改。

那么如何对定义好的数组进行修改？JAX 为数组对象提供了 set 函数来应对这个需求，代码如下：

```
import jax.numpy as jnp
import jax.random
x_jnp = jnp.linspace(0, 9, 10)
y_jnp = x_jnp.at[0].set(17)          # 注意等号赋值语句，这里新建了 y_jnp
print(f"x_jnp:{x_jnp}")
print(f"y_jnp:{y_jnp}")
```

打印结果如下所示：

```
x_jnp:[0. 1. 2. 3. 4. 5. 6. 7. 8. 9.]
y_jnp:[17. 1. 2. 3. 4. 5. 6. 7. 8. 9.]
```

修改后的 x_jnp 被赋值给了一个新的数组 y_jnp，而原始的 x_jnp 即使在调用了 set 函数后，本身也没有变化，这体现了在本节开始所提及的数组的不可变性。

5.1.2 JAX 的底层实现 lax

JAX 为了加快运行速度，其所有的运算都是使用定义的内置函数来完成的，这在减少运算的复杂性的同时极大地提高了运行速度。而这一切的实现都是要归功于 jax.lax 这一底层结构的实现，如图 5.3 所示。

图 5.3 jax.lax

下面比较一下同时使用 jax.numpy（以下简称 jnp）与 jax.lax（以下简称 lax）完成一个简单步骤的不同之处，代码如下所示。

【程序 5-2】

```
import jax.numpy as jnp
print(jnp.add(1, 1.0))
from jax import lax
print(lax.add(1, 1))
print(lax.add(1, 1.0))
```

结果如图 5.4 所示。

```
2.0
2
Traceback (most recent call last):
  File "/mnt/c/Users/xiaohua/Desktop/JaxDemo/第五章/5 12.py", line 7, in <module>
    print(lax.add(1, 1.0))
  File "/home/xiaohua/.local/lib/python3.8/site-packages/jax/_src/lax/lax.py", line 344, in add
    return add_p.bind(x, y)
  File "/home/xiaohua/.local/lib/python3.8/site-packages/jax/core.py", line 267, in bind
    out = top_trace.process_primitive(self, tracers, params)
  File "/home/xiaohua/.local/lib/python3.8/site-packages/jax/core.py", line 612, in process_primitive
    return primitive.impl(*tracers, **params)
  File "/home/xiaohua/.local/lib/python3.8/site-packages/jax/interpreters/xla.py", line 274, in apply_primitive
    compiled_fun = xla_primitive_callable(prim, *unsafe_map(arg_spec, args), **params)
  File "/home/xiaohua/.local/lib/python3.8/site-packages/jax/_src/util.py", line 195, in wrapper
    return cached(config._trace_context(), *args, **kwargs)
  File "/home/xiaohua/.local/lib/python3.8/site-packages/jax/_src/util.py", line 188, in cached
    return f(*args, **kwargs)
  File "/home/xiaohua/.local/lib/python3.8/site-packages/jax/interpreters/xla.py", line 298, in xla_primitive_callable
    aval_out = prim.abstract_eval(*avals, **params)
  File "/home/xiaohua/.local/lib/python3.8/site-packages/jax/_src/lax/lax.py", line 2149, in standard_abstract_eval
    return ShapedArray(shape_rule(*avals, **kwargs), dtype_rule(*avals, **kwargs))
  File "/home/xiaohua/.local/lib/python3.8/site-packages/jax/_src/lax/lax.py", line 2231, in naryop_dtype_rule
    _check_same_dtypes(name, False, *aval_dtypes)
  File "/home/xiaohua/.local/lib/python3.8/site-packages/jax/_src/lax/lax.py", line 6686, in _check_same_dtypes
    raise TypeError(msg.format(name, ", ".join(map(str, types))))
TypeError: add requires arguments to have the same dtypes, got int32, float32.
```

图 5.4 比较结果

可以看到，当使用 jnp 进行数值计算时，结果可以直接打印；当使用 lax 进行数值计算时，必须要求数据的类型相同，而当使用不同的数据类型时候，程序会提示数据类型无法判断而报错。

这是 XLA 具有严格数值验证的一个例子，当然，如果用户在某些条件下必须对不同类型的数据进行操作，则可以采用如下方法：

```
print(lax.add(jnp.float32(1), 1.0))
```

请读者自行验证。

5.1.3　并行化的 JIT 机制与不适合使用 JIT 的情景

无论是 Python 原生的计算方法还是 NumPy 实现的代码计算顺序，依次运算是程序运行的基本操作，但是在 JAX 的 JIT 模型中，并行化计算思想取代了顺序模型成为计算的主流思想。

下面举一个前面列举过的例子，使用 jax.jit 包装计算函数，代码如下所示。

【程序 5-3】

```
import jax
import time
def norm(X):
    X = X - X.mean(0)
    return X / X.std(0)
key = jax.random.PRNGKey(17)
x = jax.random.normal(key,shape=[1024,1024])
```

```
start = time.time()
norm(x)
end = time.time()
print(" 循环运行时间:%.2f 秒 "%(end-start))
jit_norm = jax.jit(norm)
start = time.time()
jit_norm(x)
end = time.time()
print(" 循环运行时间:%.2f 秒 "%(end-start))
```

这里实现了一个求解正则化的函数例子,并对同样的计算函数分别采用了直接计算和使用 jit 包装的形式,计算时间如图 5.5 所示。

```
循环运行时间:0.11秒
循环运行时间:0.08秒
```

图 5.5 计算时间

可以很明显地看到,在有 JIT 编译的情况下,程序的运行时间缩短了约 50%。

但是这并不意味着在所有情况下 JIT 都适合,一个非常本质的要求就是由于 JIT 采用了预编译机制,因此其计算的数据维度必须是不可变的,从而无法在运行时对数组或者矩阵的维度大小进行修改。

举个例子,代码如下所示:

```
def get_negatives(x):
    return x[x < 0]                              # 对于传入的函数维度并不确定
x = jax.random.normal(key,shape=[10,10])
print(get_negatives(x).shape)
jax.jit(get_negatives)(x)
```

打印结果如图 5.6 所示。

```
(49,)
Traceback (most recent call last):
  File "/mnt/c/Users/xiaohua/Desktop/JaxDemo/第五章/5_13.py", line 28, in <module>
    jax.jit(get_negatives)(x)
  File "/home/xiaohua/.local/lib/python3.8/site-packages/jax/_src/traceback_util.py", line 162, i
    return fun(*args, **kwargs)
  File "/home/xiaohua/.local/lib/python3.8/site-packages/jax/_src/api.py", line 412, in cache_mis
    out_flat = xla.xla_call(
  File "/home/xiaohua/.local/lib/python3.8/site-packages/jax/core.py", line 1616, in bind
    return call_bind(self, fun, *args, **params)
  File "/home/xiaohua/.local/lib/python3.8/site-packages/jax/core.py", line 1607, in call_bind
```

图 5.6 打印结果

可以看到,对于结果维度无法准确判定的函数,在单纯地使用 JAX 原生函数进行计算时没有任何问题,而当需要使用 JIT 模型对其进行修正时则会报错。这是由于我们设计的 negatives 函数对于输出的值并没有一个确定的输出维度,该函数生成的数组的形状在编译时是未知的,输出的大小取决于输入数组的值,因此它与 JIT 不兼容。

5.1.4 JIT 的参数详解

通过上面的例子可知，JIT 的使用有一个非常大的限制，就是 JIT 所包装函数的输入和输出的维度需要唯一确定，而对于需要被 JIT 包装的参数部分，同样需要特殊处理。

要想更好地理解 JIT 的使用，在实际中了解它是如何工作的非常有帮助。我们在 JIT 编译的函数中放入一些 print() 语句，然后调用该函数，代码如下所示。

【程序 5-4】

```
import jax
import jax.numpy as jnp
def f(x, y):
    print("Running f():")
    print(f"  x = {x}")
    print(f"  y = {y}")
    result = jnp.dot(x + 1, y + 1)
    print(f"  result = {result}")
    return result
key = jax.random.PRNGKey(17)
x = jax.random.normal(key,shape=[5,3])
y = jax.random.normal(key,shape=[3,4])
f(x,y)
print("-----------------------------")
jax.jit(f)(x,y)
```

打印结果如图 5.7 所示。

```
Running f():
  x = [[-0.3035631  -0.5385432  -0.13892826]
 [-0.7457729  -0.7119962   0.17087664]
 [ 1.4855958  -0.37861001 -0.88547885]
 [-0.99209476  1.075987   -0.4434182 ]
 [-0.67147267 -1.1703014   0.76593316]]
  y = [[ 0.41051763 -0.8283933  -0.03495334 -0.2835107 ]
 [ 0.9430763  -0.9985416   0.68794525  2.5126119 ]
 [ 1.5571843  -1.584953    0.69428235  1.205682  ]]
  result = [[ 4.080901   -0.3835002   2.9099064   4.0191584 ]
 [ 3.9123526  -0.6408606   2.7152712   3.7763782 ]
 [ 5.0062366   0.36046168  3.6416192   4.216202  ]
 [ 5.4682336  -0.32118994  4.4547877   8.525442  ]
 [ 4.648301   -0.9768587   3.021574    3.5322704 ]]
-----------------------------
Running f():
  x = Traced<ShapedArray(float32[5,3])>with<DynamicJaxprTrace(level=0/1)>
  y = Traced<ShapedArray(float32[3,4])>with<DynamicJaxprTrace(level=0/1)>
  result = Traced<ShapedArray(float32[5,4])>with<DynamicJaxprTrace(level=0/1)>
```

图 5.7 打印结果

通过对比打印结果可以很明显地看到，经过 JIT 包装后的函数在执行 print 语句时，它不是打印我们传递给函数的数据,而是打印代替这些数据的"跟踪对象"(tracer object)。

这些所谓的"跟踪对象"被 JIT 使用的目的是用于提取函数指定的操作序列,生成函数内数组的形状和类型的复制品。从而使得函数在内存中生成一个预编译的基本复制品,而无须在每次调用函数时进行生成。

这样就很好地解释了为何 JIT 编译的函数必须有一个明确的输出维度。如果将其推演到参数中,能够得到这样的结论,即输出的参数也必须有一个明确的维度。读者可以尝试执行如下函数:

```
@jax.jit
def f(x, neg):
    return -x if neg else x
f(1, True)
```

运行此代码段的结果是程序报错,究其原因可以知道,JIT 追踪的参数并没有一个固定的标签,即正负号在预编译时无法被确认。

解决办法就是引入 partial 函数,这是一个显式地强调数据类型的函数,使用示例如下:

```
from functools import partial
@partial(jax.jit, static_argnums=(1,))
def f(x, neg):
    return -x if neg else x
print(f(1, True))
```

结果如图 5.8 所示。

```
WARNING:absl:No GPU/TPU found, falling back to CPU.
-1

Process finished with exit code 0
```

图 5.8 打印结果

使用 partial 函数会使得被定义的函数在"每次"函数调用时进行编译,从而使得被 JIT 包装后的函数运行在特定位置时失效,这种操作称为"静态操作"。理解哪些值和操作将是静态的,哪些将被跟踪,是有效使用 JIT 的关键。

5.2　JAX 程序的编写规范要求

在 Python 中已经习惯使用 import 导入对应的包,然后使用包中的函数去完成程序设计要求,然而这在 JAX 中是远远不够的。JAX 能够使用 CPU 或 GPU(TPU)编译数值程序,适用于许多数值和科学计算程序,但只有在编写这些程序带有符合规范要求的约束条件时才适用。

5.2.1 JAX 函数必须要为纯函数

纯函数（Pure function）的概念是一个函数的返回结果只依赖其参数，并且执行过程中没有副作用。纯函数要满足以下 3 点：

- 相同输入总是会返回相同的输出：返回值只和函数参数有关，与外部无关。无论外部发生什么样的变化，函数的返回值都不会改变。
- 不产生副作用：函数执行的过程中对外部产生了可观察的变化，我们就说函数产生了副作用。
- 不依赖于外部状态：函数执行的过程中不会对外部产生可观测到的变化。

下面举例说明纯函数，代码如下所示。

【程序 5-5】
```
import jax
import jax.numpy as jnp
# 名称的中文释义：会带来打印副作用函数
def impure_print_side_effect(x):
    print("实施函数计算")    # This is a side-effect
    return x
print ("First call: ", jax.jit(impure_print_side_effect)(4.))
print("--------------------")
print ("Second call: ", jax.jit(impure_print_side_effect)(5.))
print("--------------------")
print ("Third call, different type: ", jax.jit(impure_print_side_effect)(jnp.array([5.])))
```

我们预先定义了一个会带来打印副作用的函数，每次调用这个函数时使用"----------------"进行分割，打印结果如图 5.9 所示。

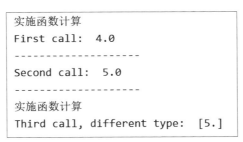

图 5.9 分割结果

可以看到，即使同一个函数因为调用的次数不同，打印输出结果也不同。在第 1 次和第 2 次调用时，由于输入的数据类型一致，因此在第 2 次调用时候，触发了 JIT 的缓存机制，部分函数体内部的数据没有被打印，而在第 3 次调用函数时由于改变了输入的数据类型，从而使得函数体的输出又一次发生了变换，因此预定义的函数并不能被称为"纯函数"。

更详细的解释是，当函数第一次被调用时函数体被缓存，函数第 2 次被调用时可以触发缓存机制从而使用缓存的函数；而当第 3 次函数被调用时，由于函数输入的数据类型发生了变化，缓存的那部分函数无法被使用而需要重新对函数进行缓存，因此这样的函数不能被称为"纯函数"。

下面再举一个例子来说明函数内部参数影响外部参数的情形，代码如下：

```
g = 0.
def impure_saves_global(x):
    global g
    g = x
    return x
print ("First call: ", jax.jit(impure_saves_global)(4.))
print ("Saved global: ", g)
```

本例中参数 g 被定义为全局参数，之后在函数体内部对 g 的值进行修正，打印结果如下：

```
First call: 4.0
Saved global: Traced<ShapedArray(float32[], weak_type=True)>with<DynamicJaxprTrace(level=0/1)>
```

下面列举一个纯函数的例子，无论外部发生什么变化，输出结果类型总是不变，代码如下：

```
def pure_uses_internal_state(x):
    state = dict(even=0, odd=0)
    for i in range(10):
        state['even' if i % 2 == 0 else 'odd'] += x
    return state['even'] + state['odd']
print(jax.jit(pure_uses_internal_state)(3.))
print(jax.jit(pure_uses_internal_state)(jnp.array([5.])))
```

打印结果如下所示：

```
30.0
[50.]
```

这是一个纯函数，因为计算结果并没有对外部函数做出任何影响，因而无需在外部缓存函数。

5.2.2 JAX 中数组的规范操作

在数组的更新中，我们常常会遇到变更数组某一个维度的问题，如图 5.10 所示。

```
original array:
[[0. 0. 0.]
 [0. 0. 0.]
 [0. 0. 0.]]
updated array:
[[0. 0. 0.]
 [1. 1. 1.]
 [0. 0. 0.]]
```

图 5.10 变更数组的维度

如果我们简单地仿照 NumPy 对维度更新的例子，代码如下：

```
import jax
import jax.numpy as jnp
jax_array = jnp.zeros((3,3), dtype=jnp.float32)
print(jax_array)
jax_array[1, :] = 1.0
```

可以看到，通过维度值变换的想法是失败的，这是由于允许变量转换的方法会使得程序分析和转换变得非常困难，JAX 需要数值程序的纯函数表达式。

JAX 中也提供了对应的函数操作去解决这些问题，可以使用 index_update、index_add、index_min、index_max 函数对数组进行操作，代码如下所示。

【程序 5-6】

```
import jax
import jax.numpy as jnp
jax_array = jnp.zeros((3,3), dtype=jnp.float32)
#print(jax_array)
from jax.ops import index, index_add, index_update,index_max,index_mul
print("原始数组:",jax_array)
print("----------------------------")
new_jax_array = index_update(jax_array, index[1, :], 1.)
print("new_jax_array:",new_jax_array)
print("----------------------------")
new_add_jax_array = index_add(jax_array,index[1,:],1.)
print("new_add_jax_array:",new_add_jax_array)
print("----------------------------")
max_jax_array = index_max(jax_array,index[1,:],-1)
print("neg_max_jax_array:",max_jax_array)
max_jax_array = index_max(jax_array,index[1,:],1)
print("pos_max_jax_array:",max_jax_array)
print("----------------------------")
#请读者创建新的数组自行验证
mul_jax_array = index_mul(jax_array,index[1,:],2)
print("mul_jax_array:",mul_jax_array)
```

这里分别使用了 index_update、index_add、index_max 以及 index_mul 函数进行计算，结果打印如图 5.11 所示。

这里只需要遵守 JAX 编码规范即可，最后一个 mul 计算请读者重新创建新的数组自行验证。

JAX 与 NumPy 和 Python 不同的是，对于数组越界的处理，Python 和 NumPy 是直接报错提示数组越界，而在 JAX 中，数组越界并不会有提示，而是给出边界数值进行反馈。举个例子：

【程序 5-7】

```
import jax
import jax.numpy as jnp
array = jnp.arange(9)
print(array)
print(array[-1])
print(array[11])
```

打印结果如图 5.12 所示。

```
原始数组: [[0. 0. 0.]
 [0. 0. 0.]
 [0. 0. 0.]]
---------------------------
new_jax_array: [[0. 0. 0.]
 [1. 1. 1.]
 [0. 0. 0.]]
---------------------------
new_add_jax_array: [[0. 0. 0.]
 [1. 1. 1.]
 [0. 0. 0.]]
---------------------------
neg_max_jax_array: [[0. 0. 0.]
 [0. 0. 0.]
 [0. 0. 0.]]
pos_max_jax_array: [[0. 0. 0.]
 [1. 1. 1.]
 [0. 0. 0.]]
---------------------------
mul_jax_array: [[0. 0. 0.]
 [0. 0. 0.]
 [0. 0. 0.]]
```

图 5.11 打印结果

```
[0 1 2 3 4 5 6 7 8]
8
8
```

图 5.12 数组越界的打印结果

对于数组的求和操作，JAX 要求被操作的数据类型必须是在 JAX 中定义的数组，否则会报错。正确的写法如下：

```
print(jnp.sum(jnp.arange(9)))
```

而采用如下写法 JAX 会报错：

```
print(jnp.sum(range(9)))
```

直接采用 sum 对 arange 生成的数组进行计算的话，这又隐式地包含一个效率问题，这是因为数组在 JAX 内部传递过程中依次进行传递，而依次传递则无可避免地带来效率问题。为了解决数组在传递过程中的效率问题，建议在计算前使用 jnp.array 对数组进行包装，代码如下所示：

```
print(jnp.sum(jnp.array(jnp.arange(9))))
```

5.2.3 JIT 中的控制分支

1. 控制分支对 grad 的影响

前面我们提到 grad 是 JAX 加速函数运行的一大法宝，在使用 grad 时，基本上全为线性函数，不存在 if 这样的控制分支。那么当需要使用控制分支的函数任务时，grad 将如何处理呢？我们举一个简单例子：

```
def f(x):
    if x < 3:
        return 3. * x ** 2
    else:
        return -4 * x
```

这是一个典型的具有分支判定的函数内容，这里分别使用了 2 个函数：

$$\text{grad}(3x^2) -> 6x$$
$$\text{grad}(-4x) -> -4$$

分支函数根据不同的输入生成不同的结果，那么这样的函数能否使用 grad 进行判定？代码如下所示。

【程序 5-8】

```
import jax
from jax import random
import jax.numpy as jnp
def f(x):
    if x < 3:
        return 3. * x ** 2
    else:
        return -4 * x
print(jax.grad(f)(2.))
print(jax.grad(f)(3.))
```

这里准备了 2 个数，分别在阈值判断的分界线两侧，打印结果如下所示：

```
12.0
-4.0
```

可以看到，程序生成了 2 个结果，由手工计算的导数可知，这是根据分界的不同而生成了 2 个新的求导函数结果。

 这里传入函数的参数都是浮点型，如果传入整型参数则会报错，有兴趣的读者可以自行验证。

2. 控制分支对 JIT 的影响

下面介绍一下控制分支在 JIT 影响下的工作状态，还是以上面带有分支的函数为例，我们使用 JIT 对其进行加速，代码如下所示：

```
def f(x):
    if x < 3:
        return 3. * x ** 2
    else:
        return -4 * x
f_jit = jax.jit(f)
print(f_jit(2.))
```

打印结果如图 5.13 所示。

这里只截取了一部分内容，其实也可以看到，当 JIT 应用到当前函数中是会发生错误的。当使用 JIT 编译一个函数时，我们通常希望编译一个适用于许多不同参数值的函数版本，这样就可以缓存和重用编译后的代码，而不必在每次函数求值时都重新编译。

```
File "/home/xiaohua/.local/lib/python3.8/site-packages/jax/_src/traceback_util.py", line 162,
    return fun(*args, **kwargs)
File "/home/xiaohua/.local/lib/python3.8/site-packages/jax/_src/api.py", line 412, in cache_m
    out_flat = xla.xla_call(
File "/home/xiaohua/.local/lib/python3.8/site-packages/jax/core.py", line 1616, in bind
    return call_bind(self, fun, *args, **params)
File "/home/xiaohua/.local/lib/python3.8/site-packages/jax/core.py", line 1607, in call_bind
    outs = primitive.process(top_trace, fun, tracers, params)
```

图 5.13 打印结果

例如，对于数组 jnp.array([1,2,3])，我们可能希望编译一些可以重用的代码，以便在编译 jnp.array([4,5,6]) 时节省时间。

在更为底层的 JAX 源码设计中，JIT 跟踪的是输入函数中的数据类型，而非具体数值本身。例如，如果对抽象数据类型 ShapedArray((3,)，jnp.Float 32) 进行跟踪，我们将得到一个函数的视图，该函数可用于相应数组集合中的任何具体值。这意味着可以节省编译时间。

但是这种做法有一个问题，例如，当函数中含有分支结构（例如 x<3 或者 x>=3）时，此时 JIT 追踪的会被随机归并成一个"布尔值（jnp.bool_）"，而不是一个具体的数值抽象类型 ShapedArray((3,)，jnp.Float 32)（JIT 追踪的不是这个！），代表输入的真或者假，但是此时代码在重用时，JIT 不知道应该采用哪个分支，因此无法对其进行追踪。

解决办法就是使用更高级的函数构造体对其进行支持，并使用更为严格的规范显式告诉 JIT 如何去处理这种不确定分支结构。例如将上例中的 JIT 改成如下形式：

```
f = jax.jit(f, static_argnums=(0,))        #0 在下面解释
```

其中的 static_argnums=(0,) 语句是明确告诉 JIT，保存的参数是一个 0 维的值，所谓的 0 维是单个参数。

下面再举一个例子说明 JIT 在处理控制流问题上的办法，使用如下函数：

```
def example_fun(length, val):
    return jnp.ones((length,)) * val
```

这是一个根据传入数值大小构建一个数组并做处理的函数，我们运行并打印结果：

```
print(example_fun(5, 4))
jit_example_fun = jax.jit(example_fun)
print(jit_example_fun(5,4))
```

可以看到，当打印第一个函数体时，结果能够正常显示，而当我们采用 JIT 包装了示例函数后，程序报错，这同样是由于 JIT 在进行缓存时会生成一个确定的抽象数据类型，而我们在传入时却传入一个整数。解决办法如下所示：

```
jit_example_fun = jax.jit(example_fun,static_argnums=(0,))
```

此时的结果如下所示：

```
[4. 4. 4. 4. 4.]
[4. 4. 4. 4. 4.]
```

这里虽然使用了 static_argnums 显式地告诉 JIT 我们需要传入的参数，但是使用 static_argnums 依旧还是非常危险，请尽可能地在程序设计中保证传入参数的唯一特性。

 由于 JIT 将所包装的函数缓存成一个特殊结构，因此不建议在函数体内部对数据进行打印。

5.2.4 JAX 中的 if、while、for、scan 函数

前面介绍了控制分支的一些使用情况，主要涉及 JAX 中的加速机制对控制分支的影响，下面介绍如何使用 JAX 的控制并了解其使用方法。控制结构的程序流程如图 5.14 所示。

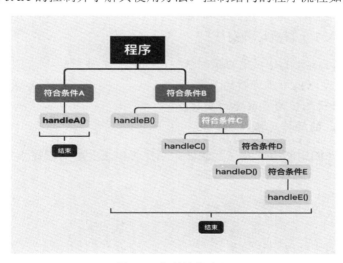

图 5.14 控制结构流程

JAX 中有很多控制流的选项，但是由于缓存机制的存在，同时也希望避免重新编译，但仍然希望使用可跟踪的控制流并避免展开大循环，这时可以使用以下 4 个结构化的控制流函数：

- lax.cond：条件语句，等同于 if。
- lax.while_loop：循环语句，等同于 while 语句。
- lax.fori_loop：循环语句，等同于 for 语句。
- lax.scan：对数组进行操作的函数。

 JAX 中进行控制的语句都被定义成函数，而非普通 Python 中的关键字。

1. cond 函数

cond 是 JAX 中的条件判断语句，等同于 JAX 中的 if-else 关键字，使用方法如下所示。

【程序 5-9】

```
from jax import lax
import jax.numpy as jnp
operand = jnp.array([0.])
#lambda 是匿名函数的关键字，整个语句请参考对比函数
print(lax.cond(True, lambda x: x + 1, lambda x: x - 1, operand))
print(lax.cond(False, lambda x: x + 1, lambda x: x - 1, operand))
print("--------------------------------")
def add_fun(x):
    return x + 1.
def subtraction_fun(x):
    return x - 1.
print(lax.cond(True, add_fun, subtraction_fun, operand))
print(lax.cond(False, add_fun, subtraction_fun, operand))
```

在解释 lax.cond 函数之前，我们对其源码进行一下解析。图 5.15 是 cond 源码部分，可以看到 cond 需要传入 4 个参数，分别是：

- pred：对 cond 函数进行判定的预测值，必须是布尔类型。
- true_fun：当预测值为正反馈的函数。
- false_fun：当预测值为负反馈的函数。
- operand：传入的操作对象。

上面代码中 cond 的用法请读者自行验证。当然可以进一步对程序 5-9 代码进行修改，如下所示：

```
x = 0
def add_fun(x):
    return x + 1.
def subtraction_fun(x):
    return x - 1.
print(lax.cond(x > 0, add_fun, subtraction_fun, x))
print(lax.cond(x <= 0, add_fun, subtraction_fun, x))
```

```
def _cond(pred, true_fun: Callable, false_fun: Callable, operand):
    """Conditionally apply ``true_fun`` or ``false_fun``.

    ``cond()`` has equivalent semantics to this Python implementation::

      def cond(pred, true_fun, false_fun, operand):
        if pred:
          return true_fun(operand)
        else:
          return false_fun(operand)

    ``pred`` must be a scalar type.
```

图 5.15 cond 源码

2. while_loop 函数

while_loop 函数，从名称上可以看到它实际上等同于 Python 中的 while 关键字。首先看一下 while_loop 函数的源码，如图 5.16 所示。

```
@api_boundary
def while_loop(cond_fun: Callable[[T], bool],
               body_fun: Callable[[T], T],
               init_val: T) -> T:
    """Call ``body_fun`` repeatedly in a loop while ``cond_fun`` is True.

    The type signature in brief is

    .. code-block:: haskell

      while_loop :: (a -> Bool) -> (a -> a) -> a -> a

    The semantics of ``while_loop`` are given by this Python implementation::

      def while_loop(cond_fun, body_fun, init_val):
        val = init_val
        while cond_fun(val):
          val = body_fun(val)
        return val
```

图 5.16 while_loop 函数的源码

从源码中可以看到，while_loop 函数需要 3 个参数：
- cond_fun：条件判定函数。
- body_fun：运行函数。
- init_val：初始化。

函数启动时，初始化参数首先将携带的参数传递给函数内部的计算参数，之后根据条件判定函数使用 Python 中的 while 关键字循环运行函数，当条件判定失效后，即结束运行输出结果。具体使用如下所示：

```
init_val = 0
def cond_fun(x):
```

```
        return x < 17
def body_fun(x):
    return x + 1
y = lax.while_loop(cond_fun, body_fun, init_val)
print(y)
```

结果请读者自行验证。

3. for_loop 函数

下面讲解一下 fori_loop 函数的使用，其对应的源码如图 5.17 所示。

```
def fori_loop(lower, upper, body_fun, init_val):
  """Loop from ``lower`` to ``upper`` by reduction to :func:`jax.lax.while_loop`.

  The type signature in brief is

  .. code-block:: haskell

    fori_loop :: Int -> Int -> ((Int, a) -> a) -> a -> a

  The semantics of ``fori_loop`` are given by this Python implementation::

    def fori_loop(lower, upper, body_fun, init_val):
      val = init_val
      for i in range(lower, upper):
        val = body_fun(i, val)
      return val
```

图 5.17 fori_loop 函数的源码

fori_loop 函数需要传入 4 个参数：

- lower：循环值的下界，即循环开始的起始值。
- upper：循环值的上界，即循环结束时的终值值。
- body_fun：fori_loop 函数运行时被循环执行的主体函数。
- init_val：主体函数中的参数初始化值。

通过源码可以了解到 fori_loop 函数的使用，即对于初始化的参数，函数体在内部调用 Python 中的 for 关键字并在条件下对函数主体进行计算，返回最终结果。代码如下所示（请注意形参的字符意义）：

```
init_val = 0
start = 0
stop = 10
body_fun = lambda i,x: x+i          # 这里传入的是 2 个参数
print(lax.fori_loop(start, stop, body_fun, init_val))
```

相对于 while_loop 函数，fori_loop 函数在传入的运行体中需要定义 2 个参数，分别是运行次数 i 以及目标参数 x，其中 i 是根据循环次数自行增加，而 x 则是需要计算的内容，当然也可以根据需要不将 i 纳入计算中，仅仅对 x 进行计算即可。代码如下所示：

```
def body_fun(i,x):
    return x + 1
```

```
print(lax.fori_loop(start, stop, body_fun, init_val))
```

结果请读者自行验证。

4. scan 函数

scan 函数的作用是对数组中的数据进行逐个操作，源码如图 5.18 所示。

```
def scan(f, init, xs, length=None):
  if xs is None:
    xs = [None] * length
  carry = init
  ys = []
  for x in xs:
    carry, y = f(carry, x)
    ys.append(y)
  return carry, np.stack(ys)
```

图 5.18 scan 函数的源码

可以看到，scan 函数需要传入 3 个参数：

- f：运行函数主体。
- init：初始化参数。
- xs：初始化需要计算的数组。

从源码中可以看到，通过定义运行的 f 函数使得数组中的数据被逐个操作，如下所示：

```
def add_fun(i,x):
    return i+1.,x + 1.
print(lax.scan(add_fun, 0, jnp.array([1, 2, 3,4])))
```

这里定义的运行函数与 fori_loop 函数一样，要求传入 2 个函数同时进行计算并输出。

5.3 本章小结

本章介绍了 JAX 的一些高级特性，讲解了部分底层代码，以及为了配合 JIT 和 lax 特性而制定的一些优化内容，这部分内容具有较多的细节，很不容易掌握，同时也从侧面反映出使用 JAX 编写出具有极强优化的代码是多么的不容易。

本章还介绍了 JAX 程序的编写规范，详细讲解了 JAX 中的 grad 函数和 JIT 中对函数分支的处理，并演示了程序设计中最基本的 if、while、for、scan 函数的用法，而且通过示例展示了这些函数的运行方法。

需要注意，JAX 在程序中默认使用的是单浮点型（float32、int32）数据，而非根据计算机系统使用双精度（float64、int64）类型，这样做的目的是为了节省程序设计的运行空间，如果读者必须使用双精度类型，则需要手动打开相关设置。

第 6 章
JAX 的一些细节

前面章节对 JAX 的一些基本运算和操作规则做了讲解，这只是一些初步的内容，除此之外，JAX 在运行时还有很多特性。本章将以 JAX 细节讲解为主，在帮助读者复习部分结构用法的同时，提醒读者更多需要注意的地方。

6.1 JAX 中的数值计算

JAX 在设计之初的目的就是取代 NumPy 进行数值计算，并在实现数值计算的基础上期望能够更好地利用硬件资源大大提高数值计算的速度。本节将深入介绍 JAX 数值计算的一些细节问题，从底层的角度讲解其使用规则和方法。

6.1.1 JAX 中的 grad 函数使用细节

在前面章节中曾大量提到并使用 JAX 中的 grad 函数，grad 函数的作用是对函数进行"自动求导"，请读者注意我们所使用的自动求导方法不同于 Python 一般库（例如 NumPy）中的求导方式。在这些库中我们使用数值本身来计算梯度，而 JAX 则直接使用函数，更接近于底层的数学运算。一旦读者习惯了这种处理事情的方式，就会感觉很自然。代码中的损失函数实际上是参数和数据的函数，读者会发现它的梯度就像在数学中一样。

1. grad 函数必须使用浮点型

grad 函数必须使用浮点型数据。要理解这个要求，首先运行一下如下代码。

【程序 6-1】

```
import jax
import jax.numpy as jnp
# 这个代码是错误的，建议读者先自行修正原因，解释在下方
def body_fun(x):
    return x**2
print(jax.grad(body_fun)(1))
```

运行上述代码，系统会报错，从而无法继续运行。这是由于在梯度计算时，JAX 规定了

输入的数据类型必须为浮点型,而不可以为整数,此时修正最后一条语句,改成为如下形式:

```
print(jax.grad(body_fun)(1.))          # 注意这里的 1 由整型变为浮点型 1
```

计算结果如下所示:

```
2.0
```

2. 同时获取函数值与求导值

上述代码直接输出了求导函数计算后的结果,而如果此时既需要获取函数运行结果,又需要获取求导结果,则可以使用如下 JAX 提供的求导函数。

【程序 6-2】

```
import jax
import jax.numpy as jnp
def body_fun(x):
    return x**2
print(jax.value_and_grad(body_fun)(1.))
```

打印结果如下所示:

```
(DeviceArray(1., dtype=float32, weak_type=True), DeviceArray(2., dtype=float32))
```

可以看到,这里输出的是 2 个值,第 1 个是函数本身的计算值,而第 2 个才是求导后的值。

3. 多元函数的求导

前面章节介绍的 grad 函数主要集中在单元的求导,即只有一个未知数需要对其求导,而在数学中还存在多元函数,即有对多元函数进行求导的需求。

$$f(x,y) = x \times y$$
$$d(x) = y$$
$$d(y) = x$$

如上式所示,我们设计了一个简单的二元函数,分别对其进行求导,设计如下代码。

【程序 6-3】

```
def body_fun(x,y):
    return x*y
grad_body_fun = jax.grad(body_fun)
x = (2.)
y = (3.)
print(grad_body_fun(x,y))
```

打印结果如下所示:

```
3.0
```

继续对这个数值进行分析,将 y 的值设置为 3.0,那么可以看到,单纯使用 grad 函数对计算函数进行求导的过程，实际上就是求 $dy = \dfrac{f}{dx}$ 这一个偏导数。

但是如果需要对 2 个参数进行求导，或者想要求取 $dx = \dfrac{f}{dx}$ 的值，该如何处理呢？解决方法如下所示。

【程序 6-4】

```
def body_fun(x,y):
    return x*y
grad_body_fun = jax.grad(body_fun)
x = (2.)
y = (3.)
# 关于参数 argnums 意义在下面讲解
dx,dy = (jax.grad(body_fun, argnums=(0, 1))(x, y))
print(f"dx:{dx}")
print(f"dy:{dy}")
```

打印结果如下所示：

```
dx:3.0
dy:2.0
```

可以看到，当加入参数设置时，grad 函数可以自行对不同位置的数值进行求导。

返回到代码中，解决多元函数求导问题的方法是通过设置参数 argnums=(0, 1)，这个参数设置额度意义可参考下面的代码。

【程序 6-5】

```
def body_fun(x,y,z):
    return x*y*z
grad_body_fun = jax.grad(body_fun)
x = (2.)
y = (3.)
z = (4.)
print((jax.grad(body_fun, argnums=(0, 1,2))(x, y, z)))
```

代码中设置了 3 元方程组，期望对 3 元未知数进行求导，公式如下所示：

$$f(x,y,z) = x \times y \times z$$
$$d(x) = y \times z$$
$$d(y) = x \times z$$
$$d(z) = x \times y$$

此时根据输入参数对其求导，运行程序后代码打印如下：

```
(DeviceArray(12., dtype=float32), DeviceArray(8., dtype=float32), DeviceArray(6., dtype=float32))
```

可以看到，这里最终生成了 3 个结果，依次是 dx、dy 以及 dz 求导后的计算结果。此时如果修改成如下形式：

```
print((jax.grad(body_fun, argnums=(0, 1,2,3))(x, y, z)))#这个是错误的代码
```

程序运行后报错，因此可以认为这个参数的作用是显示地提示程序需要求导的参数位置。当然可以尝试更多种方法，例如：

```
print((jax.grad(body_fun, argnums=(0, 1))(x, y, z)))
```

上述打印结果，请读者自行查验。

4．对于含有多个返回值函数的求导

一般的函数都包含一个返回值，可还是会有部分函数包含 2 个或 2 个以上的返回值，grad 函数同样也提供了处理的显示参数，代码如下所示。

【程序 6-6】
```
def body_fun(x,y):
    return x*y,x**2+y**2
grad_body_fun = jax.grad(body_fun)
x = (2.)
y = (3.)
print((jax.grad(body_fun,has_aux=True)(x, y)))
```

这里通过设置 has_aux=True 显式地告诉 JAX 中的 grad 返回值有 2 个，打印结果如下：

```
(DeviceArray(3., dtype=float32), DeviceArray(13., dtype=float32, weak_type=True))
```

6.1.2　不要编写带有副作用的代码——JAX 与 NumPy 的差异

在一定程度上，NumPy 的 API 可以无缝平移到 JAX 中使用，可以说 JAX API 紧跟 NumPy 的 API。然而还是有一些重要的区别的。

最重要的区别就是 JAX 是被设计为函数式的，就像函数式编程一样（例如 Scala 语言）。这背后的原因是 JAX 支持的程序转换类型在函数式程序中更可行。

关于函数式编程在这里不加介绍，有兴趣的读者可以参考学习 Scala 这个专门用作数据分析的函数式编程语言。这里说一下使用函数式编程的好处——不需要编写带有副作用的代码。副作用是指没有出现在输出中的函数所带来的其他影响。一个明显的例子如下所示：

```
import numpy as np
x = np.array([1, 2, 3])
def in_place_modify(x):
    x[0] = 123
    return None
in_place_modify(x)
print(x)
```

可以很明显看到程序运行后，外部数据 x 的数值被修改，这就是造成了副作用。

在 JAX 中，由于 JAX 在设计之初就确定了由其包装的数据无法被修改，因此在一定程度上杜绝了副作用的产生。

前面我们在讲解纯函数额度时提到，无副作用的代码有时被称为纯函数。纯函数由于需要额外在存储中间生成一个数据，会不会降低 JAX 的效率？严格来说，会降低效率。

然而 JAX 计算通常是在 JAX 使用 JIT 编译之后进行，对于编译器来说，新生成的是一个必须生成的"数据模板"，而在运行时只需将数据注入已经生成的"模板"即可。

注意　如果有必要的话，可以将副作用的 Python 代码和纯函数代码混合使用。

6.1.3　一个简单的线性回归方程拟合

前面章节使用 JAX 完成了线性回归和多层感知机的拟合问题，然而对其中的机制却没有详细介绍，下面讲解线性回归方程的拟合问题。

回归输出的是一个连续型的值，如图 6.1 所示。线性回归的思想本质就是找到一个多元的线性函数：

$$y = f(x) = \beta + a_0 x_0 + a_1 x_1 + a_2 x_2 + \cdots + a_n x_n$$

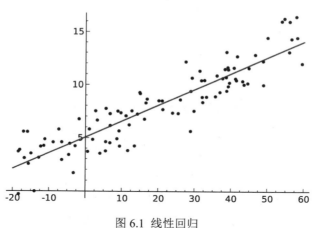

图 6.1　线性回归

当输入一组特征（也就是变量 x）的时候，模型输出一个预测值 $y = f(x)$，我们要求这个预测值尽可能准确，那么怎么样才能做到尽可能准确呢？

这要求我们建立一个评价指标来评价模型在数据集上的误差，当这个误差达到最小的时候，模型的拟合性最强。在线性回归中我们常用的是均方误差来评估拟合的误差：

$$\text{mse} = \frac{1}{n}\sum_{i=1}^{n}(y - f(x))^2 \quad （其中 y 表示真实值，f(x) 为预测值）$$

对于数据的更新，我们在前面介绍了使用梯度下降算法对参数进行更新，对于新的参数可以使用如下公式进行更新：

$$\text{params} = \text{params} - \alpha \times \text{grad}(\text{loss})$$
$$\text{loss} = \text{mse}(y\_\text{true}, y\_\text{pred})$$

1. 数据准备

我们完成一个简单的线性回归方程,公式如下所示:

$$y = 0.929 \times x + 0.214$$

这是一个简单的线性方程,可以根据其公式定义预先生成若干数据,代码如下所示:

```
import jax
import jax.numpy as jnp
key = jax.random.PRNGKey(17)
xs = jax.random.normal(key,(1000,))
a = 0.929
b = 0.214
ys = a * xs + b
```

此处随机准备了一个长度为 1000 的数组,定义了方程参数 a 与 b,之后根据定义的方程得到标准值。

2. 分步模型设计讲解

下面需要对模型进行设计,在本例中我们遵循对线性回归方程的分析,采用均方误差 mse 作为损失函数,并使用梯度下降的方法对其进行更新,逐一对应的代码如下所示:

```
# 初始化模型参数中需要使用的 a 与 b 的值
params = jax.random.normal(key,(2,))
print(params)                                    # 打印初始化的 a 与 b 值
# 建立模型
def model(params,x):
    a = params[0];b = params[1]                  # 提取参数
    y = a * x + b
    return y
# 建立损失函数的损失计算模式
def loss_fn(params, x, y):
    prediction = model(params, x)
    return jnp.mean((prediction-y)**2)
# 选择参数更新方法
def update(params, x, y, lr=1e-3):
    return params - lr * jax.grad(loss_fn)(params, x, y)
```

笔者准备了一个基本的模型并随机生成模型所需要的参数,之后的损失函数设计也遵循前面所设定的采用计算均方误差的方式实现。而对于参数更新则采用梯度下降算法,根据梯度下降的公式修正参数的数值。完整训练代码如下所示。

【程序 6-7】

```
import jax
```

```python
import time
import jax.numpy as jnp
key = jax.random.PRNGKey(17)
xs = jax.random.normal(key,(1000,))
a = 0.929
b = 0.214
ys = a * xs + b
params = jax.random.normal(key,(2,))
print(params)
def model(params,x):
    a = params[0];b = params[1]
    y = a * x + b
    return y
def loss_fn(params, x, y):
    prediction = model(params, x)
    return jnp.mean((prediction-y)**2)
def update(params, x, y, lr=1e-3):
    return params - lr * jax.grad(loss_fn)(params, x, y)
start = time.time()
for i in range(4000):
    params = update(params, xs, ys)
    if (i+1) %500 == 0:
        loss_value = loss_fn(params,xs,ys)
        end = time.time()
        print(" 循环运行时间:%.12f 秒 " % (end - start),f" 经过 i 轮:{i}, 现在的 loss 值为:{loss_value}")
        start = time.time()
print(params)
```

运行结果如图 6.2 所示。

```
[-1.0040528  0.8092138]
循环运行时间:2.748265743256秒  经过i轮:499, 现在的loss值为:0.5041994452476501
循环运行时间:2.435266494751秒  经过i轮:999, 现在的loss值为:0.05714331194758415
循环运行时间:2.483029603958秒  经过i轮:1499, 现在的loss值为:0.006477218121290207
循环运行时间:2.457360267639秒  经过i轮:1999, 现在的loss值为:0.0007343154866248369
循环运行时间:2.402034521103秒  经过i轮:2499, 现在的loss值为:8.32659425213933e-05
循环运行时间:2.394415855408秒  经过i轮:2999, 现在的loss值为:9.445036994293332e-06
循环运行时间:2.383747816086秒  经过i轮:3499, 现在的loss值为:1.0718812291088398e-06
循环运行时间:2.384536743164秒  经过i轮:3999, 现在的loss值为:1.217618006421617e-07
[0.92867476 0.2140791 ]
```

图 6.2 运行结果

可以看到，在运行了 4000 个 epoch 之后，参数已经拟合得非常接近我们预先设计的参数，而花费的时间约为 20 秒，这是一个非常不错的成绩。

3. 使用 JIT 加速拟合

在对模型的设计中，我们使用 JAX 完成了线性回归方程，但是这里仅仅使用 JAX 完成了程序设计工作，而对于 JAX 中的其他部分，例如 JIT 加速，却没有显式使用。下面加入 JIT 的加速部分，修改代码如下所示。

【程序 6-8】

```
import jax
import time
import jax.numpy as jnp
key = jax.random.PRNGKey(17)
xs = jax.random.normal(key,(1000,))
a = 0.929
b = 0.214
ys = a * xs + b
params = jax.random.normal(key,(2,))
print(params)
# 使用jit进行修饰
@jax.jit
def model(params,x):
    a = params[0];b = params[1]
    y = a * x + b
    return y
# 使用jit进行修饰
@jax.jit
def loss_fn(params, x, y):
    prediction = model(params, x)
    return jnp.mean((prediction-y)**2)
# 使用jit进行修饰
@jax.jit
def update(params, x, y, lr=1e-3):
    return params - lr * jax.grad(loss_fn)(params, x, y)
start = time.time()
for i in range(4000):
    params = update(params, xs, ys)
    if (i+1) %500 == 0:
        loss_value = loss_fn(params,xs,ys)
        end = time.time()
        print(" 循环运行时间:%.12f 秒 " % (end - start),f" 经过 i 轮 :{i},现在的 loss 值为 :{loss_value}")
        start = time.time()
print(params)
```

可以看到，其中的 3 个主要构件都是使用 JIT 进行修饰的，程序运行结果如图 6.3 所示。

经过同样的运行次数后可知，当准确率相同时，所消耗的时间节省了 1200 倍，这个缩短的运行时间非常可观。

```
[-1.0040528  0.8092138]
循环运行时间:0.161966562271秒 经过i轮:499, 现在的loss值为:0.5041995048522949
循环运行时间:0.001962423325秒 经过i轮:999, 现在的loss值为:0.057143330574035645
循环运行时间:0.001850128174秒 经过i轮:1499, 现在的loss值为:0.006477226037532091
循环运行时间:0.001839637756秒 经过i轮:1999, 现在的loss值为:0.0007343153702095151
循环运行时间:0.001864194870秒 经过i轮:2499, 现在的loss值为:8.326600072905421e-05
循环运行时间:0.001907110214秒 经过i轮:2999, 现在的loss值为:9.445036994293332e-06
循环运行时间:0.001860380173秒 经过i轮:3499, 现在的loss值为:1.0718738394643879e-06
循环运行时间:0.001885414124秒 经过i轮:3999, 现在的loss值为:1.2176045061096374e-07
[0.92867476 0.2140791 ]
```

图 6.3 运行结果

 这个基本方法构成了几乎所有用 JAX 实现的训练循环的基础。这个例子和实际的训练循环的主要区别在于模型的简单性,它允许我们使用一个数组来容纳所有的参数。

 ## 6.2 JAX 中的性能提高

通过上一节的代码可以看到,我们使用 JIT 修饰后函数可以获得上千倍的速度提升,下面将继续研究 JAX 中性能提高的一个非常重要的内容——JIT 的加速(见图 6.4)。

本节将进一步探讨 JAX 是如何工作的,以及如何提高它的性能。我们将调用 jax.jit 函数,执行 JAX Python 函数的 JIT 编译工作,以便在 XLA 中有效地执行 jax.jit 函数。

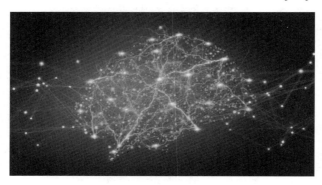

图 6.4 JIT 的加速

6.2.1 JIT 的转换过程

上一节介绍了 JAX 允许转换为 Python 函数。这是通过将 Python 函数转换为名为 jaxpr 的简单中间语言来完成的,转换后在 jaxpr 上工作。代码如下所示。

【程序 6-9】

```
import jax
```

```
import jax.numpy as jnp
global_list = []
# 这是一个非纯函数
def log(x):
    # 这一条语句破坏了纯函数规则，请注意输出这条语句并没有被执行
    global_list.append(x)
        ln_x = jnp.log(x)
    ln_2 = jnp.log(2.0)
    return ln_x / ln_2
print(jax.make_jaxpr(log)(3.0))
print(global_list)
```

最终结果如图 6.5 所示。

```
{ lambda  ; a.
  let b = log a
      c = log 2.0
      d = div b c
  in (d,) }
[Traced<ShapedArray(float32[], weak_type=True)>with<DynamicJaxprTrace(level=1/0)>]
```

图 6.5 运行结果

可以看到 jaxpr 是一种机器语言，根据既定的转化规则对 Python 语言进行转化，这里需要注意的是，为了演示笔者特意准备了一个非纯函数，而在使用 make_jaxpr 进行转化的规则下，却没有对非纯函数的语句进行转化，这是一个 JAX 特性而非 BUG。关于纯函数部分读者可以参考前面内容。

当然，我们仍然可以编写甚至运行非纯函数，但是 JAX 在转换为 jaxpr 后不能保证它们的行为，如上例中 global_list 语句并没有被运行。这是因为 JAX 使用名为"跟踪"的进程生成 jaxpr。

JAX 在函数编译时，会使用一个专门的名为"trace"的进程包装当前函数体内部的参数，这些进程记录程序被调用时每个参数的运行过程。然后，JAX 使用进程的跟踪记录重构整个函数，重建的输出是 jaxpr。

此时，由于"副作用"语句往往来自于函数体外部，导致"trace"进程无法"wraps（包裹）"参数，因此，JAX 无法对其进行追踪，即重建后的语句将不包括这些"副作用"语句。

注意，Python print() 函数不是纯函数，文本输出同样也是函数的副作用。因此，任何 print() 调用只会在跟踪期间发生，而不会出现在 jaxpr 中。代码如下：

```
def pring_log(x):
    print("print_test:", x)
    x = jnp.log(x)
    print("print_test:", x)
    return x
print(jax.make_jaxpr(pring_log)(3.0))
```

打印结果如图 6.6 所示。

```
print_test: Traced<ShapedArray(float32[], weak_type=True)>with<DynamicJaxprTrace(level=1/0)>
print_test: Traced<ShapedArray(float32[], weak_type=True)>with<DynamicJaxprTrace(level=1/0)>
{ lambda ; a.
  let b = log a
  in (b,) }
```

图 6.6 运行结果

由打印结果可以看出，虽然 print 函数被调用，但是在生成的 jaxpr 语句中并没有被追踪和编译。

6.2.2 JIT 无法对非确定参数追踪

上面讲到 JIT 能够加速函数的原因是利用追踪机制包裹了当前函数中的参数，并生成了新的编译语言 jaxpr。我们回到前面介绍 JIT 的一个示例，代码如下所示。

【程序 6-10】

```
def f(x):
    if x > 0:
        return x
    else:
        return 2 * x
f_jit = jax.jit(f)                              # 会报错
f_jit(10)
```

此时程序运行的结果会报错，因为 JAX 生成的 jaxpr 需要一个唯一确定的函数体内部参数进行追踪。在追踪中使用的值越具体，就越能使用标准 Python 控制流来表达自己。因此这造成了对于不确定函数、有分支语句的函数不能编译。

JAX 中参数默认级别是 ShapedArray。也就是说，每个追踪的程序都有一个具体的形状但没有具体的值。这使得编译后的函数能够以相同形状处理所有可能的输入。但是，由于追踪器没有具体的值，如果试图对其中一个进行条件设置，就会得到错误结果。

下面将 jit 函数修改成 grad 函数：

```
f_grad = jax.grad(f)                            # 这里可以正常计算
print(f_grad(10.))
```

在 grad 函数中由于放松了函数编译规则，因此可以存在分支语句，但是如果此时嵌套有 jit 函数或者使用修饰符 @jit 的函数，同样也会报错。

那么如何解决这个问题呢？有 2 个方法可以解决。

（1）使用前面介绍的 cond 语句，代码如下：

```
from jax import lax
def f(x):
result = lax.cond(x>0,lambda x:x,lambda x:x+1,x)
    return result
f_jit = jax.jit(f)
```

```
print(f_jit(10.))
```

打印结果如下所示：

```
10.0
```

（2）对其进行改写，代码如下所示：

```
def f(x):
    if x > 0:
        return x
    else:
        return 2 * x
f_jit = jax.jit(f,static_argnums=(0,))
print(f_jit(10.))
```

结果请读者自行完成。

虽然这两种方式都可以完成条件语句的运行，但是这其中有什么区别呢？我们使用make_jaxpr 函数打印编译的语句来比较一下，结果如图 6.7 所示。

```
{ lambda  ; a.
  let b = gt a 0.0
      c = convert_element_type[ new_dtype=int32
                                weak_type=False ] b
      d = cond[ branches=( { lambda  ; a.
                             let b = mul a 2.0
                             in (b,) }
                           { lambda  ; a.
                             let
                             in (a,) } )
                linear=(False,) ] c a
  in (d,) }
```

```
{ lambda  ; .
  let
  in (10.0,) }
```

（a）使用 cond 语句的编译结果　　　　（b）使用 jit 中的 static_argnums 参数设置

图 6.7　两种结果比较

从 make_jaxpr 函数打印结果可以看到，使用 cond 语句是重写了条件判断语句，而对于使用静态参数的方式来说，我们可以告诉 JAX 通过指定 static_argnums 来帮助自己对特定输入使用一个不那么抽象的追踪器。这样做的代价是，由此产生的 jaxpr 不那么灵活。因此，JAX 必须为指定输入的每个新值重新编译函数。

需要注意，虽然笔者推荐使用 cond 语句的方式编写代码，但并不是所有的函数都能被改成 cond 格式。解决办法就是将不同的函数部分进行分解，从而能够最大限度加速函数的编译和运行工作。代码如下：

```
@jax.jit
def loop_body(prev_i):
    return prev_i + 1
def g_inner_jitted(x, n):
    i = 0
```

```
    while i < n:
        i = loop_body(i)
    return x + i
g_inner_jitted(10, 20)
```

请读者自行比较运行。

6.2.3 理解 JAX 中的预编译与缓存

由于 JAX 需要使用 JIT 将 Python 代码编译成 jaxpr，这无疑耗费了一些资源和效率，这在一次性运算或者简单函数中可能会得不偿失。但是对于机器学习来说，往往一段代码需要重复百万次，因此采用这种预编译机制能够带来极大的效率提升。

jit 中的 static_argnums 参数向 JAX 显示地传达了静态缓存当前参数类型的声明，也就是 jaxpr 不需要去判断参数的类型，而是使用当前"第一次"缓存的内容（可能是随机）作为缓存结果，这样做虽然可以使得程序通过编译，但是当数据类型发生改变时，jaxpr 会重新编译此函数，反而会造成性能降低。

解决方法就是避免对分支结构中所有的函数体都进行缓存和追踪，只追踪那些需要耗费较多时间的"部分函数"即可，如下面一段程序所示：

```
def loop_body(prev_i):
    return prev_i + 1
def g_inner_jitted(x, n):
    i = 0
    while i < n:
        # 不要使用如下函数
        i = jax.jit(loop_body)(i)
    return x + i
g_inner_jitted(10, 20)
```

6.3 JAX 中的函数自动打包器——vmap

我们在前面已经讲解了 JAX 对于批量数据的处理，以及使用 vmap 进行数据打包和计算，本节将更加深入介绍 vmap 的一些细节问题。

6.3.1 剥洋葱——对数据的手工打包

传统的批处理方式一般都是对数据的批处理，之后再使用函数从外到内一层层地重新计算。首先我们实现如下代码。

【程序 6-11】

```
import jax
import jax.numpy as jnp
```

```
x = jnp.arange(5)
w = jnp.array([2., 3., 4.])
def convolve(x, w):
    output = []
    for i in range(1, len(x)-1):
        output.append(jnp.dot(x[i-1:i+2], w))
    return jnp.array(output)
print(convolve(x, w))
```

这是一个非常简单的乘法运算,请读者自行运行。假设此时我们需要对其进行修改,将原有的 x 和 w 分别进行二次重叠,即发生如下改变:

```
xs = jnp.stack([x, x])
ws = jnp.stack([w, w])
```

而一个新的计算函数如下所示:

```
def manually_batched_convolve(xs, ws):
    output = []
    for i in range(xs.shape[0]):
        output.append(convolve(xs[i], ws[i]))
    return jnp.stack(output)
print(manually_batched_convolve(xs, ws))
```

新函数在局部上调用了原函数的实例,并将其作为自身的一部分进行计算和输出。结果如下所示:

$$[[11.\ 20.\ 29.]$$
$$[11.\ 20.\ 29.]]$$

可以看到,这是完成输出的运算结果。结果是正确的,但是从效率方面来说,这个函数并不高。为了有效地对计算进行批次处理,通常需要手动重写函数,以确保它是以矢量化形式完成的。这并不难实现,但涉及更改函数如何处理索引(index)、轴(axes)和输入等内容。手动实现批计算的程序如下所示:

```
def manually_vectorized_convolve(xs, ws):
    output = []
    for i in range(1, xs.shape[-1] -1):
        output.append(jnp.sum(xs[:, i-1:i+2] * ws, axis=1))
    return jnp.stack(output, axis=1)
print(manually_vectorized_convolve(xs, ws))
```

或者手动实现代码可以通过如下方式实现:

```
def manually_vectorized_convolve(xs, ws):
    output = []
    for i in range(1, xs.shape[-1] -1):
        output.append((xs[:, i-1:i+2] @ ws.T))
    return jnp.stack(output, axis=1)
```

可以看到，无论采用何种方法，都可以完成数据的计算，然而这所有的方法和算法都是基于对数据的打包，仍然是一次次地将数据输入到函数中进行计算。那么我们能否改变一下思路，在数据不动的基础上，打包函数进行计算呢？

6.3.2 剥甘蓝——JAX 中的自动向量化函数 vmap

在 JAX 中，jax.vmap 转换被设计为自动生成一个函数的自动化打包器。首先使用上一小节中的 convolve 函数并计算其处理多维数据的结果，代码如下所示。

【程序 6-12】

```
import jax
import jax.numpy as jnp
x = jnp.arange(5)
w = jnp.array([2., 3., 4.])
xs = jnp.stack([x, x])
ws = jnp.stack([w, w])
def convolve(x, w):
    output = []
    for i in range(1, len(x)-1):
        output.append(jnp.dot(x[i-1:i+2], w))
    return jnp.array(output)
print(convolve(xs, ws))
```

打印结果请读者自行验证。

然后使用 vmap 对函数进行包装，在代码 print 之前添加如下语句：

```
auto_batch_convolve = jax.vmap(convolve)
print(auto_batch_convolve(xs, ws))
```

打印结果如下所示：

$$[[11.\ 20.\ 29.]$$
$$[11.\ 20.\ 29.]]$$

jax.vmap 通过类似于 jax.jit 的跟踪函数来实现对函数的自动化打包，并在每个输入的开头自动添加批处理轴。

如果批处理维度不是第一个，则可以使用 in_axes 和 out_axes 参数来指定批处理维度在输入和输出中的位置。如果所有输入和输出的批处理轴相同，或者列表相同，则为整数。代码如下所示：

```
auto_batch_convolve_v2 = jax.vmap(convolve, in_axes=1, out_axes=1)
xst = jnp.transpose(xs)
wst = jnp.transpose(ws)
print(auto_batch_convolve_v2(xst, wst))
```

请读者自行打印查看。

此外还有一种情况，我们提供了 2 个经过批处理后的数据，但是在某些情况下可能只有一个数据会被批处理进行数据修正，此时 vmap 同样可以对其操作，代码如下所示：

```
# 注意 in_axes 的输入维度
batch_convolve_v3 = jax.vmap(convolve, in_axes=[0, None])
print(batch_convolve_v3(xs, w))
```

在这里只需要在 in_axes 中设置需要增加批处理的维度即可：

```
w = jnp.stack([w, w],axis=0)
```

 与所有 JAX 转换一样，jax.jit 和 jax.vmap 都是可以组合的，这意味着可以使用 jit 包装 vmap 函数，也可以使用 vmap 包装 jit 函数，都能正常工作。

6.3.3 JAX 中高阶导数的处理

计算梯度是现代机器学习方法的重要组成部分。本节讨论一些与现代机器学习相关的自动微分领域的高级主题。虽然在大多数情况下，了解自动微分是如何工作的并不是使用 JAX 的关键，但是了解其具体公式可以更加深入地了解 JAX 的运行内部规律。

由于计算导数的函数本身是可微的，所以 JAX 的自动微分使计算高阶导数变得容易。因此，高阶导数就像叠加变换一样容易。

$$y = x^3 + 2x^2 - 3x + 1$$

$$\frac{dy}{dx} = 3x^2 + 4x - 3 \quad (\text{一阶导})$$

$$\frac{d^2 y}{dx^2} = 6x + 4 \quad (\text{二阶导})$$

【程序 6-13】

```
import jax
f = lambda x: x**3 + 2*x**2 - 3*x + 1
dfdx = jax.grad(f)
print(dfdx(1.))
```

上面代码求得的是公式的一阶导，对其二阶求导我们同样可以在已有的 dfdx 上嵌套一层 grad 来完成对其求导：

```
import jax
f = lambda x: x**3 + 2*x**2 - 3*x + 1
dfdx = jax.grad(f)                    # 对函数进行一阶求导
dfdx2 = jax.grad(dfdx)                # 对函数进行二阶求导
```

在使用 grad 进行函数求导之外，JAX 还提供了两个函数来完成函数的求导工作：jax.jacfwd 和 jax.jacrev，它们的使用方法与 grad 类似：

```
jax.jacfwd(f)
jax.jacrev(f)
```

6.4 JAX 中的结构体保存方法 Pytrees

通常，我们希望对看起来像数组字典、字典列表或其他嵌套结构的对象进行操作，而这些对象在 JAX 中被统一认为是 Pytrees，可采用特殊的方式对其进行管理。

Pytree 是指由类似容器的 Python 对象构建的树状结构。如果类被声明为 Pytree，则被认为是容器类，默认情况下，Pytree 注册表包括列表、元组和字典。

JAX 内置了对这些 Python 对象的支持，包括在其库函数中以及通过使用来自 JAX 的函数 jax.tree_utils（最常见的也可用 jax.tree_*）。本节将解释如何使用它们，给出一些有用的代码片段并指出常见的问题。

6.4.1 Pytrees 是什么

简单的理解，Pytrees 是一个声明为 pytree 的所有对象的总称，它可以包括容器、列表、元组和数据集。而 pytree 的"叶子"包含在某个 pytree 对象中的个体内容，例如"元组（pytree）"和其中所包含的不同类型的元素（leaves）。举一个例子：

【程序 6-14】

```
import jax
import jax.numpy as jnp
# 以下是可以被认为是 pytree 的结构体，不限于以下的例子
example_trees = [
    1,                            # 一个单独的对象，常数1也可以被认为是pytree
    "a",                          # 一个单独的对象，字符a也可以被认为是pytree
    [1, 'a', object()],
    (1, (2, 3), ()),
    [1, {'k1': 2, 'k2': (3, 4)}, 5],
    {'a': 2, 'b': (2, 3)},
    jnp.array([1, 2, 3]),
]
for pytree in example_trees:
    leaves = jax.tree_leaves(pytree)           # 强制
    print(f"{pytree}        has {len(leaves)} leaves: {leaves}")
```

打印结果如图 6.8 所示。

```
1         has 1 leaves: [1]
a         has 1 leaves: ['a']
[1, 'a', <object object at 0x7f008f889de0>]      has 3 leaves: [1, 'a', <object object at 0x7f008f889de0>]
(1, (2, 3), ())      has 3 leaves: [1, 2, 3]
[1, {'k1': 2, 'k2': (3, 4)}, 5]     has 5 leaves: [1, 2, 3, 4, 5]
{'a': 2, 'b': (2, 3)}       has 3 leaves: [2, 2, 3]
[1 2 3]      has 1 leaves: [DeviceArray([1, 2, 3], dtype=int32)]
```

图 6.8 运行结果

从打印结果可以看到，pytree 所确定的对象并不仅限于数组、字典和列表，一个单独的

字符或者常数也被认可为 pytree。

使用 pytree 的好处是，在机器学习的模型内部往往有大量的参数需要被操作，因此，JAX 需要一个统一的管理工具对模型内部所涉及的参数进行管理和调配。

6.4.2 常见的 pytree 函数

在前面我们使用的 tree_leaves 是一个对 pytree 进行操作的函数，除此之外，常用的 pytree 函数还包括 jax.tree_map 和 jax.tree_multimap，它们的使用方法与普通的 map 函数类似，但是使用目的有所区别。

需要对 pytree 内部的数据进行逐一操作时，我们可以使用 tree_map 函数，代码如下：

```
list_of_lists = [[1, 2, 3],[1, 2],[ 2, 3, 4,5]]
print(jax.tree_map(lambda x: x * 2, list_of_lists))
```

打印结果如下所示：

[[2, 4, 6], [2, 4], [4, 6, 8, 10]]

可以看到通过使用 tree_map 函数，函数体内部的所有数值都被处理了。

而对于需要对多个列表的数据进行处理的情况，我们使用 jax.tree_multimap 函数对数据进行处理，代码如下：

```
#first_list 的维度和 second_list 维度必须相同
first_list = [[1, 2, 3],[1, 2, 3],[1, 2, 3]]
second_list = [[1,0, 1],[1, 1, 1],[0, 0, 0]]
print(jax.tree_multimap(lambda x, y: x + y, first_list, second_list))
```

打印结果请读者自行验证。

函数计算的 first_list 的结构和 second_list 结构必须相同，在数组和矩阵中是需要相同的维度，在字典中则需要相同的键（Key），否则会报错。

使用 tree_multimap 还可以利用其性质简易地对字典内的内容进行计数，代码如下所示。

【程序 6-15】

```
import jax
def tree_transpose(list_of_trees):
    return jax.tree_multimap(lambda *xs: list(xs), *list_of_trees)
# 注意这里使用 * 指示符
episode_steps = [dict(t=1, obs=3), dict(t=2, obs=4)]
print(tree_transpose(episode_steps))
```

打印结果就是对字典内的数值进行归并，如下所示：

{'obs': [3, 4], 't': [1, 2]}

6.4.3 深度学习模型参数的控制（线性模型）

下面介绍 Pytrees 应用在深度学习模型中对参数的控制问题。在深度学习中，参数的维度是一个非常重要的问题，我们可以根据 tree_map 将维度赋予对应的参数名，代码如下：

```
import jax
import jax.numpy as jnp
key = jax.random.PRNGKey(17)
# 参数 weight 和 bias 是单独生成的数据，注意 dict 中名称的命名方式
params = dict(weight=jax.random.normal(key,(2,2)),biases=jax.random.normal(key+1,(2,)))
print(params)
print(jax.tree_map(lambda x: x.shape, params))
```

打印结果如图 6.9 所示。

```
{'weight': DeviceArray([[-0.8458576,  2.296168 ],
       [ 1.8047465,  0.0198981]], dtype=float32), 'biases': DeviceArray([-0.3954054,  0.48485395], dtype=float32)}
{'biases': (2,), 'weight': (2, 2)}
```

图 6.9 运行结果

可以看到，此时数据生成了一个新的对于数据进行维度的表示。下面通过一个简单的线性回归例子来演示 tree_multimap 的使用方法。

1. 数据的准备

我们使用 6.1.3 小节的例子生成若干数据，注意这里使用的仅仅是获取一个计算规则而非拟合 6.1.3 小节的公式。代码如下：

```
import jax
import jax.numpy as jnp
key = jax.random.PRNGKey(17)
# 注意，这里和 6.1.3 小节中在数据生成上的维度有差异
xs = jax.random.normal(key,(1000,1))
a = 0.929
b = 0.214
ys = a * xs + b
```

2. 参数设计

在 6.1.3 小节中我们拟合了一个线性方程用于实现函数拟合，本例准备拟合一个非线性方程用于实现对数值的计算。

我们预期使用的是一个具有 2 个隐藏层的函数（见图 6.10），维度结构如下：

```
1  ->  64  ->  128  ->  1
```

生成参数的代码如下：

```
import jax
import jax.numpy as jnp
```

```python
layers_shape = [1, 64, 128, 1]
key = jax.random.PRNGKey(17)
def init_mlp_params(layers_shape):
    params = []
    for n_in, n_out in zip(layers_shape[:-1], layers_shape[1:]):
        weight = jax.random.normal(key,shape=(n_in,n_out))
        bias = jax.random.normal(key,shape=(n_out,))
        par_dict = dict(weight=weight,bias=bias)
        params.append(par_dict)
    return params
params = init_mlp_params(layers_shape)
print(jax.tree_map(lambda x: x.shape, params))
```

打印结果如下所示：

[{'bias': (64,), 'weight': (1, 64)}, {'bias': (128,), 'weight': (64, 128)}, {'bias': (1,), 'weight': (128, 1)}]

可以看到，我们设置了 3 个参数用来完成数据的拟合工作。

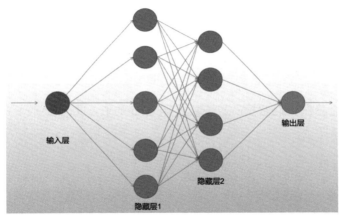

图 6.10 2 个隐藏层的模型

3．模型的编写（这是一个错误的模型示例）

下面就进行模型的程序编写工作，我们使用多个隐藏层对数据进行计算，代码如下：

```python
# 多层计算函数
def forward(params, x):
    for par in params:
        x = jnp.matmul(x,par["weight"]) + par["bias"]
    return x
# 损失函数
def loss_fun(params,xs,y_true):
    y_pred = forward(params,xs)
    loss_value = jnp.square(jnp.multiply(y_true,y_pred))
    return jnp.mean(loss_value)
# 优化函数
```

```python
def opt_sgd(params,xs,y_true,leran_rate = 1e-3):
    grad = jax.grad(loss_fun)(params,xs,y_true)
    params = params - leran_rate * grad
    return params
```

在正式编写模型之前，先对模型的各个组件进行验证，可通过输入数据查看可能的输出结果是否符合预期，其数值和优化函数调用部分如下所示：

```python
key = jax.random.PRNGKey(17)
xs = jax.random.normal(key,(1000,1))
a = 0.929
b = 0.214
ys = a * xs + b
grad_value = opt_sgd(params,xs,ys)
```

输出结果如图 6.11 所示。

```
[{'bias': (64,), 'weight': (1, 64)}, {'bias': (128,), 'weight': (64, 128)}, {'bias': (1,), 'weight': (128, 1)}]
Traceback (most recent call last):
  File "/mnt/c/Users/xiaohua/Desktop/JaxDemo/第六章/model_parameters.py", line 41, in <module>
    grad_value = opt_sgd(params,xs,ys)
  File "/mnt/c/Users/xiaohua/Desktop/JaxDemo/第六章/model_parameters.py", line 31, in opt_sgd
    params = params - leran_rate * grad
TypeError: can't multiply sequence by non-int of type 'float'
```

图 6.11 报错提示

可以看到输出会报错。此时换一种方式打印 grad 的值，将 grad 改写成如下形式：

```python
def opt_sgd(params,xs,y_true,leran_rate = 1e-3):
    grad = jax.grad(loss_fun)(params,xs,y_true)
    return grad
```

将 grad 打印出来，代码如下：

```python
grad_value = opt_sgd(params,xs,ys)
for grd in grad_value:
    print("-------------")
    weight = jnp.array(grd["weight"])
    bias = jnp.array(grd["bias"])
    print(weight.shape)
    print(bias.shape)
```

打印结果如图 6.12 所示。

```
[{'bias': (64,), 'weight': (1, 64)}, {'bias': (128,), 'weight': (64, 128)}, {'bias': (1,), 'weight': (128, 1)}]
-------------
bias_shape: (1, 64)
weight_shape: (64,)
-------------
bias_shape: (64, 128)
weight_shape: (128,)
-------------
bias_shape: (128, 1)
weight_shape: (1,)
```

图 6.12 打印结果

可以看到，grad 中的数据维度和 params 相同，其不同点在于 params 中的数据是以 dict 的形式进行存储的，而 grad 的计算值是通过若干个 list 存储的。因此，在直接进行计算时会报错。

解决办法就是通过前文介绍的"剥甘蓝"的方式，一层层地将数据剥离并计算新的参数结果。但是这样做需要编程者有非常高的编程技巧以及非常细心的操作，具体实现形式如下：

```python
# 可以使用但是不推荐这样写
def opt_sgd2(params,xs,ys,learn_rate = 1e-1):
    grads = jax.grad(loss_fun)(params,xs,ys)
    new_params = []
    for par,grd in zip(params,grads):
        new_weight = par["weight"]-learn_rate*grd["weight"]
        new_bias = par["bias"] - learn_rate*grd["bias"]
        par_dict = dict(weight=new_weight, bias=new_bias)
        new_params.append(par_dict)
    return new_params
```

这样虽然也可以使程序运行，但是太过于烦琐，特别是当模型中有较多的参数时。笔者推荐另一种 sgd 的实现形式，代码如下：

```python
# 推荐的优化函数
def opt_sgd(params,xs,ys,learn_rate = 1e-1):
    grads = jax.grad(loss_fun)(params,xs,ys)
    return jax.tree_multimap(lambda p, g: p - learn_rate * g, params, grads)
```

可以看到，使用 tree_multimap 可以很容易地对模型中的参数进行计算，建议读者自行比较一下 6.1.3 小节中优化函数的写法。

完整的函数拟合模型如下所示。

【程序 6-16】

```python
import jax
import time
import jax.numpy as jnp
layers_shape = [1, 64, 128, 1]
key = jax.random.PRNGKey(17)
def init_mlp_params(layers_shape):
    params = []
    for n_in, n_out in zip(layers_shape[:-1], layers_shape[1:]):
        weight = jax.random.normal(key,shape=(n_in,n_out))/128.
        bias = jax.random.normal(key,shape=(n_out,))/128.
        par_dict = dict(weight=weight,bias=bias)
        params.append(par_dict)
    return params
params = init_mlp_params(layers_shape)
#print(jax.tree_map(lambda x:x.shape,params))
```

```python
@jax.jit
def forward(params, x):
    for par in params:
        x = jnp.matmul(x,par["weight"]) + par["bias"]
    return x
@jax.jit
def loss_fun(params,xs,y_true):
    y_pred = forward(params,xs)
    return jnp.mean((y_pred-y_true)**2)
@jax.jit
def opt_sgd(params,xs,ys,learn_rate = 1e-1):
    grads = jax.grad(loss_fun)(params,xs,ys)
    return jax.tree_multimap(lambda p, g: p - learn_rate * g,params,grads)
#
@jax.jit
def opt_sgd2(params,xs,ys,learn_rate = 1e-3):
    grads = jax.grad(loss_fun)(params,xs,ys)
    new_params = []
    for par,grd in zip(params,grads):
        new_weight = par["weight"]-learn_rate*grd["weight"]
        new_bias = par["bias"] - learn_rate*grd["bias"]
        par_dict = dict(weight=new_weight, bias=new_bias)
        new_params.append(par_dict)
    return new_params
key = jax.random.PRNGKey(17)
xs = jax.random.normal(key,(1000,1))
a = 0.929
b = 0.214
ys = a * xs + b
start = time.time()
for i in range(4000):
    params = opt_sgd2(params,xs,ys)
    if (i+1) %500 == 0:
        loss_value = loss_fun(params,xs,ys)
        end = time.time()
        print("循环运行时间:%.12f 秒 " % (end - start),f"经过 i 轮:{i},现在的 loss 值为:{loss_value}")
        start = time.time()
xs_test = jnp.array([0.17])
print(" 真实的计算值：",a*xs_test+b)
print(" 模型拟合后的计算值：",forward(params,xs_test))
```

打印结果如图 6.13 所示。

从结果可以看到，经过拟合后的计算结果和使用公式的真实计算结果相同。

```
循环运行时间:0.576527595520秒 经过i轮:499,现在的loss值为:4.063361043579912e-15
循环运行时间:0.329919338226秒 经过i轮:999,现在的loss值为:3.507028109757393e-15
循环运行时间:0.334552764893秒 经过i轮:1499,现在的loss值为:3.3948400782012186e-15
循环运行时间:0.357136726379秒 经过i轮:1999,现在的loss值为:3.3921200436493482e-15
循环运行时间:0.340688705444秒 经过i轮:2499,现在的loss值为:3.326172811233207e-15
循环运行时间:0.331792354584秒 经过i轮:2999,现在的loss值为:3.379241542961057e-15
循环运行时间:0.328313827515秒 经过i轮:3499,现在的loss值为:3.3696935758213697e-15
循环运行时间:0.326889276505秒 经过i轮:3999,现在的loss值为:3.361644433481849e-15
真实的计算值:    [0.37193]
模型拟合后的计算值:  [0.37193]
```

图 6.13 运行结果

6.4.4 深度学习模型参数的控制（非线性模型）

上一小节通过线性模型拟合了计算公式，并得到了正确的结果。对于深度学习来说，遇到非线性模型的机率远远大于线性模型。下面就使用非线性模型进行拟合结果，新的模型主体如下所示：

```
@jax.jit
def forward(params, x):
    params_length = len(params)
    for i in range(params_length - 1):
        par = params[i]
        x = jnp.matmul(x, par["weight"]) + par["bias"]
        x = jax.nn.selu(x)
    x = jnp.matmul(x, params[-1]["weight"]) + params[-1]["bias"]
    return x
```

此时只需要替换 6.4.3 小节示例中的 forward 函数即可，此处请读者自行完成。

6.4.5 自定义的 Pytree 节点

到目前为止，我们所看到的 Pytree 涉及字典、列表以及元组（单数组无法作为 Pytree 对象，而仅仅作为一个 Pytree 的叶子），而对于自定义的节点类型却没有涉及。

在 Pytree 中，自定义的对象统一被作为叶子对象进行处理。首先自定义一个类：

```
class MyContainer:
    # 类中必须第一个参数为自定义类的名称，不能改变
    def __init__(self, name: str, a: int, b: int, c: int):
        self.name = name
        self.a = a
        self.b = b
        self.c = c
```

之后调用 tree_leaves 函数生成自定义的叶子节点，代码如下：

```
myContainer_leaves = jax.tree_leaves([
  MyContainer("xiaohua",1,2,3),
  MyContainer("xiaoming",3,2,1)
```

```
    ])
print(myContainer_leaves)
```

打印结果如下所示:

```
[<__main__.MyContainer object at 0x7f051ab091c0>, <__main__.MyContainer object at 0x7f051ac18880>]
```

可以看到,这里使用 tree_leaves 函数后生成了 2 个内存地址。一般情况下我们知道内存地址是无法对数据进行操作的,这是由于 tree_leaves 函数在创建对象时不知道如何去组合和定义其展现形式。

因此,为了向 JAX 传递展示和计算自定义叶子节点的方法,需要分别实现 flatten 和 unflatten 函数,代码如下:

```
def flatten_MyContainer(container:MyContainer):
    flat_contents = [container.a, container.b, container.c]
    aux_data = container.name
    # 返回值的顺序不能变化,是固定格式
    return flat_contents, aux_data
def unflatten_MyContainer(aux_data: str, flat_contents: list) -> MyContainer:
    # 这里使用了python自动拆箱方法
    return MyContainer(aux_data, flat_contents)
```

笔者将 MyContainer 类拆成了 2 个部分,分别是其姓名以及其对应的数值部分,此时需要注意,对于 flatten 函数和 unflatten 函数的返回值的格式和顺序都是固定的,必须按对应的名称、数据依次返回。完整的代码如下所示。

【程序 6-17】

```
import jax
class MyContainer:
    def __init__(self, name, a, b, c):
        self.name = name
        self.a = a
        self.b = b
        self.c = c
def flatten_MyContainer(container:MyContainer):
    flat_contents = [container.a, container.b, container.c]
    aux_data = container.name
    return flat_contents, aux_data
def unflatten_MyContainer(aux_data: str, flat_contents: list) -> MyContainer:
    return MyContainer(aux_data, flat_contents)  # 这里使用了python自动拆箱方法
jax.tree_util.register_pytree_node(MyContainer, flatten_MyContainer, unflatten_MyContainer)
print(jax.tree_leaves([
    MyContainer('xiaohua', 1, 2, 3),
    MyContainer('xiaoming', 1, 2, 3)
]))
```

打印结果请读者自行验证。

6.4.6 JAX 数值计算的运行机制

在前面演示了深度学习程序的编写和运行,一般一个深度学习主要包括以下 3 个组件:

- 模型以及模型参数。
- 优化器方案。
- 状态修正层。

通过演示的内容相信读者已经比较熟悉模型和优化器了。状态修正层一般指的是需要在深度学习模型中额外添加的一些能够简化程序拟合的层,例如 BatchNorm 和 LayerNorm。

一些 JAX 转换,尤其是当使用 JIT 对函数进行编译和缓存时,需要对被转化的对象函数施加约束,而且必须要求转换对象函数没有副作用,或者说带有副作用的函数在编译后的内容不会被执行。

但是从之前的例子可以看到,在模型训练的过程中,外部参数 paramas 不停地被 JAX 改变状态,这明显违背了 JAX 不能产生副作用的约定,但是如果不产生副作用,我们如何更新模型参数,如何使用优化器程序呢?

让我们从一个简单的计数器例子开始,代码如下所示。

【程序 6-18】

```
class Counter:
    def __init__(self):
        self.n = 0
    def count(self):
        self.n += 1
        return self.n
    def reset(self):
        self.n = 0
counter = Counter()
for _ in range(3):
    print(counter.count())
```

这是一个简单的计算程序,类结构中初始化定义了 n 的值为 0,之后依次调用函数 count 并修改其中 n 的参数值。下面使用 JAX 对 Counter 类进行计算,运行如下代码:

```
counter = Counter()
fast_count = jax.jit(counter.count)
for _ in range(3):
    print(fast_count())        #注意打印的是 0 还是 1
```

打印结果如下所示:

```
1
1
1
```

这个结果非常令人吃惊，JAX 为了杜绝副作用的影响，甚至可以屏蔽在同一类中的参数修正。但是在屏蔽副作用的同时，JAX 依旧按规则调用了 self.n += 1 一次，从而使得打印结果为 1 而非 0。

无论输出是 1 还是 0，均不是我们想要的结果，造成这个问题的核心在于，JIT 编译器将一个常数 1 计算之后，缓存了这个仅仅被编译了一次的参数。然而，实际上这不是一个常数而是一个可以被程序修改的"状态"。修改代码如下：

```python
class CounterV2:
    def __init__(self):
        pass
    def count(self,n):
        n += 1
        return n
counter = CounterV2()              # 实现类的实例
n = 0                              # 初始化 n 值为 0
for i in range(3):
    n = counter.count(n)
    print(n)                       # 打印结果
```

打印结果如下所示：

1
2
3

在 CounterV2 中可以看到，将参数 n 移动到对应类的外部，即每次都传递数值并计算，则可以获取我们所需要的值。

下面比较 JIT 编译的不同函数形式，结果如图 6.14 所示。

```
{ lambda ; .
  let
  in (1,) }
```

```
{ lambda ; a.
  let b = add a 1
  in (b,) }
```

图 6.14 左图是 Counter 的编译结果，右图是 CounterV2 的编辑结果

从编译的结果上可以看到，左侧 Counter 直接缓存的是一个常数 1，而右侧缓存的是 2 个参数，输入 a 和输出 b。

这就引申出了我们在 JAX 对需要缓存的函数的一般策略，即避免在类内部或者函数体内部定义参数，而是仅仅定义函数对应的计算规则。

下面回到代码中，我们需要实现一个简单的线性回归例子，代码如下所示。

【程序 6-19】

```python
import jax
import jax.numpy as jnp
from typing import NamedTuple
# 注意此处的参数生成方式
```

```
class Params(NamedTuple):
    weight: jnp.ndarray
    bias: jnp.ndarray
#模型主体
def model(params:Params,xs):
    pred = params.weight * xs + params.bias
    return pred
#参数初始化方法
def init(key):
    weight = jax.random.normal(key, (1,))
    bias = jax.random.normal(key + 1, (1,))
    return Params(weight, bias)
#损失函数计算
def loss(params:Params,xs,y_true):
    y_pred = model(params,xs)
    loss = (y_pred-y_true)**2
    return jnp.mean(loss)
#SGD优化器
def opt_sgd(params,xs,y_true,learn_rate = 1e-3):
    grad = jax.grad(loss)(params,xs,y_true)
    params = jax.tree_multimap(lambda par,grd:par - learn_rate
*grd,params,grad)
    return params
key = jax.random.PRNGKey(17)
xs = jax.random.normal(key,(1000,1))
a = 0.929
b = 0.214
ys = a * xs + b
params = init(key)
for i in range(4000):
    params = opt_sgd(params,xs,ys)
print(params)
```

 上述代码中,参数的定义方法采用继承 NamedTuple 的方法对参数名称进行命名。

这个程序非常简单,向读者传递了在 JAX 中构建深度学习模型的一般方法和步骤,此时的参数也是非常简单的。但如果我们想在很深(比如 1000 层)的深度学习模型中进行参数的初始化,那要怎么处理呢?请读者思考!

 6.5 本章小结

本章以 JAX 细节讲解为主,详细介绍了 JAX 常用的组件和一些处理函数。本章内容都很重要,需要认真学习和掌握。

第 7 章 JAX 中的卷积

卷积、旋积或褶积（Convolution）是一种积分变换的数学方法，表征两个变量在一个特定的重叠范围内相乘后求和的结果。如果将参加卷积的一个函数看作区间的指示函数，卷积还可以被看作是"滑动平均"的推广。

卷积一开始是作为一种滤波，比如最简单的高斯模板，就是把模板内像素乘以不同的权值然后加起来作为模板的中心像素值。如果模板取值全为 1，就是滑动平均；如果模板取值为高斯，就是加权滑动平均，权重是中间高、四周低，在频率上理解就是低通滤波器；如果模板取值为一些边缘检测的模板，结果就是模板左边的像素减右边的像素，或者右边的像素减左边的像素，得到的就是图像梯度，方向不同代表不同方向的边缘。

对于图像而言，卷积的计算过程就是模板翻转，然后在原图像上滑动模板，把对应位置上的元素相乘后再相加，得到最终的结果。如果不考虑翻转，那么滑动→相乘→叠加的过程就是相关操作，如图 7.1 所示。

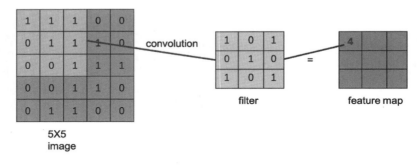

图 7.1 卷积模型

还有一种理解是投影，因为当前模板内部图像和模板的相乘累加操作就是图像局部和模板的内积操作，如果把图像局部和模板拉直，拉直的向量看成是向量空间中的向量，那么这个过程就是图像局部在模板方向上的投影。

7.1 什么是卷积

卷积是数字图像处理中的一种基本的处理方法，即线性滤波。它将待处理的二维数字看作一个大型矩阵，图像中的每个像素可以看作矩阵中的每个元素，像素的大小就是矩阵中的元素值。

而使用的滤波工具是另一个小型矩阵，这个矩阵被称为卷积核。卷积核小于图像矩阵。具体的计算方式就是对大图像矩阵中的每个像素计算其周围的像素和卷积核对应位置的乘积，之后将结果相加，最终得到的值就是该像素的值，这样就完成了一次卷积。最简单的图像卷积运算方式如图 7.2 所示。

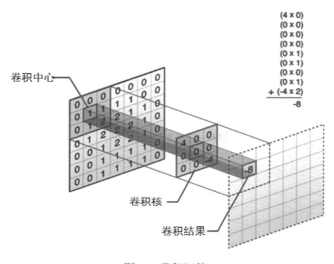

图 7.2 卷积运算

本节将详细介绍卷积的定义和运算，以及一些细节的调整，这些都是卷积使用中必须掌握的内容。

7.1.1 卷积运算

前面已经说过了，卷积实际上是使用两个大小不同的矩阵进行的一种数学运算。为了便于读者理解，我们从一个例子开始讲解。

对高速公路上的跑车进行位置追踪（这也是卷积神经网络图像处理的一个非常重要的应用），摄像头接收到的信号被计算为 $x(t)$，表示跑车在路上时刻 t 的位置。

但是往往实际上的处理没那么简单，因为在自然界无时无刻不面临着各种影响和摄像头传感器的滞后。因此，为了得到跑车位置的实时数据，采用的方法就是对测量结果进行均值化处理。对于运动中目标，采样时间越长，定位的准确率越低（由于传感器滞后的原因），而采样时间短则可以认为接近于真实值。因此可以对不同的时间段赋予不同的权重，即通过一个权值定义来计算。这个可以表示为：

$$s(t) = \int x(a)\omega(t-a)\mathrm{d}a$$

这种运算方式称为卷积运算。换个符号表示为：

$$s(t) = (x * \omega)(t)$$

在卷积公式中，第一个参数 x 称为"输入数据"，而第二个参数 ω 称为"核函数"，$s(t)$ 是输出，即特征映射。

首先对于稀疏矩阵（见图 7.3）来说，卷积网络具有稀疏性，即卷积核的大小远远小于输入数据矩阵的大小。例如当输入一个图片信息时，数据的大小可能为上万的结构，但是使用的卷积核却只有几十，这样能够在计算后获取更少的参数特征，极大地减少了后续的计算量。

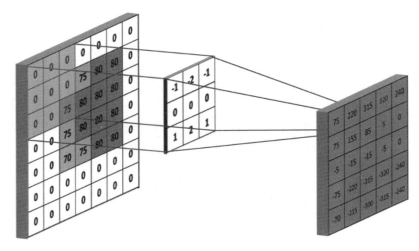

图 7.3 稀疏矩阵

在传统的神经网络中，每个权重只对其连接的输入/输出起作用，当其连接的输入/输出元素结束后就不会再用到。而参数共享指的是在卷积神经网络中核的每一个元素都被用在输入的每一个位置上，在过程中只需学习一个参数集合，就能把这个参数应用到所有的图片元素中。

JAX 提供了大量的卷积函数供读者使用，依次如下所示：

- jax.numpy.convolve()
- jax.scipy.signal.convolve()
- jax.scipy.signal.convolve2d()
- jax.lax.conv_general_dilated()

对于一般的卷积操作来说，使用 jax.numpy 可以应付大多数情况，当然，如果读者需要更为细致和批量化的卷积计算，那么使用 jax.lax 包即可。

7.1.2 JAX 中的一维卷积与多维卷积的计算

对于普通的一维卷积我们一般使用 jax.numpy.convolve() 完成特定计算，其提供了 JAX 接口，一维卷积的使用方式如下所示。

【程序 7-1】

```
import jax
import jax.numpy as jnp
```

```
key = jax.random.PRNGKey(17)
xs = jnp.linspace(0,9,10)
print("xs:",xs)
kernel = jnp.ones(3)/10
print("kernel:",kernel)
y_smooth = jnp.convolve(xs, kernel, mode='same')
print("y_smooth:",y_smooth)
```

在例子中打印出相关的结果，如图 7.4 所示。

```
xs: [0. 1. 2. 3. 4. 5. 6. 7. 8. 9.]
kernel: [0.1 0.1 0.1]
y_smooth: [0.1 0.3 0.6 0.9 1.2 1.5 1.8 2.1 2.4 1.7]
```

图 7.4 打印结果

其中，xs 为需要被计算的一维序列，kernel 为卷积所使用的卷积核，y_smooth 为一维序列被计算后的结果，其计算方式如图 7.5 所示。

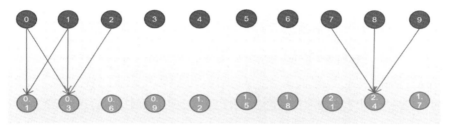

图 7.5 计算方式

这里使用卷积核依次划过对应的一维序列，之后根据求和的机制计算卷积对应的值。需要说明的是，在序列第一个和最后一个值上，由于没有适合卷积核大小的内容，因此在左右两边进行补 0 计算。这一步可以在 jnp.convolve 函数中通过设置 mode="same" 进行确认。此时如果使用默认的 mode 参数，即不在一维序列的左右进行"填充"处理，则需修改对应代码如下：

```
y_smooth = jnp.convolve(xs, kernel)
```

结果打印如图 7.6 所示。

```
y_smooth: [0.        0.1       0.3       0.6       0.9       1.2
 1.5       1.8       2.1       2.4       1.7       0.90000004]
```

图 7.6 打印结果

这实际上是没有对一维序列中第一个和最后一个值进行计算的结果。

而对于多维卷积进行计算，可以使用如下函数：

```
import jax.scipy as jsp
img = jax.random.normal(key,shape=(128,128,3))
kernerl_2d = jnp.array([[[0,1,0],[1,0,1],[0,1,0]]])
```

```
smooth_image = jsp.signal.convolve(img, kernerl_2d, mode='same')
print(smooth_image)
```

上述代码使用 jax.scipy.convolve 作为卷积计算函数，此函数可以自动根据输入的维度进行卷积计算。同样通过设置参数 mode 来确定卷积函数的填充方式。

7.1.3　JAX.lax 中的一般卷积的计算与表示

对于一般的卷积计算方法，JAX 或者 XLA 提供了多维卷积计算函数，如图 7.7 所示。

```
def conv(lhs: Array, rhs: Array, window_strides: Sequence[int],
         padding: str, precision: PrecisionLike = None,
         preferred_element_type: Optional[DType] = None) -> Array:
```

图 7.7　多维卷积计算函数

其中，lhs 参数是需要被计算卷积的序列，而我们认为 rhs 是卷积核的序列。这里需要特别说明的是，传入到 lhs 中的参数必须遵循如下的维度：

```
lsh_shape = [batch_size,channel_size,high,width]
```

传入的 kernel 的维度需要遵循如下要求：

```
rhs_shape = [out_channel,in_channel,high,width]
```

pad 参数是对填充进行设置的参数，需要在"SAME"或者"VALID"值中选择其一；window_strides 是步进的维度，需要传入一个序列值。完整的代码如下所示。

【程序 7-2】

```
import jax
from jax import lax
import jax.numpy as jnp
kernel = jnp.zeros(shape=(10,3,3,3),dtype=jnp.float32)
img = jnp.zeros((1, 200, 198, 3), dtype=jnp.float32)
print("kernel shape:",kernel.shape)
print("img shape:",img.shape)
out = lax.conv(jnp.transpose(img,[0,3,1,2]),kernel,window_strides=[1,1],
padding="SAME")
print("out shape:",out.shape)
```

打印结果如图 7.8 所示。

```
kernel shape: (10, 3, 3, 3)
img shape: (1, 200, 198, 3)
out shape: (1, 10, 200, 198)
```

图 7.8　打印结果

可以看到最终生成了根据 kernel 维度计算后的输出值，此时输出维度按如下顺序排列：

```
out_shape = [batch_size,channel_size,high,width]
```

再看一下 conv_general_dilated 函数的使用，源码如图 7.9 所示。

```
def conv_general_dilated(
    lhs: Array, rhs: Array, window_strides: Sequence[int],
    padding: Union[str, Sequence[Tuple[int, int]]],
    lhs_dilation: Optional[Sequence[int]] = None,
    rhs_dilation: Optional[Sequence[int]] = None,
    dimension_numbers: ConvGeneralDilatedDimensionNumbers  = None,
    feature_group_count: int = 1, batch_group_count: int = 1,
    precision: PrecisionLike = None,
    preferred_element_type: Optional[DType] = None) -> Array:
    """General n-dimensional convolution operator, with optional dilation.
```

图 7.9 conv_general_dilated 函数

从源码中可以看到，这里常用的参数除了 lsh、rhs、strides 以及 padding 之外，还提供了 lhs_dilation 和 rhs_dilation 参数，这是设置在卷积计算过程中需要"跳过"的步骤，通常不需要进行额外设置，使用默认值 1 即可；dimension_numbers 是用来对不同维度的输入和 kernel 进行设置的参数，同样也是使用默认设置即可。

conv_general_dilated 的使用如下所示：

```
import jax
from jax import lax
import jax.numpy as jnp
kernel = jnp.zeros(shape=(10,3,3,3),dtype=jnp.float32)
img = jnp.zeros((1, 200, 198, 3), dtype=jnp.float32)
out = lax.conv_general_dilated(jnp.transpose(img,[0,3,1,2]),kernel,
window_strides=[2,2],padding="SAME")
print("out shape:",out.shape)
```

打印结果如下所示：

```
out shape: (1, 10, 100, 99)
```

对比使用 lax.conv 函数生成的数据维度结果可以看到，这两次得到的数据维度是相同的。

最后说一下 dimension_numbers 参数的用法，如果在计算时需要对不同的维度进行排列，即使用我们所习惯的维度进行数据的计算，就需要通过设置 dimension_numbers 进行。笔者预先定义了字母的含义：

- N：batsh_size
- H：height
- W：width
- C：channel_size
- I：kernel input size
- O：kernel output size

下面使用同样的数据进行计算：

```
img = jnp.zeros((1, 200, 200, 3), dtype=jnp.float32)            #shape=[N,H,W,C]
```

```
kernel = jnp.zeros(shape=(3,3,3,10),dtype=jnp.float32)    #shape = [H,W,I,O]
dn = lax.conv_dimension_numbers(img.shape,                # 输入的图片维度
                                kernel.shape,             # 输出的图片维度
                                ('NHWC', 'HWIO', 'NHWC')) # 定义的输入输出维度
```

将 dn 打印出来，结果如下所示：

`ConvDimensionNumbers(lhs_spec=(0, 3, 1, 2), rhs_spec=(3, 2, 0, 1), out_spec=(0, 3, 1, 2))`

这里展示的是根据 JAX 所定义的维度对输入维度进行预调。请对比一下上面定义的 img 和 kernel 的维度进行学习。完整代码段如下所示。

【程序 7-3】

```
img = jnp.zeros((1, 200, 200, 3), dtype=jnp.float32)       #shape=[N,H,W,C]
kernel = jnp.zeros(shape=(3,3,3,10),dtype=jnp.float32)     #shape = [H,W,I,O]
dn = lax.conv_dimension_numbers(img.shape,                 # 输入的图片维度
                                kernel.shape,              # 输出的图片维度
                                ('NHWC', 'HWIO', 'NHWC'))  # 定义的输入/输出维度
out = lax.conv_general_dilated(img,kernel,window_strides=[2,2]
,padding="SAME",dimension_numbers=dn)
print("dimension numbers out shape:",out.shape)
```

打印结果如下所示：

`dimension numbers out shape: (1, 100, 100, 10)`

这里需要注意，此时生成的数据维度是按照 conv_dimension_numbers 函数中设置的方式生成，如果此时修改了其中的维度信息，结果会很不一样，例如改成如下形式：

```
dn = lax.conv_dimension_numbers(img.shape,                 # 输入的图片维度
                                kernel.shape,              # 输出的图片维度
                                ('NHWC', 'HWIO', 'NCHW'))  # 定义的输入/输出维度
```

具体结果请读者自行验证。

7.2 JAX 实战——基于 VGG 架构的 MNIST 数据集分类

本节将使用卷积来完成 MNIST 数据集的分类任务，也就是说使用经典的 VGG 架构进行 MNIST 数据集分类。

7.2.1 深度学习 Visual Geometry Group（VGG）架构

深度学习 VGG 架构是 Oxford 的 Visual Geometry Group 提出的（这也是 VGG 名字的由来）。该网络是在 ILSVRC 2014 上的相关工作，证明了增加网络的深度能够在一定程度上影响网络最终的性能，如图 7.10 所示。VGG 有两种结构，分别是 VGG16 和 VGG19，两者并没有本质上的区别，只是网络深度不一样。

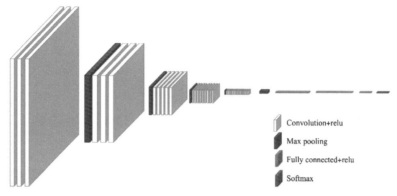

图 7.10 VGG 架构

VGG 架构相比简单的堆积卷积层来说，是有目的的采用连续的几个 3×3 的卷积核代替较大的卷积核（11×11，7×7，5×5），如图 7.11 所示。对于给定的感受野（与输出有关的输入图片的局部大小），采用堆积的小卷积核优于采用大的卷积核，因为多层非线性层可以增加网络深度来保证学习更复杂的模式，而且代价还比较小（参数更少）。

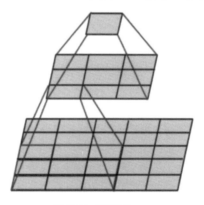

图 7.11 感受野

简单来说，在 VGG 中使用 3 个 3×3 卷积核来代替大卷积核（7×7），使用 2 个 3×3 卷积核来代替 5×5 卷积核，这样做的主要目的是在保证具有相同感受野的条件下，提升了网络的深度，并在一定程度上提升了神经网络的效果。

比如，3 个步长为 1 的 3×3 卷积核的一层层叠加作用，可看成一个大小为 7 的感受野（其实就表示 3 个 3×3 连续卷积相当于一个 7×7 卷积），其参数总量为 $3\times 9\times c^2$，如果直接使用 7×7 卷积核，其参数总量为 $49\times c^2$，这里 c 指的是输入和输出的通道数。很明显，$27\times c^2$ 小于 $49\times c^2$，即减少了参数；而且 3×3 卷积核有利于更好地保持图像性质。

这里解释一下为什么使用 2 个 3×3 卷积核可以代替 5×5 卷积核：5×5 卷积看作一个小的全连接网络在 5×5 区域滑动，可以先用一个 3×3 的卷积滤波器卷积，然后再用一个全连接层连接这个 3×3 卷积输出，这个全连接层也可以看作一个 3×3 卷积层。这样就可以用两个 3×3 卷积级联（叠加）起来代替一个 5×5 卷积了。

至于为什么可以使用 3 个 3×3 卷积核来代替 7×7 卷积核,推导过程与上述类似,此处不再赘述。

7.2.2 VGG 中使用的组件介绍与实现

对于 VGG 架构中所使用的组件,我们以 VGG16 为例,详细介绍各个组件及其相关实现,如图 7.12 所示。

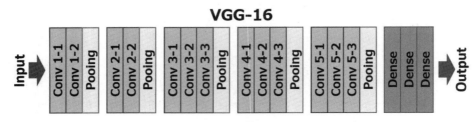

图 7.12 VGG16

由图 7.12 可以看到,VGG16 中包含了多个组件层,依次为"卷积层""池化层"以及"全连接层",下面依次介绍。

1. 卷积运算

卷积运算在 7.1.1 小节中已经做了详细介绍,卷积的作用是对输入的数据进行特征提取和计算,这里不再过多赘述。

2. 池化运算

在通过卷积获得了特征之后,下一步希望利用这些特征去做分类。理论上讲,可以使用所有提取到的特征去训练分类器,例如 softmax 分类器,但这样做面临着计算量的挑战。例如,对于一个 96×96 像素的图像,假设已经得到了 400 个定义在 8×8 输入上的特征,每一个特征和图像卷积都会得到一个 (96-8+1)×(96-8+1)=7921 维的卷积特征,由于有 400 个特征,所以每个样例(example)都会得到一个 892×400=3168400 维的卷积特征向量。学习一个拥有超过 300 万特征输入的分类器十分不便,并且容易出现过拟合(over-fitting)。

这个问题的产生是因为卷积后的图像具有一种"静态性"的属性,这就意味着在一个图像区域有用的特征极有可能在另一个区域同样适用。因此,为了描述大的图像,比较好的方法就是对不同位置的特征进行聚合统计。

例如,特征提取可以计算图像一个区域上的某个特定特征的平均值(或最大值),如图 7.13 所示。这些概要统计特征不仅具有较低的维度(相比使用所有提取得到的特征),同时还会改善结果(不容易过拟合)。这种聚合的操作就叫作池化(pooling),有时也称为平均池化或者最大池化(取决于计算池化的方法)。

如果选择图像中的连续范围作为池化区域,并且只是池化相同(重复)的隐藏单元产生的特征,那么,这

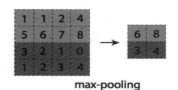

图 7.13 max-pooling 后的图片

些池化单元就具有平移不变性（translationinvariant）。这就意味着即使图像经历了一个小的平移之后，依然会产生相同的（池化的）特征。在很多任务中（例如物体检测、声音识别），我们都更希望得到具有平移不变性的特征，因为即使图像经过了平移，样例（图像）的标记仍然保持不变。

JAX 在单幅的二维图片上进行池化运算的函数实现如下所示。

【程序 7-4】

```
# 注意，这里实现的是在单幅图片上进行池化运算的代码，并不适合在批量运算中使用
def pooling(feature_map, pool_size=pool_size, stride=stride):
    feature_map_shape = feature_map.shape
    height = feature_map_shape[0]
    width = feature_map_shape[1]
    padding_height = (round((height - pool_size + 1) / stride))
    padding_width = (round((width - pool_size + 1) / stride))
    pool_out = jnp.zeros((padding_height, padding_width))
    out_height = 0
    for r in jnp.arange(0, height, stride):
        out_width = 0
        for c in jnp.arange(0, width, stride):
            pool_out = pool_out.at[out_height, out_width].set(jnp.max
(feature_map[r:r + pool_size, c:c + pool_size]))
            out_width = out_width + 1
        out_height = out_height + 1
    return pool_out
```

重要的参数如下：

- pool_size：池化窗口的大小，默认大小一般为 [2, 2]。
- stride：和卷积类似，窗口在每一个维度上滑动的步长，默认大小一般为 [2,2]。

最终生成的图像大小为：

$$\text{newheight} = \frac{\text{height} - \text{pool\_size}}{\text{stride}} - 1$$

$$\text{newwidth} = \frac{\text{width} - \text{pool\_size}}{\text{stride}} - 1$$

池化的一个非常重要的作用就是能够帮助输入的数据表示近似不变性。而平移不变性指的是对输入的数据进行少量平移时，经过池化后的输出结果并不会发生改变。局部平移不变性是一个很有用的性质，尤其是在关心某个特征是否出现而不关心它出现的具体位置时。

例如，当判定一幅图像中是否包含人脸时，并不需要判定眼睛的位置，而是需要知道有一只眼睛出现在脸部的左侧，另外一只出现在右侧就可以了。

下面做一下测试，代码如下：

```
random_image = jax.random.normal(jax.random.PRNGKey(17), (10, 10))
```

```
print(pooling(random_image).shape)
```

打印结果如下所示:

$$(2, 5, 5)$$

需要注意的是,3 维结构一般是单一图片的维度,而在后续的计算中并不会每次传送一幅图片到计算模型中,因此在对运算函数的设计上还需要使用 vmap 函数对其包裹,代码如下所示。

【程序 7-5】

```
def batch_pooling(feature_map, size=2, stride=2):
    assert feature_map.ndim == 4,print("输入必须为 4 维")
    # einsum 使用了 jnp 自带的维度变换
    feature_map = jnp.einsum("bhwc->bchw",feature_map)
    #下面是实现的单一 pooling 层计算
    def pooling(feature_map, size=size, stride=stride):
        channel = feature_map.shape[0]
        height = feature_map.shape[1]
        width = feature_map.shape[2]
        padding_height = (round((height - size + 1) / stride))
        padding_width = (round((width - size + 1) / stride))
        pool_out = jnp.zeros((channel, padding_height, padding_width))
        for map_num in range(channel):
            out_height = 0
            for r in jnp.arange(0, height, stride):
                out_width = 0
                for c in jnp.arange(0, width, stride):
                    pool_out = pool_out.at[map_num, out_height, out_width].set(
                        jnp.max(feature_map[map_num, r:r + size, c:c + size]))
                    out_width = out_width + 1
                out_height = out_height + 1
        return pool_out
    batch_pooling = jax.vmap(pooling)
    batch_pooling_output = batch_pooling(feature_map)
    batch_pooling_output = jnp.einsum("bchw->bhwc", batch_pooling_output)
    return batch_pooling_output
```

3. Batch Normalization 实现

Batch Normalization 是批标准化,它和普通的数据标准化类似,可以将分散的数据统一规格,是优化神经网络的一种方法。统一规格的数据能让机器学习更容易学习到数据之中的规律。

在神经网络中,数据分布对训练会产生影响。比如某个神经元 x 的值为 1,某个 Weights

的初始值为0.1，这样后一层神经元计算结果就是 Wx=0.1，又或者 x=20，这样 Wx 的结果就为2。

现在还不能看出什么问题，但是当我们加上一层激励函数来激活这个 Wx 值的时候，问题就出现了。如果使用如 tanh 的激励函数，Wx 的激活值就变成了 ~0.1 和 ~1，接近于 1 的部分已经处在了激励函数的饱和阶段，也就是无论 x 再怎么扩大，tanh 激励函数输出值也还是接近 1。

换句话说，神经网络在初始阶段已经不对那些比较大的 x 特征范围敏感了。因此必须找到一种方法能够重新对输入的 x 值进行激发，使得神经网络在训练的全程对数据变化保持一个敏感状态。Batch Normalization 就是起到这个作用。

Batch Normalization 实现公式如图 7.14 所示。

$$
\begin{aligned}
&\textbf{Input: Values of } x \text{ over a mini-batch: } \mathcal{B} = \{x_{1...m}\}; \\
&\qquad\quad \text{Parameters to be learned: } \gamma, \beta \\
&\textbf{Output: } \{y_i = \text{BN}_{\gamma,\beta}(x_i)\} \\
\\
&\mu_\mathcal{B} \leftarrow \frac{1}{m}\sum_{i=1}^{m} x_i \qquad\qquad\qquad\quad \text{// mini-batch mean} \\
&\sigma_\mathcal{B}^2 \leftarrow \frac{1}{m}\sum_{i=1}^{m}(x_i - \mu_\mathcal{B})^2 \qquad\quad \text{// mini-batch variance} \\
&\widehat{x}_i \leftarrow \frac{x_i - \mu_\mathcal{B}}{\sqrt{\sigma_\mathcal{B}^2 + \epsilon}} \qquad\qquad\qquad \text{// normalize} \\
&y_i \leftarrow \gamma \widehat{x}_i + \beta \equiv \text{BN}_{\gamma,\beta}(x_i) \qquad \text{// scale and shift}
\end{aligned}
$$

图 7.14 Batch Normalization 实现公式

实现的 Batch Normalization 代码如下：

```
def batch_normalization(x,gamma = 0.9,beta = 0.25,eps = 1e-9):
    u = x.mean(axis=0)
    std = jnp.sqrt(x.var(axis=0) + eps)
    y = (x - u) / std
    return gamma * y + beta
```

7.2.3 基于 VGG6 的 MNIST 数据集分类实战

为了简便起见，这里仅仅实现一个 VGG6 的框架，有兴趣的读者可以尝试设计和完成 VGG 的其他系列模型。

1. 第一步：数据的准备

我们使用第 1 章中的数据集进行数据处理，同时切分出测试集供训练后进行测试，代码如下：

```
x_train = jnp.load("../第1章/mnist_train_x.npy")
y_train = jnp.load("../第1章/mnist_train_y.npy")
```

```
x_train = lax.expand_dims(x_train,[-1])/255.
def one_hot_nojit(x, k=10, dtype=jnp.float32):
    return jnp.array(x[:, None] == jnp.arange(k), dtype)
y_train = one_hot_nojit(y_train)
batch_size = 312
image_channel_dimension = 1
# 切分出测试集
x_test = x_train[-4096:]
y_test = y_train[-4096:]
# 将切分出的测试集从训练集中剔除
x_train = x_train[:60000-4096]
y_train = y_train[:60000-4096]
```

2. 第二步：VGG6 计算模型的实现

在上一小节中详细介绍并实现了 VGG 模型的一些组件，在这里构建 VGG6 模型时可以直接使用这些组件，代码如下：

```
# 卷积层的实现
def conv(x,kernel_weight,window_strides = 1):
    input_shape = x.shape
    dn = lax.conv_dimension_numbers(input_shape, kernel_weight["kernel_weight"].shape, ('NHWC', 'HWIO', 'NHWC'))
    x = lax.conv_general_dilated(x, kernel_weight["kernel_weight"], window_strides=[window_strides, window_strides], padding="SAME", dimension_numbers=dn)
    x = jax.nn.selu(x)
    return x
```

首先第一个是卷积层的实现，笔者沿用了上文中卷积的计算方式并将其构建成一个 jax 函数：

```
@jax.jit
def forward(params, x):
    for i in range(len(params) - 2):
        x = conv(x, kernel_weight=params[i])
    x = conv_untils.batch_normalization(x) # 将池化层替换成 batch_normalization 层
    x = jnp.reshape(x, [-1, 50176])
    for i in range(len(params) - 2, len(params) - 1):
        x = jnp.matmul(x, params[i]["weight"]) + params[i]["bias"]
        x = jax.nn.selu(x)
    x = jnp.matmul(x, params[-1]["weight"]) + params[-1]["bias"]
    x = jax.nn.softmax(x, axis=-1)
    return x
```

3. 第三步：预测模型的组建与训练

对于模型参数的初始化、损失函数以及优化函数的创建和编写方法，此处就不再过多赘述，完整的训练模型如下所示。

【程序 7-6】

```
from jax import lax
import time
import jax
import jax.numpy as jnp
import conv_untils
x_train = jnp.load("../第1章/mnist_train_x.npy")
y_train = jnp.load("../第1章/mnist_train_y.npy")
x_train = lax.expand_dims(x_train,[-1])/255.
def one_hot_nojit(x, k=10, dtype=jnp.float32):
    return jnp.array(x[:, None] == jnp.arange(k), dtype)
y_train = one_hot_nojit(y_train)
batch_size = 312
image_channel_dimension = 1
x_test = x_train[-4096:]
y_test = y_train[-4096:]
x_train = x_train[:60000-4096]
y_train = y_train[:60000-4096]
img_shape = [1,28,28,image_channel_dimension]   # shape=[N,H,W,C]
kernel_shape = [3,3,image_channel_dimension,image_channel_dimension]
#shape = [H,W,I,O]
def init_mlp_params(kernel_shape_list):
    params = []
    key = jax.random.PRNGKey(17)
    # 创建12层的CNN使用的kernel
    for i in range(len(kernel_shape_list)-2):
        kernel_weight = jax.random.normal(key, shape=kernel_shape_list[i])/jnp.sqrt(784)
        par_dict = dict(kernel_weight=kernel_weight)
        params.append(par_dict)
    # 创建3层的Dense使用的kernel
    for i in range(len(kernel_shape_list) - 2,len(kernel_shape_list)):
        weight = jax.random.normal(key, shape=kernel_shape_list[i]) / jnp.sqrt(784)
        bias = jax.random.normal(key, shape=(kernel_shape_list[i][-1],)) / jnp.sqrt(784)
        par_dict = dict(weight=weight, bias=bias)
        params.append(par_dict)
    return params
kernel_shape_list = [
    [3,3,1,16],[3,3,16,32],
    [3,3,32,48],[3,3,48,64],
    [50176,128],[128,10]
]
params = init_mlp_params(kernel_shape_list)
```

```python
@jax.jit
def conv(x,kernel_weight,window_strides = 1):
    input_shape = x.shape
    dn = lax.conv_dimension_numbers(input_shape, kernel_weight["kernel_weight"].shape, ('NHWC', 'HWIO', 'NHWC'))
    x = lax.conv_general_dilated(x, kernel_weight["kernel_weight"], window_strides=[window_strides, window_strides], padding="SAME", dimension_numbers=dn)
    x = jax.nn.selu(x)
    return x
@jax.jit
def forward(params, x):
    for i in range(len(params) - 2):
        x = conv(x, kernel_weight=params[i])
    x = conv_untils.batch_normalization(x)
    x = jnp.reshape(x, [-1, 50176])
    for i in range(len(params) - 2, len(params) - 1):
        x = jnp.matmul(x, params[i]["weight"]) + params[i]["bias"]
        x = jax.nn.selu(x)
    x = jnp.matmul(x, params[-1]["weight"]) + params[-1]["bias"]
    x = jax.nn.softmax(x, axis=-1)
    return x
@jax.jit
def cross_entropy(y_true, y_pred):
    ce = -jnp.sum(y_true * jnp.log(jax.numpy.clip(y_pred, 1e-9, 0.999)) + (1 - y_true) * jnp.log(jax.numpy.clip(1 - y_pred, 1e-9, 0.999)), axis=1)
    return jnp.mean(ce)
@jax.jit
def loss_fun(params,xs,y_true):
    y_pred = forward(params,xs)
    return cross_entropy(y_true,y_pred)
@jax.jit
def opt_sgd(params,xs,ys,learn_rate = 1e-3):
    grads = jax.grad(loss_fun)(params,xs,ys)
    return jax.tree_multimap(lambda p, g: p - learn_rate * g, params, grads)
@jax.jit
def pred_check(params, inputs, targets):
    """ Correct predictions over a minibatch. """
    # 这里做了修正,因为预测生成的结果是[-1,10],所以输入的target就改成了[-1,10],
    # 这里需要将2个jnp.argmax做一个转换
    predict_result = forward(params, inputs)
    predicted_class = jnp.argmax(predict_result, axis=1)
    targets = jnp.argmax(targets, axis=1)
    return jnp.sum(predicted_class == targets)
start = time.time()
for i in range(20):
```

```
        batch_num = (60000 - 4096) // batch_size
        for j in range(batch_num):
            start = batch_size * (j)
            end = batch_size * (j + 1)
            x_batch = x_train[start:end]
            y_batch = y_train[start:end]
            params = opt_sgd(params, x_batch, y_batch)
        if (i+1) %5 == 0:
            loss_value = loss_fun(params,x_train,y_train)
            end = time.time()
            train_acc = (pred_check(params,x_test,y_test) / float(4096.))
            print(f"经过 i 轮:{i},现在的 loss 值为:{loss_value},
测试集准确率为：{train_acc}")
            start = time.time()
```

运行结果如下所示：

经过i轮:4，现在的loss值为:0.4104980528354645,测试集准确率为：0.951171875
经过i轮:9，现在的loss值为:0.3051346242427826,测试集准确率为：0.964599609375

可以看到，仅仅经过 10 个 epoch，模型的准确率就达到了一个较好的水平，相较于前期我们使用全连接层完成分类任务，结果有了一个极大地提升。

7.3 本章小结

本章介绍了 JAX 中的卷积计算部分，对于深度学习来说，卷积是计算机视觉、部分自然语言处理，以及强化学习领域应用最广泛的数据处理和提取模型。需要读者掌握卷积处理方法。

VGG 是一个最为经典的卷积神经网络分类模型，至今在不少领域仍旧占据主要的地位，本章完成了一个 VGG 模型的编写和训练，这是我们第一个重要的模型，需要读者掌握其原理。

第 8 章
JAX 与 TensorFlow 的比较与交互

如果读者参与过深度学习的项目，相信 TensorFlow 这个名字一定不会陌生。TensorFlow 是一个基于数据流编程（Dataflow Programming）的符号数学系统，被广泛应用于各类机器学习算法的编程实现，其前身是谷歌的神经网络算法库——DistBelief。

TensorFlow 拥有多层级结构，可部署于各类服务器、PC 终端和网页，并支持 GPU 和 TPU 高性能数值计算，被广泛应用于谷歌内部的产品开发和各领域的科学研究。

TensorFlow 由谷歌人工智能团队谷歌大脑（Google Brain）开发和维护，拥有包括 TensorFlow Hub、TensorFlow Lite、TensorFlow Research Cloud 在内的多个项目以及各类应用程序接口（Application Programming Interface，API）。自 2015 年 11 月 9 日起，TensorFlow 依据阿帕奇授权协议（Apache 2.0 Open Source License）开放源码。

本章将大概介绍一下 TensorFlow 的程序设计，实现一个简单的 MNIST 数据集分类，目的是对比 JAX 的运行速度，以便读者能够对 JAX 运行有一个直观的了解。之后会充分利用以前的知识实现一个使用 TensorFlow Datasets 数据集的 MNIST 分类程序。

8.1 基于 TensorFlow 的 MNIST 分类

在上一章中，我们使用 JAX 完成了 MNIST 数据集训练，使用的是卷积模块。卷积是一种较为常用的对图像数据进行处理的计算方法。本章使用 TensorFlow 完成 MNIST 数据集的分类任务。

TensorFlow 的使用在本章就不再详细说明，有兴趣的读者可以参考笔者有关 TensorFlow 的专著。完整地使用 TensorFlow 进行 MNIST 分类的操作如下所示（读者可以跳过代码部分直接看相关分析）。

1. 第一步：数据的准备

由于 TensorFlow 相对于 JAX 来说是一个较为完整和应用范围较广的框架，其自带的数据库可以很简单地被调用，我们使用 TensorFlow 中自带的 MNIST 来完善数据的准备工作，代码如下所示。

【程序 8-1】
```python
import tensorflow as tf
import numpy as np
# 第一次使用需要从网上下载对应的数据集，请保持网络畅通
(x_train, y_train), (x_test, y_test) = tf.keras.datasets.mnist.load_data()
# 修正数据维度
x_train = np.expand_dims(x_train,axis=3)
# 转化成 one_hot 形式的标签
y_train = tf.one_hot(y_train,depth=10)
# 将处理后的数据处理成 TensorFlow 标准数据
train_data = tf.data.Dataset.from_tensor_slices((x_train,y_train)).shuffle(1024).batch(256)
```

其中 tf.data.Dataset 函数是 TensorFlow 数据处理函数，这里将数据集包裹成 TensorFlow 所需要的标准格式，并直接加载到内存中。

2．第二步：模型与损失函数

这一步就是 TensorFlow 程序设计中的模型与损失函数的编写，为了与上一章的 JAX 进行对比，我们使用了同样的 2 层卷积模型，并且设置卷积核大小同样为 [3,3]，步进 strides 为 1。代码如下所示。

【程序 8-2】
```python
class MnistDemo(tf.keras.layers.Layer):
    def __init__(self):
        super(MnistDemo, self).__init__()
    def build(self, input_shape):
        self.conv_1 = tf.keras.layers.Conv2D(filters=1,kernel_size=3,activation=tf.nn.relu)
        self.bn_1 = tf.keras.layers.BatchNormalization()
        self.conv_2 = tf.keras.layers.Conv2D(filters=1,kernel_size=3,activation=tf.nn.relu)
        self.bn_2 = tf.keras.layers.BatchNormalization()
        self.dense = tf.keras.layers.Dense(10,activation=tf.nn.sigmoid)
        super(MnistDemo, self).build(input_shape)  # Be sure to call this at the end
    def call(self, inputs):
        embedding = inputs
        embedding = self.conv_1(embedding)
        embedding = self.bn_1(embedding)
        embedding = self.conv_2(embedding)
        embedding = self.bn_2(embedding)
        embedding = tf.keras.layers.Flatten()(embedding)
```

```
        logits = self.dense(embedding)
        return logits
```

3. 第三步：使用 GPU 模式运行 TensorFlow 程序

下面使用 TensorFlow 模型进行训练，首先使用 GPU 模式对 TensorFlow 模型进行训练，代码如下所示。

【程序 8-3】

```
import time
# 加载with tf.device("/GPU:0") 就是要告诉TensorFlow使用GPU模型进行计算
with tf.device("/GPU:0"):
    img = tf.keras.Input(shape=(28, 28, 1))
    logits = MnistDemo()(img)
    model = tf.keras.Model(img, logits)
    for i in range(4):
        start = time.time()
        model.compile(optimizer=tf.keras.optimizers.SGD(1e-3),loss=tf.keras.losses.categorical_crossentropy,metrics=["accuracy"])
        model.fit(train_data, epochs=50, validation_data=(test_data),verbose=0)
        end = time.time()
        loss, accuracy = model.evaluate(test_data)
        print('test loss', loss)
        print('accuracy', accuracy)
        print(f"开始第{i}个测试，循环运行时间:%.12f秒" % (end - start))
```

最终结果打印如图 8.1 所示。

```
40/40 [==============================] - 0s 3ms/step - loss: 0.3138 - accuracy: 0.9098
test loss 0.31384211778640747
accuracy 0.9097999930381775
开始第0个测试，循环运行时间:56.326052188873秒
40/40 [==============================] - 0s 3ms/step - loss: 0.2915 - accuracy: 0.9179
test loss 0.29153966903686523
accuracy 0.917900025844574
开始第1个测试，循环运行时间:51.980101585388秒
40/40 [==============================] - 0s 2ms/step - loss: 0.2826 - accuracy: 0.9202
test loss 0.28258609771728516
accuracy 0.920199990272522
开始第2个测试，循环运行时间:50.838623046875秒
40/40 [==============================] - 0s 3ms/step - loss: 0.2772 - accuracy: 0.9220
test loss 0.27724766731262207
accuracy 0.921999990940094
开始第3个测试，循环运行时间:50.586835384369秒
```

图 8.1 打印结果

可以看到，同样是经过 200 个 epoch 的训练，模型耗费时间为 52~55 秒，这与我们在 JAX 中使用 CPU 进行计算时所花费的时间要少得多，但是此时是使用了 GPU 而非 CPU 计算，这一点请读者注意。

4．第四步：使用 CPU 模式运行 TensorFlow 程序

下面使用 CPU 模式调用 TensorFlow 对程序进行计算。在 TensorFlow 中采用何种模型只需要简单提示 TensorFlow 所需要使用的模式类别，如下所示：

```
with tf.device("/CPU:0"):
    ...
```

修正方案请读者自行完成，下面看一下运行所花费的时间，如图 8.2 所示。

```
157/157 [==============================] - 0s 2ms/step - loss: 1.9803 - accuracy: 0.3598
test loss 1.9802918434143066
accuracy 0.3598000109195709
循环运行时间:86.332725048065秒
157/157 [==============================] - 0s 2ms/step - loss: 1.4123 - accuracy: 0.6093
test loss 1.4122586250305176
accuracy 0.6093000173568726
循环运行时间:86.256759166718秒
157/157 [==============================] - 0s 2ms/step - loss: 0.6217 - accuracy: 0.8150
test loss 0.6217241883277893
accuracy 0.8149999976158142
循环运行时间:86.376583337784秒
```

图 8.2 运行时间

这里我们仅仅测试了 3 轮，可以很明显地看到，每 10 个 epoch 所花费的时间约为 86 秒，而这与 JAX 运行 50 个 epoch 所花费的时间相似，所以可以认为同样在 CPU 模式下，JAX 所花费时间远远小于 TensorFlow 所花费的时间。

8.2 TensorFlow 与 JAX 的交互

在上面的例子中，我们使用 TensorFlow 完成了 MNIST 数据集的分类任务，相信读者对使用 TensorFlow 进行深度学习的训练和预测有了一个大概的了解。实际上作为顶级的深度学习应用框架，TensorFlow 至今都占据着工业领域和科研领域主流深度学习应用框架的位置。

下面将联合 JAX 与 TensorFlow 训练一个基于全连接层的 MNIST 分类模型，我们使用第 8.1 节中的 TensorFlow datasets 函数载入对应的数据，并使用 vmap 函数扩展多维度数据的处理方法。

8.2.1 基于 JAX 的 TensorFlow Datasets 数据集分类实战

下面开始使用 JAX 对 TensorFlow Datasets 数据集进行分类实战。读者可能不熟悉 TensorFlow Datasets 的使用情况，但是请先按步骤一步步地学下去，在 8.2.2 小节中笔者会详细介绍 TensorFlow Datasets 的使用细节。

1．第一步：数据的准备

下面需要使用 TensorFlow 数据集中的 MNIST 数据，并对其加以处理。代码如下所示。

【程序 8-4】

```python
# 转化 one_hot 标签的函数
def one_hot(x, k, dtype=jnp.float32):
    """Create a one-hot encoding of x of size k."""
    return jnp.array(x[:, None] == jnp.arange(k), dtype)
# 直接从 tensorflow-dataset 数据集中载入数据
train_ds = tfds.load("mnist", split=tfds.Split.TRAIN, batch_size=-1)
train_ds = tfds.as_numpy(train_ds)
train_images, train_labels = train_ds["image"], train_ds["label"]
_,hight_size,width_size,channel_dimmision = train_images.shape
# 获取数据维度
num_pixels = hight_size * width_size * channel_dimmision
# 设定分类的数目
output_dimisions = 10
# 修改输入的数据维度
train_images = jnp.reshape(train_images,(-1,num_pixels))
# 转化成 one-hot 形式
train_labels = one_hot(train_labels,k = output_dimisions)
test_ds = tfds.load("mnist", split=tfds.Split.TEST, batch_size=-1)
test_ds = tfds.as_numpy(test_ds)
test_images, test_labels = test_ds["image"], test_ds["label"]
test_images = jnp.reshape(test_images,(-1,num_pixels))
test_labels = one_hot(test_labels,k = output_dimisions)
```

2. 第二步：模型的设计

我们根据前期的设定使用 3 层全连接层作为数据集的预测模型，即一个输入层、两个隐藏层、一个输出层的模型结构，代码如下所示。

【程序 8-5】

```python
# 数据初始化函数
def init_params(layer_dimisions = [num_pixels,512,256,output_dimisions]):
    key = jax.random.PRNGKey(17)
    params = []
    for i in range(1,(len(layer_dimisions))):
        weight = jax.random.normal(key,shape=(layer_dimisions[i - 1],layer_dimisions[i]))/jnp.sqrt(num_pixels)
        bias = jax.random.normal(key,shape=(layer_dimisions[i],)) /jnp.sqrt(num_pixels)
        par = {"weight":weight,"bias":bias}
        params.append(par)
    return params
# 预测模型函数
def forward(params,xs):
    for par in params[:-1]:
```

```python
        weight = par["weight"]
        bias = par["bias"]
        xs = jnp.dot(xs, weight) + bias
        xs = relu(xs)
    output = jnp.dot(xs, params[-1]["weight"]) + params[-1]["bias"]
    print(output.shape)
    output = jax.nn.softmax(output,axis=-1)
    return output
```

模型的说明如下：

首先通过 init_params 函数设定模型每一层所使用的参数。而在前向计算函数 forward 中，输入特征依次经过矩阵计算和非线性激活层对输入特征进行加权计算，并将结果作为下一层的输入。模型的最后一层是一个具有 10 个神经元的 softmax 层，作用是对输入的值进行概率计算，所有的 10 个概率之和为 1。

3. 第三步：模型的组件的构建

下面就是模型组件的构建，我们准备了模型训练所需要的组件模块，代码如下所示。

【程序 8-6】

```python
@jax.jit
def relu(x):                                              # 激活函数
    return jnp.maximum(0, x)
@jax.jit
def cross_entropy(y_true, y_pred):                        # 交叉熵函数
    ce = -jnp.sum(y_true * jnp.log(jax.numpy.clip(y_pred, 1e-9, 0.999)) +
(1 - y_true) * jnp.log(jax.numpy.clip(1 - y_pred, 1e-9, 0.999)), axis=1)
    return jnp.mean(ce)
@jax.jit
def loss_fun(params,xs,y_true):                           # 计算损失函数
    y_pred = forward(params,xs)
    return cross_entropy(y_true,y_pred)
@jax.jit                                                  #sgd 优化函数
def opt_sgd(params,xs,y_true,learn_rate = 1e-3):
    grads = jax.grad(loss_fun)(params,xs,y_true)
    params = jax.tree_multimap(lambda p,g:p - learn_rate*g ,params,grads )
    return params
@jax.jit                                                  # 准确率计算函数
def pred_check(params, inputs, targets):
    predict_result = forward(params, inputs)
    predicted_class = jnp.argmax(predict_result, axis=1)
    targets = jnp.argmax(targets, axis=1)
    return jnp.sum(predicted_class == targets)
```

4. 第四步：模型的运行

下面就是模型的运行代码，我们运行500次以后查看一下运行结果。

【程序8-7】

```
params = init_params()
start = time.time()
for i in range(500):
    params = opt_sgd(params,train_images,train_labels)
    if (i+1) %50 == 0:
        loss_value = loss_fun(params,test_images,test_labels)
        end = time.time()
        train_acc = (pred_check(params,test_images,test_labels) / float(10000.))
        print("循环运行时间:%.12f 秒" % (end - start),f"经过i轮:{i},现在的loss值为:{loss_value},测试集测试集准确率为： {train_acc}")
        start = time.time()
```

最终结果打印如图8.3所示。

这一部分是使用 TensorFlow Datasets 数据集中的测试集与验证集进行计算的例子，可以看到通过训练集对模型的训练后，在测试集上也取得了较好的成绩。

```
循环运行时间16.662451472139秒 经过49轮：,现在的loss值为:8.3864521345876,测试集测试集准确率为： 0.54791245678935
循环运行时间14.215464123133秒 经过99轮：,现在的loss值为:1.3256148951223,测试集测试集准确率为： 0.84155664578984
循环运行时间15.478954612346秒 经过149轮：,现在的loss值为:0.9856544664456,测试集测试集准确率为： 0.87956479124560
循环运行时间14.312419633492秒 经过199轮：,现在的loss值为:0.5565645789134,测试集测试集准确率为： 0.89164213465546
循环运行时间15.156546421752秒 经过249轮：,现在的loss值为:0.4745631456478,测试集测试集准确率为： 0.90791455687931
循环运行时间15.416713234561秒 经过299轮：,现在的loss值为:0.4278944123457,测试集测试集准确率为： 0.91741323698412
循环运行时间16.456456132345秒 经过349轮：,现在的loss值为:0.4154713567891,测试集测试集准确率为： 0.91912454656328
循环运行时间15.789564123314秒 经过399轮：,现在的loss值为:0.4074136985212,测试集测试集准确率为： 0.92125456445679
循环运行时间14.896431214673秒 经过449轮：,现在的loss值为:0.4014125694124,测试集测试集准确率为： 0.92156456579456
```

图 8.3 打印结果

5. 补充内容：对模型的修正

下面我们需要对模型进行一次修正，请注意，在设计 forward 函数时，里面的全连接层计算采用的是矩阵相乘的方式，即在 jnp.dot(xs, weight) 中要求 xs 和 weight 均是矩阵，虽然这样也可以解决矩阵乘积的问题，但是实际上也可以采用 vmap 函数来解决这个序列与矩阵乘积的问题，代码修改如下：

```
# 这里是为了突出对比仅使用了核心计算模块
def pred(w,xs):
    outputs = jnp.dot(w, xs)
    return outputs
```

此时读者可以尝试如下代码进行验证：

```
#single_ random_flattened_images = random.normal(random.PRNGKey(17), (28 * 28,))
random_flattened_images = random.normal(random.PRNGKey(17), (10,28 * 28))
```

```
w = random.normal(random.PRNGKey(17), (256, 784))
def pred(w,xs):
    outputs = jnp.dot(w, xs)
    return outputs
pred(w,random_flattened_images)
```

不出所料的话，这一段代码实际上会报错，究其原因是因为我们在设置核心计算模块时使用的是单个序列计算的方式，而对于整合成 batch 的序列则无法进行计算，解决办法如下所示：

```
jax.vmap(pred,[None,0])(w,random_flattened_images)
```

通过 vmap 包裹后的 pred 函数则可以完整地计算整个 batch 处理后的数据内容。

8.2.2 TensorFlow Datasets 数据集库简介

目前来说，已经有 85 个数据集可以通过 TensorFlow Datasets 装载，读者可以通过打印的方式获取到全部的数据集名称（由于数据集仍在不停地添加中，显示结果以打印为准），代码如下：

```
import tensorflow_datasets as tfds
print(tfds.list_builders())
```

结果如下所示：

```
['abstract_reasoning', 'bair_robot_pushing_small', 'bigearthnet',
'caltech101', 'cats_vs_dogs', 'celeb_a', 'celeb_a_hq', 'chexpert', 'cifar10',
'cifar100', 'cifar10_corrupted', 'clevr', 'cnn_dailymail', 'coco', 'coco2014',
'colorectal_histology', 'colorectal_histology_large', 'curated_breast_imaging_
ddsm', 'cycle_gan', 'definite_pronoun_resolution', 'diabetic_retinopathy_
detection', 'downsampled_imagenet', 'dsprites', 'dtd', 'dummy_dataset_
shared_generator', 'dummy_mnist','emnist', 'eurosat', 'fashion_mnist',
'flores', 'glue', 'groove', 'higgs', 'horses_or_humans', 'image_label_folder',
'imagenet2012', 'imagenet2012_corrupted', 'imdb_reviews', 'iris', 'kitti',
'kmnist', 'lm1b', 'lsun', 'mnist', 'mnist_corrupted', 'moving_mnist', 'multi_
nli', 'nsynth', 'omniglot', 'open_images_v4', 'oxford_flowers102', 'oxford_
iiit_pet', 'para_crawl', 'patch_camelyon', 'pet_finder', 'quickdraw_bitmap',
'resisc45', 'rock_paper_scissors', 'shapes3d', 'smallnorb', 'snli', 'so2sat',
'squad', 'starcraft_video', 'sun397', 'super_glue', 'svhn_cropped', 'ted_
hrlr_translate', 'ted_multi_translate', 'tf_flowers', 'titanic', 'trivia_qa',
'uc_merced', 'ucf101', 'voc2007', 'wikipedia', 'wmt14_translate', 'wmt15_
translate', 'wmt16_translate', 'wmt17_translate', 'wmt18_translate', 'wmt19_
translate', 'wmt_t2t_translate', 'wmt_translate', 'xnli']
```

可能有读者不熟悉这些数据集，但我们不建议一一去查看和测试这些数据集。表 8.1 列举了 TensorFlow Datasets 较为常用的 6 种类型 29 个数据集，分别涉及音频类、图像类、结构化数据集、文本类、翻译类和视频类数据。

表 8.1 TensorFlow Datasets 数据集

音频类	nsynth
音频类	cats_vs_dogs
	celeb_a
	celeb_a_hq
	cifar10
	cifar100
	coco2014
	colorectal_histology
	colorectal_histology_large
	diabetic_retinopathy_detection
	fashion_mnist
	image_label_folder
	imagenet2012
	lsun
	mnist
	omniglot
	open_images_v4
图像类	quickdraw_bitmap
	svhn_cropped
	tf_flowers
结构化数据集	titanic
文本类	imdb_reviews
	lm1b
	squad
翻译类	wmt_translate_ende
	wmt_translate_enfr
视频类	bair_robot_pushing_small
	moving_mnist
	starcraft_video

一般而言，安装好 TensorFlow 以后，TensorFlow Datasets 库也被默认安装。如果读者没有安装 TensorFlow Datasets 库，可以通过如下代码段进行安装：

```
pip install tensorflow_datasets
```

首先我们以 MNIST 数据集为例，介绍 Datasets 数据集的基本使用情况。MNIST 数据集展示代码如下：

```
import tensorflow as tf
import tensorflow_datasets as tfds
mnist_data = tfds.load("mnist")
mnist_train, mnist_test = mnist_data["train"], mnist_data["test"]
assert isinstance(mnist_train, tf.data.Dataset)
```

这里首先导入了 tensorflow_datasets 作为数据的获取接口，之后调用 load 函数获取 mnist

数据集的内容，再按照 train 和 test 数据的不同将其分割成训练集和测试集。运行效果如图 8.4 所示。

```
from ._conv import register_converters as _register_converters
Downloading and preparing dataset mnist (11.06 MiB) to C:\Users\xiaohua\tensorflow_datasets\mnist\1.0.0...
Dl Completed...: 0 url [00:00, ? url/s]
Dl Size...: 0 MiB [00:00, ? MiB/s]

Dl Completed...:    0%|          | 0/1 [00:00<?, ? url/s]
Dl Size...: 0 MiB [00:00, ? MiB/s]

Dl Completed...:    0%|          | 0/2 [00:00<?, ? url/s]
Dl Size...: 0 MiB [00:00, ? MiB/s]

Dl Completed...:    0%|          | 0/3 [00:00<?, ? url/s]
Dl Size...: 0 MiB [00:00, ? MiB/s]

Dl Completed...:    0%|          | 0/4 [00:00<?, ? url/s]
Dl Size...: 0 MiB [00:00, ? MiB/s]

Extraction completed...: 0 file [00:00, ? file/s]C:\Anaconda3\lib\site-packages\urllib3\connectionpool.py:858: Insecu
  InsecureRequestWarning)
```

图 8.4 运行效果

由于是第一次下载，tfds 连接数据的下载点获取数据的下载地址和内容，此时只需静待数据下载完毕即可。下面代码打印了数据集的维度和一些说明：

```
import tensorflow_datasets as tfds
mnist_data = tfds.load("mnist")
mnist_train, mnist_test = mnist_data["train"], mnist_data["test"]
print(mnist_train)
print(mnist_test)
```

可以看到，根据下载的数据集的具体内容，数据集已经被调整成相应的维度和数据格式，显示结果如图 8.5 所示。

```
WARNING: Logging before flag parsing goes to stderr.
W1026 21:23:09.729100 15344 dataset_builder.py:439] Warning: Setting shuffle_files=True because split=TRAIN and shuffle_f
<_OptionsDataset shapes: {image: (28, 28, 1), label: ()}, types: {image: tf.uint8, label: tf.int64}>
<_OptionsDataset shapes: {image: (28, 28, 1), label: ()}, types: {image: tf.uint8, label: tf.int64}>
```

图 8.5 数据集效果

可以看到，MNIST 数据集中的数据大小是 [28,28,1] 维度的图片，数据类型是 unit8，而 label 类型为 int64。这里有读者可能会感觉奇怪，以前 MNIST 数据集的图片数据很多，而这里只显示了一条数据的类型，实际上当数据集输出结果如图 8.5 所示时，说明已经将数据集内容下载到本地了。

tfds.load 是一种简便的方法，它是构建和加载 tf.data.Dataset 最快捷的方法。其获取的是一个不同的字典类型的文件，根据不同的 key 获取不同的 value 值。

为了方便那些在程序中需要简单 NumPy 数组的用户，可以使用 tfds.as_numpy 返回一个生成 NumPy 数组记录的生成器——tf.data.Dataset。允许使用 tf.data 接口构建高性能输入管道。

```
import tensorflow as tf
import tensorflow_datasets as tfds
train_ds = tfds.load("mnist", split=tfds.Split.TRAIN)
```

```
train_ds = train_ds.shuffle(1024).batch(128).repeat(5).prefetch(10)
for example in tfds.as_numpy(train_ds):
    numpy_images, numpy_labels = example["image"], example["label"]
```

tfds.as_numpy 还可以结合使用 batch_size=-1，从返回的 tf.Tensor 对象中获取 NumPy 数组中的完整数据集：

```
train_ds = tfds.load("mnist", split=tfds.Split.TRAIN, batch_size=-1)
numpy_ds = tfds.as_numpy(train_ds)
numpy_images, numpy_labels = numpy_ds["image"], numpy_ds["label"]
```

load 函数中还额外添加了一个 split 参数，可以将数据在传入的时候直接进行分割，这里按数据的类型分割成"image"和"label"值。

如果需要对数据集进行更细一步的划分，可以按权重将其分成训练集、验证集和测试集，代码如下：

```
import tensorflow_datasets as tfds
splits = tfds.Split.TRAIN.subsplit(weighted=[2, 1, 1])
(raw_train, raw_validation, raw_test), metadata = tfds.load('mnist',
split=list(splits),with_info=True, as_supervised=True)
```

这里 tfds.Split.TRAIN.subsplit 函数按传入的权重将其分成训练集占 50%、验证集占 25%、测试集占 25%。

metadata 属性获取了 MNIST 数据集的基本信息，如图 8.6 所示。这里记录了数据的种类、大小以及对应的格式，请读者自行执行代码核实。

```
tfds.core.DatasetInfo(
    name='mnist',
    version=1.0.0,
    description='The MNIST database of handwritten digits.',
    urls=['https://storage.googleapis.com/cvdf-datasets/mnist/'],
    features=FeaturesDict({
        'image': Image(shape=(28, 28, 1), dtype=tf.uint8),
        'label': ClassLabel(shape=(), dtype=tf.int64, num_classes=10),
    }),
    total_num_examples=70000,
    splits={
        'test': 10000,
        'train': 60000,
    },
    supervised_keys=('image', 'label'),
    citation="""@article{lecun2010mnist,
      title={MNIST handwritten digit database},
      author={LeCun, Yann and Cortes, Corinna and Burges, CJ},
      journal={ATT Labs [Online]. Available: http://yann. lecun. com/exdb/mnist},
      volume={2},
      year={2010}
    }""",
    redistribution_info=,
)
```

图 8.6 MNIST 数据集

8.3 本章小结

本章主要介绍了 JAX 使用 TensorFlow Datasets 进行模型训练的方法。吴恩达老师说过，公共数据集为机器学习研究这枚火箭提供了动力，但将这些数据集放入机器学习管道就已经够难的了。编写下载数据的一次性脚本，准备那些源文件格式和复杂性不一的数据集，相信这种痛苦每个程序员都有过切身体会。

因此，JAX 可以很自由地借助于 TensorFlow Datasets 数据集进行无缝训练，从而解决用户寻找数据集的困难，这是一个很好的起步。

除此之外，本章还重新复习了前面章节的一些内容，特别是使用 vmap 对独立函数进行包裹的方法，这是利用 JAX 特性的一种优雅的编程方法。

第 9 章 遵循 JAX 函数基本规则下的自定义函数

前面章节演示了使用 JAX 进行神经网络训练的完整过程，相信读者能够比较容易地写出一个符合自己需求的神经网络模型。

本章将学习 JAX 本身创建函数的基本规则。JAX 本身的基本规则称为"原语（primitives）"，原语一词来源于操作系统，指的是执行过程中不可被打断的基本操作，可以把它理解为一段代码，这段代码在执行过程中不能被打断，像原子一样具有不可分割的特性，所以叫原语。读者要了解的就是如何利用和遵循"原语"去设计自己的函数规则。

 9.1　JAX 函数的基本规则

JAX 在内部通过"转换"的方式，实现了一些较为复杂的计算，例如 jit、grad、vmap 或 pmap。这些都是使用了通用的 JAX 内部机制，将单一"维度"的函数转换成所需要的"多维度"函数。

这些操作有一个非常重要的需求就是对数据的属性进行检查，即要求函数所使用的数据必须是可被"追踪"的。这是由于 JAX 在对函数进行转换时并不是对具体的一个参数或者具体的某个值进行处理，而是调用参数对象的抽象值。JAX 捕获值的类型和形状（例如 ShapedArray(float32[2,2])），而不是具体的数据值。

JAX 对于本身预定义的函数，例如 add、matmul、sin 和 cos 等均附带了具体的实现，而这些函数在实现时是严格遵循 JAX 的工作原理的，那么通过组合这些函数可以使得我们自定义的函数同样可以被包裹，从而快捷地完成一些较复杂的计算。

本节的目标是解释 JAX 原语必须遵循的一些基本规则，以便 JAX 能够执行其所有转换。

9.1.1　使用已有的原语

定义新函数的最简单方法就是使用 JAX 原语编写它们，或者使用 JAX 原语编写其他函数，例如在 jax.Lax 模块中定义的函数。

【程序 9-1】

```
import jax
from jax import lax
from jax._src import api
def multiply_add_lax(x, y, z):
    #使用了 jax.lax 中自带的函数
    return lax.add(lax.mul(x, y), z)
def square_add_lax(a, b):
    #使用了自定义的函数
    return multiply_add_lax(a, a, b)
    #使用 grad 计算函数的微分
print("square_add_lax = ", square_add_lax(2., 10.))
print("grad(square_add_lax) = ", api.grad(square_add_lax, argnums= [0])(2.0, 10.))
print("grad(square_add_lax) = ", jax.grad(square_add_lax, argnums=[0,1])(2.0, 10.))
```

请读者自行打印结果。

通过上述代码可以看到，如果需要自定义一个新的符合 JAX 代码规则的函数，最好的方法是使用现有的 JAX 原语。

注意

为了简便起见，一般我们可以通过使用 jax.numpy 包导入包装好的函数。

9.1.2 自定义的 JVP 以及反向 VJP

在前面章节介绍过，JAX 支持不同模式自动微分。grad() 默认采取反向模式自动微分。另外显式指定模式的微分接口有 jax.jvp 和 jax.vjp。

- jax.jvp：前向模式自动微分，根据原始函数 f、输入 x 和 dx 计算结果 y 和 dy。在函数输入参数数量少于或持平输出参数数量的情况下，前向模式自动微分比反向模式更省内存，内存利用效率上更具优势。
- jax.vjp：反向模式自动微分。根据原始函数 f、输入 x 计算函数结果 y，并生成梯度函数。梯度函数中输入是 dy，输出是 dx。

1. JVP 的计算

下面我们举一个简单的例子。

【程序 9-2】

```
import jax
import jax.numpy as jnp
from jax import custom_jvp
```

```
def f(x, y):
    return x * y
print(f(2., 3.))
print(jax.grad(f)(2., 3.))
```

这里是一个简单的函数，首先计算了对应的函数值，之后计算求导后的函数值，相信读者很容易求得后续答案。下面换一种写法，通过计算好的自定义导数来看输出结果，代码如下：

```
@custom_jvp                              # 使用自定义的标识符显式地提示当下函数需要自定义求导方法
def f(x, y):
    return x * y
@f.defjvp                                # 标识出自定义的求导结果和计算结果
def f_jvp(primals, tangents):
    x, y = primals                       # 输入的 x 值和 y 值
    x_dot, y_dot = tangents              # 输入的 x_dot 和 y_dot 值
    primal_out = f(x, y)                 # 计算正向函数 f 的计算结果
    tangent_out = y_dot + x_dot          # 自定义需要对其求导的函数
    # 返回计算函数与自定义的求导函数，对其中的primals提供的参数进行求导
    return primal_out, tangent_out
y, y_dot = jax.jvp(f, (2., 3.), (2., 3.))
print(y)
print(y_dot)
```

打印结果如下所示：

$$6.0$$
$$5.0$$

通过打印结果可以看到，我们自定义了函数的正向计算和反向求导计算方法，f 是一个简单的函数，对其求导：

$$\mathrm{d}f(x,y) = y + x$$

因此，通过我们自定义的结果即可显式地展示求导后的值。下面列举一个同样的例子进行说明，为了标识重点我们直接复用上文代码，完整的计算代码如下：

```
@custom_jvp
def f(x, y):
    return x * y
@f.defjvp
def f_jvp(primals, tangents):
    x, y = primals
    x_dot, y_dot = tangents
    primal_out = f(x, y)
# 自定义需要对其求导的函数，JAX自带的grad函数对此结果求导
    tangent_out = y_dot + x_dot
    return primal_out, tangent_out
print("经过JVP自定义的f函数：",jax.grad(f,argnums=[0,1])(2., 3.))
```

```
print("原始JAX求导函数: ",jax.grad(f,argnums=[0,1])(2., 3.))
```

代码对自定义的 f 函数进行求导，结果如下所示：

经过JVP自定义的f函数: (DeviceArray(1., dtype=float32), DeviceArray(1., dtype=float32))
原始JAX求导函数: (DeviceArray(3., dtype=float32), DeviceArray(2., dtype=float32))

通过打印结果可以很清楚地看到，对于同一个函数，通过自定义 JVP 的求导结果和原始函数的求导结果并不一致。这是因为在我们自定义 JVP 求导方法后，此时的 grad 函数的计算规则有了变化，不是对 f 函数求导，而是对 f 函数的导函数求导，即：

$$dx(df(x,y))=1$$

$$dy(df(x,y))=1$$

这一点请读者一定要注意。

2. VJP 的计算

VJP 的程序设计与 JVP 的类似，也是需要预先定义好输入的导函数结果，代码如下所示。

【程序 9-3】

```
from jax import custom_vjp
import jax
@custom_vjp
def f(x, y):
    return x * y
def f_fwd(x, y):
    return f(x, y), (y, x)          # 定义正向计算函数以及每个参数的倒函数
def f_bwd(res,g):
    y, x = res                      # 定义求导结果
    return (y, x)
f.defvjp(f_fwd, f_bwd)              # 在自定义的函数中注册正向求导和反向求导函数
print(jax.grad(f)(2., 3.))
print(jax.grad(f,[0,1])(2., 3.))
```

最终结果打印如下所示：

3.0
(3.0, 2.0)

JAX 中使用 JVP 的目的之一就是为了提高微分的数值稳定性。举例来说，我们有一个函数想完成 $y = \log(1+e^x)$ 的计算，使用 JAX 完成函数代码如下所示。

【程序 9-4】

```
import jax.numpy as jnp
from jax import jit, grad, vmap
```

```
def logxp(x):
    return jnp.log(1. + jnp.exp(x))
print(jit(logxp)(3.))
print(jit(grad(logxp))(3.))
print(vmap(jit(grad(logxp)))(jnp.arange(4.)))
```

打印结果请读者自行验证,此处不再介绍。下面不妨尝试略为极限一点的数据:

```
print((grad(logxp))(99.))
```

此时的打印结果是"nan",明显是不对的,究其原因是在计算导数时:

$$d(x) = \frac{e^x}{1+e^x}$$

$$e^{100} = \inf$$

由于 e^x 在 x 值为 100 时,值是 inf,因此最终的计算结果是 nan。

为了解决这个问题,需要向 JAX 中传递我们自定义的求导规则和方法,代码如下:

```
from jax import custom_jvp
@custom_jvp
def logxp(x):
    return jnp.log(1. + jnp.exp(x))
@ logxp.defjvp
def log1pexp_jvp(primals, tangents):
    x, = primals
    x_dot, = tangents           # 自定义了求导值
    ans = logxp (x)
    ans_dot = (1 - 1/(1 + jnp.exp(x))) * x_dot
    return ans, ans_dot
```

结果请读者自行验证。

9.1.3 进阶 jax.custom_jvp 和 jax.custom_vjp 函数用法

上一节介绍了 JVP 和 VJP 的基本使用方法,本小节将对它们做更细节的讲解。

1. jax.custom_jvp 的基本使用

下面是一个使用 custom_jvp 的基本示例,我们希望使用 custom_jvp 定义一个前向函数,示例如下所示。

【程序 9-5】

```
import jax
import jax.numpy as jnp
from jax import custom_vjp,custom_jvp
from jax import jit, grad, vmap
@custom_jvp
```

第9章 ◆ 遵循 JAX 函数基本规则下的自定义函数

```
def f(x):
    return (x)
def f_jvp(primals, tangents):
    x, = primals
    t, = tangents
    return f(x),t*x
f.defjvp(f_jvp)
```

其中，x, = primals 用于定义输入的量，而 t, = tangents 用于标识自定义的目标求导函数：

```
from jax import jvp
print(f(3.))
print(jax.grad(f)(2.))
y, y_dot = jax.jvp(f, (3.,), (2.,))        #下一行说明
print(y,y_dot)   # 输出 f 函数的计算值与 f_jvp 函数中自定义的待求导的值（t*x）
```

下面我们计算了 3 个打印结果：

$$3.0$$
$$2.0$$
$$3.0 \quad 6.0$$

其中，第 1 行值 3.0 为函数 f 的输出值，第 2 行值为对自定义的待求导函数，也就是定义的 (t*x) 求导后的值，如下所示：

$$d(x) = \frac{d(t*x)}{d(x)} = t$$

$$d(x) = t = 2.0$$

第 3 行值是 jax.jvp 直接输出的自定义的函数以及自定义的求导函数的计算值。

换句话说，我们从一个原始函数 f 开始，通过 f_jvp 定义了需要求导的函数的形式，之后通过 defjvp 对其进行注册，从而使得 JAX 能够知道原函数以及需要求导的函数的形式如何。当然，defjvp 也可以被用作修饰符的形式：

```
@custom_jvp
def f(x):
    ...
def f_jvp(primals, tangents):
    ...
```

下面主要讲一下 defjvp 修饰符在 JAX 中的作用，代码如下所示。

【程序 9-6】

```
import jax
import jax.numpy as jnp
from jax import custom_vjp,custom_jvp
from jax import jit, grad, vmap
```

```
@custom_jvp
def f(x, y):
    return x * y
@f.defjvp
def f_jvp(primals, tangents):
    x, y = primals
    x_dot, y_dot = tangents
    primal_out = f(x, y)
    tangent_out = y * x_dot + x * y_dot
    return primal_out, tangent_out
print(grad(f)(2., 3.))          #注意这里还是仅仅只对f函数求导
```

打印结果如下所示：

$$3.0$$

defjvp 修饰符同样也支持匿名函数，代码如下：

```
@custom_jvp
def f(x):
    return 2 * x
f.defjvps(lambda primals, tangents ,t: primals )
print(grad(f)(3.))
```

此时需要注意，tangents 形参充当一个占位符的作用，在此代码段中没有实际的意义。defjvps 函数调用 *f* 来计算原始输出。在高阶微分的上下文中，每个微分变换的应用都将使用自定义的 JVP 规则，当规则调用原始 *f* 函数时来计算原始输出。

对于 Python 中的一些控制符，同样可以在 defjvp 中进行定义：

```
@custom_jvp
def f(x):
    return 2*x
@f.defjvp
def f_jvp(primals, tangents):
    x, = primals
    x_dot, = tangents
    if x >= 0:
        return f(x),x_dot
    else:
        return f(x),2 * x_dot
print(jax.grad(f)(1.))          # 这里的打印结果是对 x_dot 求导
print(jax.grad(f)(-1.))         # 这里的打印结果是对 2 * x_dot 求导
```

打印结果请读者自行验证。

2. jax.custom_vjp 的基本使用

虽然 jax.custom_jvp 可以控制 JAX 中自定义函数的前向计算以及反向求导的计算规则，但在某些情况下，我们可能希望直接控制 VJP 规则，即使用 jax.customvjp 来实现这一要求。

函数 f_fwd 是对正向求导的自定义，其返回值不仅仅是自定义的原始函数，还包括了手工计算后的自定义函数的求导结果。代码如下所示。

【程序 9-7】
```
import jax.numpy as jnp
from jax import custom_vjp, custom_jvp
from jax import jit, grad, vmap
from jax import custom_vjp
import jax.numpy as jnp
@custom_vjp
def f(x):
    return x**2              # 这里是自定义的函数
def f_fwd(x):
    return f(x), 2*x         # 这里返回的是原函数以及手工计算后的求导函数
```

除此之外，还需要定义一个 f_bwd 函数，其对应的是反向求导的自定义内容，代码如下所示：

```
def f_bwd(dot_x, y_bar):
    return (dot_x,)          # 其中的 dot_x 是输入的值，y_bar 是输入 dot_x 的微分
print((grad(f)(3.)))
```

打印结果请读者自行验证。

9.2 Jaxpr 解释器的使用

JAX 提供了几个可组合的函数转换（jit、grad、vmap 等）可以编写简洁、执行效率较高的代码。本节将展示如何通过编写自定义 Jaxpr 解释器将自己的函数转换添加到系统中。

9.2.1 Jaxpr tracer

JAX 为数值计算提供了一个类似 NumPy 的 API，可以按原样使用，但 JAX 真正的功能来自可组合的函数转换。以 jit 函数转换为例，它接受一个函数并返回一个语义相同的函数，之后使用 XLA 加速器编译它。

【程序 9-8】
```
import jax
import jax.numpy as jnp
x = jax.random.normal(jax.random.PRNGKey(0), (5000, 5000))
def f(x):
    return x + 1
fast_f = jax.jit(f)
```

上面是一个简单的例子,当我们调用 FAST_f 时,会发生什么? JAX 跟踪函数并构造 XLA 计算图,然后对图形进行 JIT 编译和执行。其他转换的工作方式类似,首先跟踪函数并以某种方式处理输出跟踪。

JAX 中一个特别重要的跟踪器就是 Jaxpr 跟踪器,它将 OP 记录到 Jaxpr(JAX 表达式)中。Jaxpr 是一种数据结构,可以像小型函数式编程语言那样进行计算,因此 Jaxpr 是函数转换中有用的中间表示形式。

首先,查看 Jaxprs 需要使用 make_jaxpr 转换。make_jaxpr 本质上是一种"漂亮的打印"转换:它将一个函数转换为给定的示例参数,生成计算的 Jaxpr 表示。虽然我们通常不能直接使用它所返回的 Jaxprs 语句,但是这对于调试和观察 JAX 函数很有用。使用它可以用来查看 Jaxprs 示例是如何构造的。

```
print(jax.make_jaxpr(f)(2.0)
```

下面使用更详细的检测函数对 make_jaxpr 进行解析,代码如下:

```
def examine_jaxpr(closed_jaxpr):
    jaxpr = closed_jaxpr.jaxpr
    print("invars:", jaxpr.invars)           # invars 是需要注意的参数
    print("outvars:", jaxpr.outvars)         # outvars 是需要注意的参数
    print("constvars:", jaxpr.constvars)     # constvars 是需要注意的参数
    for eqn in jaxpr.eqns:                   # eqn 是需要注意的参数
        print("equation:", eqn.invars, eqn.primitive, eqn.outvars, eqn.params)
    print()
    print("jaxpr:", jaxpr)
```

我们先看一下检测函数的使用方法:

```
print(examine_jaxpr(jax.make_jaxpr(f)(2.0)))
```

此时的打印结果如下所示(读者先只看上部分):

```
invars: [a]
outvars: [b]
constvars: []
equation: [a, 2.0] add [b] {}

jaxpr: { lambda  ; a.
  let b = add a 2.0
  in (b,) }
None
```

在详细分析这个结果之前,先了解一下相关参数的意义:

- jaxpr.invars: Jaxpr 的 invars 是 Jaxpr 的输入变量列表,类似于 Python 函数中的参数。
- jaxpr.outvars: Jaxpr 的 outvars 是 Jaxpr 返回的变量。每个 Jaxpr 都有多个输出。
- jaxpr.constvars: 是一个变量列表,这些变量也是 Jaxpr 的输入,但对应于跟踪中的常量。
- jaxpr.eqns: 一系列内部计算的函数 list,这个 list 中的每个函数都有一个输入和输出,

用于计算这个函数产生的输出结果。

这些内容很简单，读者可以尝试更多的函数并比对生成的 Jaxpr 代码。

Jaxprs 是易于转换的简单程序表示形式。由于 JAX 允许我们从 Python 函数中直接转译 Jaxpr，所以它提供了一种转换为 Python 编写的数值程序的方法。

对于函数的跟踪就有些复杂，不能直接使用 make_jaxpr，因为需要提取在跟踪过程中创建的常量以传递到 Jaxpr。但是，我们可以编写一个类似于 make_jaxpr 的函数，代码如下：

```
closed_jaxpr = jax.make_jaxpr(f)(1.0)
print(closed_jaxpr)
print(closed_jaxpr.literals)
```

此时的输出结果如下，就是以序列的方式对函数内部参数进行跟踪的 Jaxpr 代码：

```
{ lambda  ; a.
  let b = add a 2.0
  in (b,) }
[]
```

9.2.2 自定义的可以被 Jaxpr 跟踪的函数

对于解释器的使用，需要先将其注册之后再遵循 JAX 原语的规则来使用。这里直接提供了对 Jaxpr 进行包裹的函数，代码如下所示。

【程序 9-9】

```
import jax
import jax.numpy as jnp
from jax import lax
from functools import wraps
from jax import core
from jax._src.util import safe_map
# 确认需要被追踪的函数
inverse_registry = {}
inverse_registry[lax.exp_p] = jnp.log
inverse_registry[lax.tanh_p] = jnp.arctanh
# 提供后向遍历的方案
def inverse_jaxpr(jaxpr, consts, *args):
    env = {}
    def read(var):
        if type(var) is core.Literal:
            return var.val
        return env[var]
    def write(var, val):
        env[var] = val
    # 参数被写入到 Jaxpr outvars
```

```
        write(core.unitvar, core.unit)
        safe_map(write, jaxpr.outvars, args)
        safe_map(write, jaxpr.constvars, consts)
        # 后向遍历
        for eqn in jaxpr.eqns[::-1]:
            invals = safe_map(read, eqn.outvars)
            if eqn.primitive not in inverse_registry:
                raise NotImplementedError("{} does not have
registered inverse.".format(
                    eqn.primitive
                ))
            outval = inverse_registry[eqn.primitive](*invals)
            safe_map(write, eqn.invars, [outval])
        return safe_map(read, jaxpr.invars)
# 在程序中建立后向遍历
def inverse(fun):
  @wraps(fun)
  def wrapped(*args, **kwargs):
      closed_jaxpr = jax.make_jaxpr(fun)(*args, **kwargs)
      out = inverse_jaxpr(closed_jaxpr.jaxpr, closed_jaxpr.literals, *args)
      return out[0]
  return wrapped
```

对应的被包裹的代码如下所示：

```
def f(x):
    return jnp.exp(jnp.tanh(x))
print(jax.make_jaxpr(f)(1.))
print("----------------")
f_inv = inverse(f)
print(jax.make_jaxpr(inverse(f))(f(1.)))
```

打印结果如下所示：

```
{ lambda  ; a.
  let b = tanh a
      c = exp b
  in (c,) }
----------------
{ lambda  ; a.
  let b = log a
      c = atanh b
  in (c,) }
```

可以看到，此时的函数分别为前向和后向的计算结果。

XLA 是 JAX 使用的编译器，它使得 JAX 可以用于 TPU，并迅速用于所有设备的编译器，因此值得研究。但是，直接使用原始 C++ 接口处理 XLA 计算并不容易。JAX 通过 Python 包装器公开底层的 XLA 计算生成器 API，并使与 XLA 计算模型的交互可访问，以便进行融合。

XLA 计算在被编译后以计算图的形式生成，然后降低到特定设备中（CPU、GPU、TPU），有兴趣的读者可查找相关资料了解。

9.3 JAX 维度名称的使用

本节将介绍 JAX 的一个特性，即对维度进行命名。对数据维度进行命名很有用，能够帮助编程者了解如何使用命名轴来编写文档化函数，然后控制它们在硬件上执行。

9.3.1 JAX 的维度名称

我们首先复习一下前面所学习的内容，在前面的章节实现了一个使用全连接层完成 MNIST 数据集分类任务，代码如下所示。

【程序 9-10】

```
import os
import jax.nn
import jax.numpy as jnp
from jax import lax
from jax.nn import one_hot, relu
def forward(w1,w2,images):
    hiddens_1 = relu(jnp.dot(images, w1))
    hiddens_2 = jnp.dot(hiddens_1, w2)
    logits = jax.nn.softmax(hiddens_2)
    return logits
def loss(w1, w2, images, labels):
    predictions = forward(w1, w2, images)
    targets = one_hot(labels, predictions.shape[-1])
    losses = jnp.sum(targets * predictions, axis=1)
    return -jnp.mean(losses, axis=0)
# 以下是创建使用的测试数据部分
w1 = jnp.zeros((784, 512))
w2 = jnp.zeros((512, 10))
images = jnp.zeros((128, 784))
labels = jnp.zeros(128, dtype=jnp.int32)
print(loss(w1, w2, images, labels))
```

上述代码仅仅是简单地实现了前向预测部分与 loss 损失函数的计算。下面通过使用命名空间对这部分代码进行改写，代码如下：

```
w1 = jnp.zeros((784, 512))              # 定义的 W1 参数维度大小
w2 = jnp.zeros((512, 10))               # 定义的 W2 参数维度大小
images = jnp.zeros((128, 784))          # 定义的输入数据的维度大小
labels = jnp.zeros(128, dtype=jnp.int32) # 定义的标签维度大小
```

```
in_axes = [
    ['inputs', 'hidden_1'],         # 定义的 W1 参数维度对应名称
    ['hidden_1', 'classes'],        # 定义的 W2 参数维度对应名称
    ['batch', 'inputs'],            # 定义的输入数据的维度名称
    ['batch',...]]                  # 定义的标签维度名称
```

这里根据输入的数据建立了对应的维度名称，其中每个维度都被我们人为地设定了一个特定的名称，其使用如下：

```
# 下面的维度名称用于对数据计算的操作
def named_predict(w1, w2, image):
    hidden = relu(lax.pdot(image, w1, 'inputs'))
    logits = lax.pdot(hidden, w2, 'hidden')
    return logits - logsumexp(logits, 'classes')
# 下面的维度名称用于对数据计算的操作
def named_loss(w1, w2, images, labels):
    predictions = named_predict(w1, w2, images)
    num_classes = lax.psum(1, 'classes')
    targets = one_hot(labels, num_classes, axis='classes')
    losses = lax.psum(targets * predictions, 'classes')
    return -lax.pmean(losses, 'batch')
# 使用 xmap 函数对命名的维度名称进行注册
loss = xmap(named_loss, in_axes=in_axes, out_axes=[...])
print(loss(w1, w2, images, labels))
```

这样做的好处是用我们可以很好地对神经网络的维度进行设定，而不至于在使用时弄错了维度而造成计算错误。毕竟一个有意义的文字提示，明显好于单纯的以数字标识的维度位置。

9.3.2 自定义 JAX 中的向量 Tensor

NumPy（不是 jax.numpy）中的编程模型是基于 N 维数组，而每一个 N 维数组都涉及 2 部分：

- 数组中的数据类型。
- 数据的维度。

在 JAX 中，这 2 个维度被统一成一个数据类型——dtype[shape_tuple]。举例来说，一个 float32 的维度大小为 [3,17,21] 的数据被定义为 f32[(3,1 7, 21)]。下面是一个小示例，演示了形状如何通过简单的 NumPy 程序进行传播：

```
x: f32[(2, 3)] = np.ones((2, 3), dtype=np.float32)
y: f32[(3, 5)] = np.ones((3, 5), dtype=np.float32)
z: f32[(2, 5)] = x.dot(y)
w: f32[(7, 1, 5)] = np.ones((7, 1, 5), dtype=np.float32)
q: f32[(7, 2, 5)] = z + w
```

下面说一下定义类 f32 的来历。实际上，f32 是我们定义的能够接受和返回任何数据类型

的自定义类，代码如下所示。

【程序 9-11】

```
class ArrayType:
    def __getitem__(self, idx):
        return Any
f32 = ArrayType()
```

此时这样被自定义的类可以和正常的数组一样被打印，并提供了一个对应的 shape 大小，具体请读者自行执行下面语句：

```
print(q)
print(q.shape)
```

9.4 本章小结

本章是对 JAX 进阶内容的一些介绍，熟练掌握这些内容可以让读者在后续的编程中，更有能力创建符合 JAX 规则的代码程序。本章所有示例建议读者上机测试。

第 10 章 JAX 中的高级包

在第 1 章中我们简单实现了一个 MNIST 数据集的分类任务,读者可以回过头去看一下,在分类程序中调用了大量的基于 JAX 的原生 API,也就是直接使用 JAX 官方所包含的包(package)建立分类所需要的深度学习模型。

本章将介绍 JAX 中的包,重点介绍 jax.experimental 以及 jax.nn 包。jax.experimental 包目前仍处于测试阶段,但是包含了建立深度学习模型所必须的一些基本函数。jax.nn 包含了另外一些常用的已经实现好的深度学习函数。这些都是我们在后续的学习中最常用到的函数。

10.1 JAX 中的包

为了更好地管理多个模块源文件,Python 提供了包的概念。那么什么是包呢?从物理上看,包就是一个文件夹,在该文件夹下包含了一个 __init__.py 文件,该文件夹可用于包含多个模块源文件;从逻辑上看,包的本质依然是模块。从大类上来分,JAX 中的包参见表 10.1。

表 10.1 JAX 中的包

名 称	作 用
jax.numpy	用于数学计算
jax.scipy	用于统计分析类
jax.experimental	一些实验形式的内容
jax.image	用于图像处理类
jax.lax	一个基元操作库,它是库的基础
jax.nn	单独的用于神经网络类的计算库
jax.ops	用于提供函数操作运算符
jax.random	产生随机数供 JAX 使用
jax.tree_util	使用类似树的容器数据结构的实用库包
jax.flatten_util	用于存储列表类数据类型的库包
jax.dlpack	用于深度学习一些专用的库包
jax.profiler	对 JAX 中数据进行追踪的库包
jax.lib	用于在 JAX 的 Python 前端和 XLA 后端之间连接的库包

可以说 JAX 库中的包多种多样,虽然本书撰写时部分库包还只有一个想法,例如 dlpack 和 flatten_util,同时还有库包需要进一步完善,但是这并不影响我们的学习。下面针对几个常用的库包进行详细说明。

10.1.1 jax.numpy 的使用

JAX 一开始的目的就是取代 NumPy 成为数字计算的通用库包，但是相对于传统的 NumPy 还是有一些区别的。

由于 JAX 数组是不可变的，所以不能在 JAX 中实现改变数组的 NumPy API。然而，JAX 能够提供一个纯功能的替代 API。例如，JAX 提供了一个替代的纯索引更新函数，而不是直接的数组更新（x[i]=y），因此，一些 NumPy 函数在可能的情况下会返回数组的视图，例如 numpy.transpose() 和 numpy.regpe()，而这类函数的 JAX 版本将返回副本，尽管在使用 jax.jit() 编译操作序列时，这些副本通常可以由 XLA 优化。

jax.numpy 中提供的函数很多，如图 10.1 所示，限于篇幅在这里就不再阐述了，有兴趣的读者可以参考 JAX 官方文档进行学习。

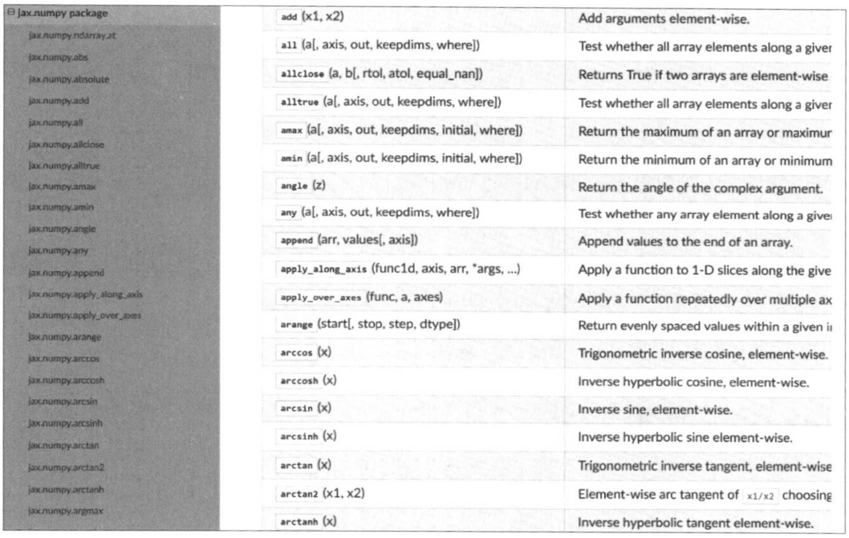

图 10.1 jax.numpy 中的函数

大多数的函数读者可以自行查阅其使用方法和适用范围，这里主要详细说明一下对于 JAX 数组的处理和背后的处理机制，参见表 10.2。

表 10.2 基本列表

JAX 中的数组处理	NumPy 中数组处理
x = x.at[idx].set(y)	x[idx] = y
x = x.at[idx].add(y)	x[idx] += y
x = x.at[idx].multiply(y)	x[idx] *= y
x = x.at[idx].divide(y)	x[idx] /= y
x = x.at[idx].power(y)	x[idx] **= y
x = x.at[idx].min(y)	x[idx] = minimum(x[idx], y)
x = x.at[idx].max(y)	x[idx] = maximum(x[idx], y)
x = x.at[idx].get()	x = x[idx]

所有的 x.at 表达式都不会修改原来的 x，相反，它们会返回一个修改过的 x 副本。但是，在 jit() 编译函数中，如 x=x.at[idx].set(Y) 这样的表达式肯定会被广泛使用。

与 NumPy 就地操作（如 x[idx]+=y）不同，如果多个索引引用同一个位置，则将应用所有更新（NumPy 只应用最后一个更新，而不是应用所有更新）。其应用的次序是根据设定的规则使用，或者根据分布式平台的并发性进行处理。

下面举一个简单的例子，代码如下所示。

【程序 10-1】

```
import jax.numpy as jnp
jax_array = jnp.arange(10)
print(jax_array)
print(jax_array[17])
```

打印结果如下：

[0 1 2 3 4 5 6 7 8 9]
9

这里有一个令人诧异的结果，原本我们设计的数组长度为 10，而当想要打印第 17 个数时，会打印出数组中最后一个数。这是由于 JAX 支持为超出范围的索引访问提供更精确的语义，采用了一种新的模式对数组进行处理。但是这样又可能会带来一些新的问题，即对数组的计算会给使用者带来一些意料之外的结果，请读者一定要注意。

其他一些函数的使用方法请读者自行学习。

10.1.2 jax.nn 的使用

jax.nn 包提供了大量的已经完成的神经网络计算函数，函数主要包括如图 10.2 所示的内容。

relu (x)	Rectified linear unit activation function.
relu6 (x)	Rectified Linear Unit 6 activation function.
sigmoid (x)	Sigmoid activation function.
softplus (x)	Softplus activation function.
soft_sign (x)	Soft-sign activation function.
silu (x)	SiLU activation function.
swish (x)	SiLU activation function.
log_sigmoid (x)	Log-sigmoid activation function.
leaky_relu (x[, negative_slope])	Leaky rectified linear unit activation function.
hard_sigmoid (x)	Hard Sigmoid activation function.
hard_silu (x)	Hard SiLU activation function
hard_swish (x)	Hard SiLU activation function
hard_tanh (x)	Hard tanh activation function.
elu (x[, alpha])	Exponential linear unit activation function.
celu (x[, alpha])	Continuously-differentiable exponential linear unit activation.
selu (x)	Scaled exponential linear unit activation.
gelu (x[, approximate])	Gaussian error linear unit activation function.
glu (x[, axis])	Gated linear unit activation function.

图 10.2 jax.nn 包

我们在前面自定义和实现所用到的 softmax 函数以及 one_hot 函数，这个包中都直接提供了，如图 10.3 所示。

softmax (x[, axis])	Softmax function.
log_softmax (x[, axis])	Log-Softmax function.
logsumexp (a[, axis, b, keepdims, return_sign])	Compute the log of the sum of exponentials of inp
normalize (x[, axis, mean, variance, epsilon])	Normalizes an array by subtracting mean and divi
one_hot (x, num_classes, *[, dtype, axis])	One-hot encodes the given indicies.

图 10.3 自定义的函数及实现的函数

至于它们的用法请读者自行验证。

10.2 jax.experimental 包和 jax.example_libraries 的使用

本节将介绍 jax.experimental 包和 jax.example_libraries 的使用。实际上，experimental 中有很多不同作用的模组，如图 10.4 所示。本节将主要讲解 jax.experimental.stax、jax.experimental.sparse 以及 jax.experimental.optimizers 这几个模组的作用。

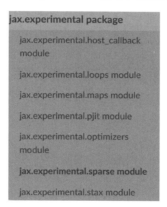

图 10.4 jax.experimental 包

 本书在编写过程中模块仍旧在调整，原先在 jax.experimental 中的 stax 和 optimizers 模块被调整到 example_libraries 中，因此对于使用不同版本的读者来说，在使用的时候需要注意一下。同时为了统一，本书后部分继续默认 stax 和 optimizers 模块归属于 jax.experimental 包。

10.2.1 jax.experimental.sparse 的使用

jax.experimental.sparse 模组的作用是对稀疏化数据进行处理，其主要使用了 BCOO（batched coordinate sparse array，批组合稀疏数组）来进行，并提供与 jax 函数兼容的压缩存储格式。下面是一个使用稀疏处理的例子。

【程序 10-2】

```
from jax.experimental import sparse
import jax.numpy as jnp
import numpy as np
array = jnp.array([[0., 1., 0., 2.],
                   [3., 0., 0., 0.],
                   [0., 0., 4., 0.]])
sparsed_array = sparse.BCOO.fromdense(array)    # 将一般矩阵转化成稀疏序列
print(sparsed_array)
```

打印的结果如下所示：

BCOO(float32[3, 4], nse=4)

而将稀疏化后的数据转化成普通的矩阵，代码如下：

```
sparsed_array.todense()
```

BCOO 格式是标准稀疏格式的一个稍作修改的版本，在数据和索引属性中可以看到原始矩阵的表示形式。

sparsed_array.data 的作用是打印出原始矩阵中所有出现的数值，并以由低到高的顺序排列。

```
# 打印结果 [ 1.  2.  3.  4. ]，这是所有出现的数值，读者可在原始矩阵中更换
sparsed_array.data
```

而 sparsed_array.indices 的作用是打印出原始矩阵中不为 0 的数值的位置，例如：

```
print(sparsed_array.indices)
for i,j in zip(sparsed_array.indices[0],sparsed_array.indices[1]):
    print(array[i,j])                           # 这里是对原始矩阵进行打印
```

打印结果如图 10.5 所示。

```
[[0 0 1 2]
 [1 3 0 2]]
1.0
2.0
3.0
4.0
```

图 10.5 打印结果

其他还有一些较常用的属性，打印代码如下：

```
print(sparsed_array.ndim)                       # 原始矩阵的维度个数
print(sparsed_array.shape)                      # 原始矩阵的维度大小
```

```
print(sparsed_array.dtype)                    # 原始矩阵的数据类型
print(sparsed_array.nse)                      # 原始矩阵中不为 0 的数据个数
```

此外，BCOO 对象还实现了许多类似数组的方法，允许我们在 JAX 程序中直接使用它们。例如，下面演示了转置矩阵向量积，请读者自行打印验证。

【程序 10-3】

```
dot_array = jnp.array([[1.],[2.],[2.]])
print(sparsed_array.T)                        #T 是对稀疏序列进行转置
print(sparsed_array.T@dot_array)              #@ 是新的计算符号，对矩阵计算
# 使用 jnp 计算需要先将矩阵转化成普通矩阵
print((jnp.dot(sparsed_array.T.todense(),dot_array)))
```

对于前面提到的 jax.jit()、jax.vmap()、jax.grad() 函数，稀疏矩阵也可以直接计算，代码如下：

```
from jax import grad, jit
@jit
def f(dot_array):
    return (sparsed_array.T @ dot_array).sum()
dot_array = jnp.array([[1.],[2.],[2.]])
print(grad(f)(dot_array))
```

虽然在大多数条件下，jax.numpy 和 jax.lax 计算函数并不完全知道如何解析和处理稀疏矩阵，但是 JAX 还是提供了一种转化的方法，可以使用 sparse.sparsify 函数的原函数进行"包裹"处理，代码如下：

```
def f(sparsed_array,dot_array):
    return (jnp.dot(sparsed_array.T,dot_array))
dot_array = jnp.array([[1.],[2.],[2.]])
#(f(sparsed_array,dot_array))                 # 读者可以尝试使用没有使用包裹处理的原函数
f_sp = sparse.sparsify(f)
print(f_sp(sparsed_array,dot_array))
```

现阶段大部分 jax.numpy 函数都能够使用 sparse.sparsify 进行包裹处理，例如 dot、transpose、add、mul、abs、neg、reduce_sum 以及条件语句。

在真实场景中的建模往往会遇到大量值为 0 的特征矩阵，因此，在进行模型建模和处理的过程中，一个最好的方法就是采用本小节使用的稀疏函数处理方法。下面以一个简单的例子演示使用稀疏建模的方法对数据进行拟合。

1. 第一步：数据的准备

为了简单起见，我们采用 one_hot 的方式生成若干条数据，并希望模型计算的结果对输入的 one_hot 数据进行恢复。

```
import jax
import jax.numpy as jnp
from jax.experimental import sparse
```

```
key = jax.random.PRNGKey(17)
num_classes = 10                                    # 设置10种类别
classes_list = jnp.arange(num_classes)              # 生成类别序列
x_list = []
y_list = []
for i in range(1024):
    x = jax.random.choice((key + i),classes_list,shape=(1,))[0]
# 随机生成数据
    x_onehot = jax.nn.one_hot(x,num_classes=num_classes)
# 转化成one_hot形式
    x_list.append(x_onehot)
    y_list.append(x)
params = [jax.random.normal(key,shape=(num_classes,1)),jax.random.normal(key,shape=(1,))]    # 生成模型参数
sparsed_x = sparse.BCOO.fromdense(jnp.array(x_list))    # 将数据转化成稀疏矩阵
y_list = jnp.array(y_list)
```

2. 第二步：模型的准备训练

我们使用的是一个简单的逻辑回归模型对数据进行拟合，完整的逻辑回归模型如下所示：

```
# 创建sigmoid函数
def sigmoid(x):
    return 0.5 * (jnp.tanh(x / 2) + 1)
# 建立预测模型
def y_model(params, X):
    output = (jnp.dot(X, (params[0])) + params[1])
    return sigmoid(output)
# 创建损失函数
def loss(params, sparsed_x, y):
    sparsed_y_model = sparse.sparsify(y_model)
    y_hat = sparsed_y_model(params, sparsed_x)
    return -jnp.mean(y * jnp.log(y_hat) + (1 - y) * jnp.log(1 - y_hat))
learning_rate = 1e-3
# 打印未开始训练时的损失值
print(loss(params,sparsed_x,y_list))
for i in range(100):
    params_grad = jax.grad(loss)(params,sparsed_x,y_list)
    params = [(p - g * learning_rate) for p, g in zip(params, params_grad)]
# 打印训练结束后的损失值
print(loss(params,sparsed_x,y_list))
```

为演示而使用了一个较简单的逻辑回归函数对数据进行分类，而对其更具体的应用还需要读者在实际中继续深入掌握。

10.2.2 jax.experimental.optimizers 模块的使用

下面介绍 jax.experimental.optimizers 模块的使用。

在第 1 章中演示第一个深度学习程序时用到了 jax.experimental.optimizers 模块，这个模块就是对 JAX 的优化器（Optimizers）。该模块包含一些方便的优化器定义，特别是初始化和更新函数，可以与 ndarray 或任意嵌套的 jax.numpy 函数和数据类型一起使用。

下面是我们在第 1 章 MNIST 模型中使用过的函数：

```
init_fun, update_fun, get_params = optimizers.adam(step_size = 2e-4)
```

将上述函数换成标准的优化器返回形式，如下所示：

```
opt_init, opt_update, get_params = optimizers.adam(step_size = 2e-4)
```

定义优化器返回了 3 个函数，即 init_fun、update_fun 和 get_params 函数。下面逐一讲解。

（1）init_fun(params)：对优化器中数据（params）的初始化设置，主要是对封装后的模型进行参数的初始化。

（2）update_fun(step, grads, opt_state)：其中包括 3 个参数，说明如下：

- step：表示步骤索引的整数。
- grads：表示需要求导的函数。
- opt_state：既是优化器输入值也是输出值，表示的是要更新的优化器参数的状态。

（3）get_params：返回优化器中的参数。

下面是一个 jax.experimental.optimizers 模块的基本使用流程，如下所示：

```
# 获取优化器
opt_init, opt_update, get_params = optimizers.adam(step_size = 2e-4)
_, init_params = init_random_params(rng, input_shape)     # 对参数初始化
opt_state = opt_init(init_params)                          # 初始化参数
...
# 使用优化器对数据进行优化并保持对参数的更新
opt_state = opt_update(_,grad(loss)(get_params(opt_state),(data, targets)), opt_state)
```

jax.experimental.optimizers 模块中提供了多种优化函数，它包括以下部分优化函数：

- jax.experimental.optimizers.adagrad
- jax.experimental.optimizers.adam
- jax.experimental.optimizers.adamax
- jax.experimental.optimizers.clip_grads
- jax.experimental.optimizers.constant
- jax.experimental.optimizers.exponential_decay
- jax.experimental.optimizers.inverse_time_decay
- jax.experimental.optimizers.l2_norm
- jax.experimental.optimizers.make_schedule
- jax.experimental.optimizers.momentum

- jax.experimental.optimizers.nesterov

有兴趣的读者可以自行学习。

10.2.3 jax.experimental.stax 的使用

jax.experimental.stax 包含目前神经网络计算所需要的绝大部分计算函数，并且 jax.experimental.stax.serial 函数的作用是将不同的包封装起来，成为一个可以用于神经网络训练的组合模型。

一个最简单的用法如下所示：

```
init_random_params, predict = stax.serial(
stax.Dense(1024),
stax.Relu,
stax.Dense(1024),
stax.Relu,
stax.Dense(10),
stax.Logsoftmax)
```

这是使用 stax 模型实现了一个封装好的神经网络模型。其中实现了全连接层以及多个激活层，具体的内容读者可以参考第 1 章的 MNIST 深度学习实践进行学习。

10.3 本章小结

本章主要介绍了 JAX 中多个封包的使用情况，着重介绍了将来在深度学习领域较常用且重要的 jax. experimental 包，这个包所包含的 optimizers 模块和 stax 模块是 JAX 内置的可用性较高的、最基础的一种高级 API，借用它们可以让用户在较少涉及底层函数编写的情况下较好地完成深度学习模型，从而减少程序编写的困难。

相对来说，使用 JAX 所提供的附带内容可以更有效率地实现模型的训练，从而快速完成项目任务。本章是重点内容，需要读者认真掌握。

第 11 章
JAX 实战——使用 ResNet 完成 CIFAR100 数据集分类

前面在讲解卷积神经网络时介绍了 VGG 模型,随着 VGG 网络模型的成功,更深、更宽、更复杂的网络似乎已经成为卷积神经网络搭建的主流。卷积神经网络能够用来提取所侦测对象的低、中、高的特征,网络的层数越多,就意味着能够提取到不同层的特征越丰富。同时,通过还原镜像可以发现越深的网络提取的特征越抽象,越具有语义信息。

这也产生了一个非常大的疑问,是否可以单纯地通过增加神经网络模型的深度和宽度,即增加更多的隐藏层和每个层之中的神经元去获得更好的结果呢?

答案是不可能。根据实验发现,随着卷积神经网络层数的加深,出现了另外一个问题,即在训练集上,准确率难以达到 100% 正确,甚至产生了下降。

这似乎不能简单地解释为卷积神经网络的性能下降,因为卷积神经网络加深的基础理论就是越深越好。如果强行解释为产生了"过拟合",似乎也不能够解释准确率下降的问题,因为如果产生了过拟合,那么在训练集上卷积神经网络应该表现得更好才对。

这个问题被称为"神经网络退化"。

神经网络退化问题的产生说明了卷积神经网络不能够被简单地使用堆积层数的方法进行优化!

2015 年,152 层深的 ResNet 横空出世,取得当年 ImageNet 竞赛冠军,相关论文在 CVPR 2016 斩获最佳论文奖。ResNet 成为视觉乃至整个 AI 界的一个经典。ResNet 使得训练深达数百甚至数千层的网络成为可能,而且性能仍然优异。

本章将主要介绍 ResNet 以及其变种。后面章节介绍的 Attention 模块也是基于 ResNet 模型的扩展,因此本章内容非常重要。

让我们站在巨人的肩膀上,从冠军开始!

 ResNet 非常简单。

11.1 ResNet 基础原理与程序设计基础

ResNet 的出现彻底改变了 VGG 系列所带来的固定思维,破天荒地提出了采用模块化的思维来替代整体的卷积层，通过一个个模块的堆叠来替代不断增加的卷积层。对 ResNet 的研究和不断改进就成为过去几年中计算机视觉和深度学习领域最具突破性的工作。并且由于其表征能力强，ResNet 在图像分类任务以外的许多计算机视觉应用上也取得了巨大的性能提升，例如目标检测和人脸识别。

11.1.1 ResNet 诞生的背景

卷积神经网络的实质就是无限拟合一个符合对应目标的函数。而根据泛逼近定理（universal approximation theorem），如果给定足够的容量，一个单层的前馈网络就足以表示任何函数。但是，这个层可能非常大，而且网络容易过拟合数据。因此，学术界有一个共同的认识，就是网络架构需要更深。

但是，研究发现只是简单地将层堆叠在一起，增加网络的深度并不会起太大的作用。这是由于梯度消失（vanishing gradient）导致深层的网络很难训练。因为梯度反向传播到前一层，重复相乘可能使梯度无穷小，结果就是，随着网络的层数更深，其性能趋于饱和，甚至开始迅速下降，如图 11.1 所示。

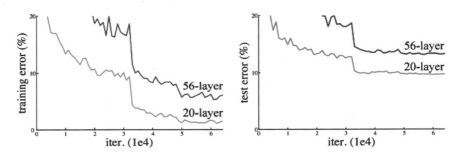

图 11.1 随着网络的层数更深，其性能趋于饱和，甚至开始迅速下降

在 ResNet 之前，已经出现好几种处理梯度消失问题的方法，但是没有一个方法能够真正解决这个问题。何恺明等人于 2015 年发表的论文"用于图像识别的深度残差学习"（Deep Residual Learning for Image Recognition）中认为，堆叠的层不应该降低网络的性能，可以简单地在当前网络上堆叠映射层（不处理任何事情的层），并且所得到的架构性能不变。

$$f'(x) = \begin{cases} x \\ fx + x \end{cases}$$

即当 $f(x)$ 为 0 时，$f'(x)$ 等于 x；而当 $f(x)$ 不为 0 时，所获得的 $f'(x)$ 性能要优于单纯地输入 x。公式表明，较深的模型所产生的训练误差不应比较浅的模型的误差更高。假设让堆叠的层拟合一个残差映射（residual mapping），要比让它们直接拟合所需的底层映射更容易。

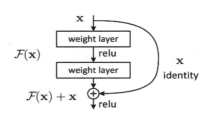

图 11.2 残差框架模块

从图 11.2 可以看到，残差映射与传统的直接相

连的卷积网络相比,最大的变化就是加入了一个恒等映射层 $y = x$ 层。其主要作用是使得网络随着深度的增加而不会产生权重衰减、梯度衰减或者消失这些问题。

图中 $F(x)$ 表示的是残差,$F(x)+x$ 是最终的映射输出,因此可以得到网络的最终输出为 $H(x)=F(x)+x$。由于网络框架中有 2 个卷积层和 2 个 reLU 函数,因此最终的输出结果可以表示为:

$$H_1(x) = \text{relu}_1(w_1 \times x)$$
$$H_2(x) = \text{relu}_2(w_2 \times h_1(x))$$
$$H(x) = H_2(x) + x$$

其中 H_1 是第一层的输出,而 H_2 是第二层的输出。这样在输入与输出有相同维度时,可以使用直接输入的形式将数据直接传递到框架的输出层。

ResNet 整体结构图及与 VGGNet 的比较如图 11.3 所示。

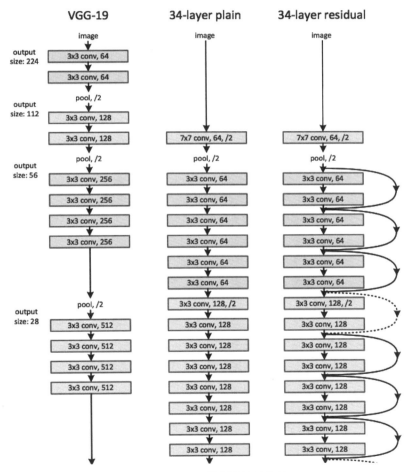

图 11.3 ResNet 模型结构及比较

图 11.3 是 VGGNet19 以及一个 34 层的普通结构神经网络和一个 34 层的 ResNet 网络的对比图。通过验证可以知道,在使用了 ResNet 的结构后发现,层数不断加深导致的训练集上误差增大的现象被消除了,ResNet 网络的训练误差会随着层数增大而逐渐减小,并且在测试

集上的表现也会变好。

但是，除了用于讲解的二层残差学习单元，实际上更多的是使用 [1,1] 结构的三层残差学习单元，如图 11.4 所示。

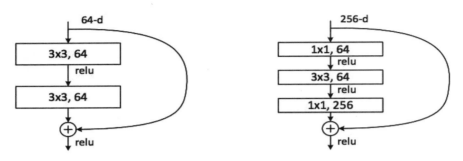

图 11.4 二层（左）以及三层（右）残差单元的比较

这是借鉴了 NIN 模型的思想，在二层残差单元中包含 1 个 [3,3] 卷积层的基础上，更包含了 2 个 [1,1] 大小的卷积，放在 [3,3] 卷积层的前后，执行先降维再升维的操作。

无论采用哪种连接方式，ResNet 的核心是引入一个"身份捷径连接"（identity shortcut connection），直接跳过一层或多层将输入层与输出层进行了连接。实际上，ResNet 并不是第一个利用 shortcut connection 的方法，较早期就有相关研究人员在卷积神经网络中引入了"门控短路电路"，即参数化的门控系统允许各种信息通过网络通道，如图 11.5 所示。

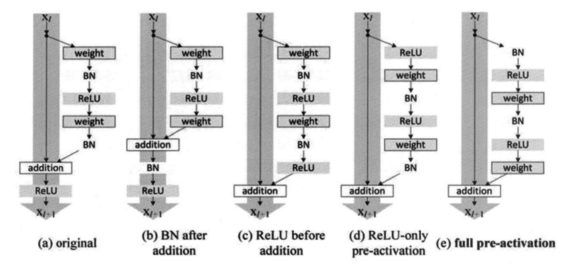

图 11.5 门控短路电路

但并不是所有加入了"shortcut"的卷积神经网络都会提高传输效果。在后续的研究中，有不少研究人员对残差块进行了改进，但是很遗憾，它并不能获得性能上的提高。

目前图 11.5 中 (a) 图性能最好。

11.1.2 使用 JAX 中实现的部件——不要重复造轮子

我们现在都急不可待地想要自定义自己的残差网络。所谓"工欲善其事，必先利其器"，在构建自己的残差网络之前，需要准备好相关的程序设计工具。这里的工具是指那些已经设计好结构并可以直接使用的代码。

首先最重要的是卷积核的创建方法。从模型上看，需要更改的内容很少，即卷积核的大小、输出通道数以及所定义的卷积层的名称，JAX 提供的卷积函数如下：

```
jax.experimental.stax.Conv
```

此外，还有一个非常重要的方法是获取数据的 BatchNormalization，这是使用批量正则化对数据进行处理，代码如下：

```
jax.experimental.stax.BatchNorm
```

其他的还有最大池化层，代码如下：

```
jax.experimental.stax.MaxPool
```

平均池化层，代码如下：

```
jax.experimental.stax.AvgPool
```

这些是在模型单元中所需要使用的基本工具，有了这些工具，就可以直接构建 ResNet 模型单元。下面我们对部分实现函数进行详细介绍。

1. jax.experimental.stax.Conv 简介

jax.experimental.stax.Conv 的作用是实现卷积计算，其调用源码如下所示。

【程序 11-1】

```python
#Conv 实现的主函数
def GeneralConv(dimension_numbers, out_chan, filter_shape,
                strides=None, padding='VALID', W_init=None,
                b_init=normal(1e-6)):
    ...
    return init_fun, apply_fun
# 对主函数进行的包装部分
# 对 Conv 主函数包装
Conv = functools.partial(GeneralConv, ('NHWC', 'HWIO', 'NHWC'))
```

这里需要说明，卷积 convolution 的实现在 JAX 中是通过 2 个步骤完成的，即首先定义卷积主函数，也就是普通函数的卷积，之后对主函数进行格式化包装，生成符合计算需求的函数计算主体部分。

下面利用一个简单的例子说明 jax.experimental.stax.Conv 的使用方法：

```python
from jax.experimental.stax import Conv
filter_num = 64                    # 卷积核数目，处理后生成的数据维度
filter_size = (3,3)                # 卷积核大小
```

```
strides = (2,2)                              # 步进 strides 大小
Conv(filter_num, filter_size, strides)
Conv(filter_num, filter_size, strides, padding='SAME')
```

请读者自行修改并尝试运行。

2．BatchNormalization 简介

BatchNormalization 是目前最常用的数据标准化方法，也是批量标准化方法。输入数据经过处理之后能够显著加速训练速度，并且减少过拟合出现的可能性。如下所示：

```
def BatchNorm(axis=(0, 1, 2), epsilon=1e-5, center=True, scale=True,
beta_init=zeros,gamma_init=ones):
    ...
    return init_fun, apply_fun
```

BatchNorm 在 jax.experimental.stax 中的调用较为简单，直接初始化类即可。

3．dense 简介

dense 是全连接层，其在使用时需要输入分类的类别数，如下所示：

```
def Dense(out_dim, W_init=glorot_normal(), b_init=normal()):
    ...
    return init_fun, apply_fun
```

其中的 out_dim 需要在类被初始化的时候定义：

```
# 这里被定义了 10 个类
def Dense(out_dim = 10, W_init=glorot_normal(), b_init=normal()):
    ...
    return init_fun, apply_fun
```

请读者自行修改并尝试运行。

4．pooling 简介

pooling 即池化。stax 模块提供了多个池化方法，这几个池化方法都是类似的，包括 jax.experimental.stax.MaxPool、jax.experimental.stax.SumPool、jax.experimental.stax.AvgPool，分别代表最大、求和和平均池化方法。这里以常用的 jax.experimental.stax.AvgPool 为例进行讲解。

```
jax.experimental.stax.AvgPool(window_shape, strides=None, padding='VALID',
spec=None)
    ...
    return init_fun, apply_fun
```

可以看到，这个方法需要输入 3 个参数，分别是池化窗口大小 window_shape、池化步进距离 strides 以及填充方式 padding。

```
window_shape = (3,3)                         # 池化窗口大小
strides = (2,2)                              # 步进 strides 大小
jax.experimental.stax.AvgPool(filter_size,strides)
```

JAX 中除了笔者演示的以上可以使用的类，实际上还有其他构成神经网络的类，有兴趣的读者可以自行尝试。

 对于不同版本的 JAX，其包和类的位置仍然会发生变化，请遵循我们第 1 章对 JAX 的版本说明进行设置。

11.1.3 一些 stax 模块中特有的类

下面介绍 jax.experimental.stax 中的一些特有的类。

1. FanOut 简介

这个类的全称为 jax.experimental.stax.FanOut，其源码形式为：

```
def FanOut(num):
    """Layer construction function for a fan-out layer."""
    init_fun = lambda rng, input_shape: ([input_shape] * num, ())
    apply_fun = lambda params, inputs, **kwargs: [inputs] * num
    return init_fun, apply_fun
```

从源码上可以看到，这个类的形式是对输入的数据进行复制，接受一个参数 num，代表复制的份数。

```
FanOut(num = 2)
```

2. FanInSum 简介

这个类的全称为 jax.experimental.stax. FanInSum，其源码形式为：

```
def FanInSum():
    """Layer construction function for a fan-in sum layer."""
    init_fun = lambda rng, input_shape: (input_shape[0], ())
    apply_fun = lambda params, inputs, **kwargs: sum(inputs)
    return init_fun, apply_fun
FanInSum = FanInSum()
```

从源码上来看，这个类的形式是对输入的数据进行求和，无论多少份数据都全部将其进行结果的相加处理。

3. FanInConcat 简介

这个类的全称为 jax.experimental.stax. FanInConcat(axis=-1)，其源码形式为：

```
def FanInConcat(axis=-1):
    """Layer construction function for a fan-in concatenation layer."""
    def init_fun(rng, input_shape):
        ax = axis % len(input_shape[0])
        concat_size = sum(shape[ax] for shape in input_shape)
        out_shape = input_shape[0][:ax] + (concat_size,) + input_shape[0]
```

```
[ax+1:]
        return out_shape, ()
    def apply_fun(params, inputs, **kwargs):
        return jnp.concatenate(inputs, axis)
    return init_fun, apply_fun
```

其作用是对输入的数据在最后一个维度进行 Concat，从而形成一个新的数据内容。

4. Identity 简介

这个类的全称为 jax.experimental.stax. Identity，其源码形式为：

```
def Identity():
    """Layer construction function for an identity layer."""
    init_fun = lambda rng, input_shape: (input_shape, ())
    apply_fun = lambda params, inputs, **kwargs: inputs
    return init_fun, apply_fun
Identity = Identity()
```

其作用是对输入的数据进行完整的输出。

以上这些类的结构和用法都是 JAX 中特有的，具体使用在下面的实战中进行演示。

11.2 ResNet 实战——CIFAR100 数据集分类

本节将使用 ResNet 实现 CIFAR100 数据集的分类。

11.2.1 CIFAR100 数据集简介

CIFAR100 数据集共有 60000 幅彩色图像（见图 11.6），这些图像是 32×32 像素，分为 100 个类，每类 600 幅图。这里面有 50000 幅用于训练，构成了 5 个训练批，每一批 10000 幅图；另外 10000 幅图用于测试，单独构成一批。测试批的数据里，取自 100 类中的每一类，每一类随机取 1000 幅。抽取剩下的就随机排列组成了训练批。注意，一个训练批中的各类图像的数量并不一定相同，总的来看训练批，每一类都有 5000 幅图。

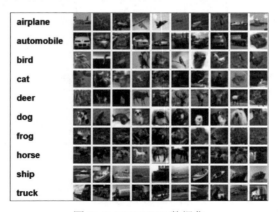

图 11.6 CIFAR100 数据集

CIFAR100 数据集下载地址为 http://www.cs.toronto.edu/~kriz/cifar.html，进入下载页面后，选择下载方式，如图 11.7 所示。

Version	Size	md5sum
CIFAR-100 python version	161 MB	eb9058c3a382ffc7106e4002c42a8d85
CIFAR-100 Matlab version	175 MB	6a4bfa1dcd5c9453dda6bb54194911f4
CIFAR-100 binary version (suitable for C programs)	161 MB	03b5dce01913d631647c71ecec9e9cb8

图 11.7 下载的方式

由于 TensorFlow 采用的是 Python 语言编程，因此选择 python version 版本下载。下载之后解压缩，得到如图 11.8 所示的几个文件。

文件名	日期	类型	大小
batches.meta	2009/3/31/周二 ...	META 文件	1 KB
data_batch_1	2009/3/31/周二 ...	文件	30,309 KB
data_batch_2	2009/3/31/周二 ...	文件	30,308 KB
data_batch_3	2009/3/31/周二 ...	文件	30,309 KB
data_batch_4	2009/3/31/周二 ...	文件	30,309 KB
data_batch_5	2009/3/31/周二 ...	文件	30,309 KB
readme.html	2009/6/5/周五 4:...	Firefox HTML D...	1 KB
test_batch	2009/3/31/周二 ...	文件	30,309 KB

图 11.8 解压后的文件

data_batch_1~data_batch_5 是划分好的训练数据，每个文件中包含 10000 幅图片，test_batch 是测试集数据，也包含 10000 幅图片。

读取数据的代码段如下：

```
import pickle
def load_file(filename):
    with open(filename, 'rb') as fo:
        data = pickle.load(fo, encoding='latin1')
    return data
```

首先定义读取数据的函数，这几个文件都是通过 pickle 产生的，所以在读取的时候也要用到这个包。返回的 data 是一个字典，先看看这个字典里面有哪些键：

```
data = load_file('data_batch_1')
print(data.keys())
```

输出结果如下：

```
dict_keys(['batch_label', 'labels', 'data', 'filenames'])
```

具体说明如下：

- batch_label：对应的值是一个字符串，用来表示当前文件的一些基本信息。
- labels：对应的值是一个长度为 10000 的列表，每个数字取值范围为 0~9，代表当前图片所属类别。
- data：10000×3072 的二维数组，每一行代表一幅图片的像素值。
- filenames：长度为 10000 的列表，里面每一项是代表图片文件名的字符串。

完整的数据读取函数如下。

【程序 11-2】

```
import pickle
import  numpy as np
import os
def get_cifar100_train_data_and_label(root = ""):
    def load_file(filename):
        with open(filename, 'rb') as fo:
            data = pickle.load(fo, encoding='latin1')
        return data
    data_batch_1 = load_file(os.path.join(root, 'data_batch_1'))
    data_batch_2 = load_file(os.path.join(root, 'data_batch_2'))
    data_batch_3 = load_file(os.path.join(root, 'data_batch_3'))
    data_batch_4 = load_file(os.path.join(root, 'data_batch_4'))
    data_batch_5 = load_file(os.path.join(root, 'data_batch_5'))
    dataset = []
    labelset = []
    for data in [data_batch_1,data_batch_2,data_batch_3,data_batch_4,data_batch_5]:
        img_data = (data["data"])/255.
        img_label = (data["labels"])
        dataset.append(img_data)
        labelset.append(img_label)
    dataset = np.concatenate(dataset)
    labelset = np.concatenate(labelset)
    return dataset,labelset
def get_cifar100_test_data_and_label(root = ""):
    def load_file(filename):
        with open(filename, 'rb') as fo:
            data = pickle.load(fo, encoding='latin1')
        return data
    data_batch_1 = load_file(os.path.join(root, 'test_batch'))
    dataset = []
    labelset = []
    for data in [data_batch_1]:
        img_data = (data["data"])
        img_label = (data["labels"])
        dataset.append(img_data)
        labelset.append(img_label)
    dataset = np.concatenate(dataset)
    labelset = np.concatenate(labelset)
    return dataset,labelset
def get_CIFAR100_dataset(root = ""):
    train_dataset,label_dataset = get_cifar100_train_data_and_label (root=root)
```

```
        test_dataset,test_label_dataset = get_cifar100_train_data_and_
label (root=root)
        return train_dataset,label_dataset,test_dataset,test_label_dataset
    if __name__ == "__main__":
    get_CIFAR100_dataset(root="../cifar-10-batches-py/")
```

其中的 root 函数是下载数据解压后的根目录，os.join 函数将其组合成数据文件的位置。最终返回训练文件和测试文件及它们对应的 label。

11.2.2 ResNet 残差模块的实现

ResNet 网络结构已经在上文做了介绍，它突破性地使用"模块化"思维去对网络进行叠加，从而实现了数据在模块内部特征的传递不会产生丢失。

从图 11.9 可以看到，模块的内部实际上是 3 个卷积通道相互叠加，形成了一种瓶颈设计。对于每个残差模块，使用 3 层卷积。这三层分别是 1×1、3×3 和 1×1 的卷积层，其中 1×1 层负责先减少后增加（恢复）尺寸，使 3×3 层具有较小的输入 / 输出尺寸瓶颈。

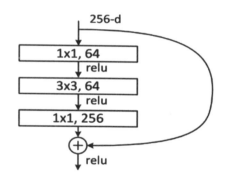

图 11.9 模块的内部

实现三层卷积结构的代码段如下：

```
def IdentityBlock(kernel_size, filters):
    ks = kernel_size
    filters1, filters2 = filters
    # 先生成一个主路径，这里笔者演示了使用动态自配输入维度的方式对维度进行调整
    def make_main(input_shape):
        return stax.serial(
            Conv(filters1, (1, 1), padding='SAME'), BatchNorm(), Relu,
            Conv(filters2, (ks, ks), padding='SAME'), BatchNorm(), Relu,
            # 可以输入维度动态的调整维度大小
            Conv(input_shape[3], (1, 1), padding='SAME'), BatchNorm())
    # 显式的传递模型需要动态配置输入维度大小
    Main = stax.shape_dependent(make_main)
    # 下面是将不同的计算通路进行组合的方法，函数在下文有详细的介绍
    return stax.serial(FanOut(2), stax.parallel(Main, Identity), FanInSum, Relu)
```

代码中输入的数据首先经过 conv2d 卷积层计算，输出的为四分之一的输出维度，这是为了降低输入数据的整个数据量，为进行下一层的 [3,3] 的计算打下基础。BatchNorm 和 Relu 分别为批处理层和激活层。

笔者使用了 3 个前面没有提及的类，首先需要知道的是，这些类的目的是将不同的计算通路进行一个组合。FanOut(2) 对数据进行了复制，stax.parallel(Main, Identity) 将主通路计算结果与 Identity 通路结果进行同时并联处理，FanInSum 对并联处理的数据进行合并。

在数据传递的过程中，ResNet 模块使用了名为"shortcut"的"信息高速公路"。shortcut 连接相当于简单执行了同等映射，不会产生额外的参数，也不会增加计算复杂度，如图 11.10 所示。而且，整个网络依旧可以通过端到端的反向传播训练。代码如下：

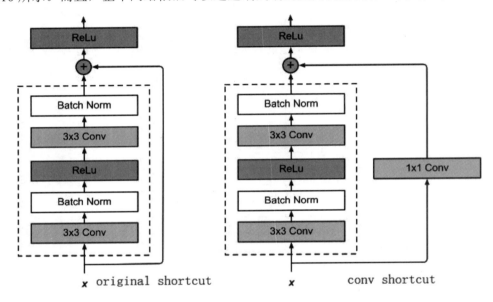

图 11.10 shortcut 连接

```
def ConvBlock(kernel_size, filters, strides=(1, 1)):
    ks = kernel_size
    filters1, filters2, filters3 = filters       # 对 3 个层中的卷积核数目进行设定
    # 先生成一个主路径
    Main = stax.serial(
        Conv(filters1, (1, 1), strides, padding='SAME'), BatchNorm(), Relu,
        Conv(filters2, (ks, ks), padding='SAME'), BatchNorm(), Relu,
        Conv(filters3, (1, 1), padding='SAME'), BatchNorm())
    Shortcut = stax.serial(Conv(filters3, (1, 1), strides, padding='SAME'), BatchNorm())
    return stax.serial(FanOut(2), stax.parallel(Main, Shortcut), FanInSum, Relu)
```

有的时候，除了判定是否对输入数据进行处理外，由于 ResNet 在实现过程中对数据的维度做了改变，因此，当输入的维度和要求模型输出的维度不相同（即 input_channel 不等于 out_dim）时，需要对输入数据的维度进行 padding 操作。

> padding 操作就是补全数据，通过设置 pad 参数用来对数据进行补全。

11.2.3 ResNet 网络的实现

ResNet 的结构如图 11.11 所示。

图中一共提出了 5 种深度的 ResNet，分别是 18、34、50、101 和 152，其中所有的网络都分成 5 部分，分别是 conv1、conv2_x、conv3_x、conv4_x 和 conv5_x。

layer name	output size	18-layer	34-layer	50-layer	101-layer	152-layer
conv1	112×112	\multicolumn{5}{c}{7×7, 64, stride 2}
conv2_x	56×56	$\begin{bmatrix}3\times3, 64\\3\times3, 64\end{bmatrix}\times2$	$\begin{bmatrix}3\times3, 64\\3\times3, 64\end{bmatrix}\times3$	$\begin{bmatrix}1\times1, 64\\3\times3, 64\\1\times1, 256\end{bmatrix}\times3$	$\begin{bmatrix}1\times1, 64\\3\times3, 64\\1\times1, 256\end{bmatrix}\times3$	$\begin{bmatrix}1\times1, 64\\3\times3, 64\\1\times1, 256\end{bmatrix}\times3$
conv3_x	28×28	$\begin{bmatrix}3\times3, 128\\3\times3, 128\end{bmatrix}\times2$	$\begin{bmatrix}3\times3, 128\\3\times3, 128\end{bmatrix}\times4$	$\begin{bmatrix}1\times1, 128\\3\times3, 128\\1\times1, 512\end{bmatrix}\times4$	$\begin{bmatrix}1\times1, 128\\3\times3, 128\\1\times1, 512\end{bmatrix}\times4$	$\begin{bmatrix}1\times1, 128\\3\times3, 128\\1\times1, 512\end{bmatrix}\times8$
conv4_x	14×14	$\begin{bmatrix}3\times3, 256\\3\times3, 256\end{bmatrix}\times2$	$\begin{bmatrix}3\times3, 256\\3\times3, 256\end{bmatrix}\times6$	$\begin{bmatrix}1\times1, 256\\3\times3, 256\\1\times1, 1024\end{bmatrix}\times6$	$\begin{bmatrix}1\times1, 256\\3\times3, 256\\1\times1, 1024\end{bmatrix}\times23$	$\begin{bmatrix}1\times1, 256\\3\times3, 256\\1\times1, 1024\end{bmatrix}\times36$
conv5_x	7×7	$\begin{bmatrix}3\times3, 512\\3\times3, 512\end{bmatrix}\times2$	$\begin{bmatrix}3\times3, 512\\3\times3, 512\end{bmatrix}\times3$	$\begin{bmatrix}1\times1, 512\\3\times3, 512\\1\times1, 2048\end{bmatrix}\times3$	$\begin{bmatrix}1\times1, 512\\3\times3, 512\\1\times1, 2048\end{bmatrix}\times3$	$\begin{bmatrix}1\times1, 512\\3\times3, 512\\1\times1, 2048\end{bmatrix}\times3$
	1×1	\multicolumn{5}{c}{average pool, 1000-d fc, softmax}
FLOPs		1.8×10^9	3.6×10^9	3.8×10^9	7.6×10^9	11.3×10^9

图 11.11 ResNet 的结构

下面我们将对其进行实现。需要说明的是，ResNet 完整的实现需要较高性能的显卡，因此我们对其做了修改，去掉了 pooling 层，并降低了每次 filter 的数目和每层的层数，这一点请读者务必注意。

完整实现的 Resnet50 的代码如下：

```python
def ResNet50(num_classes):
    return stax.serial(
        Conv(64, (3, 3), padding='SAME'),
        BatchNorm(), Relu,
        #MaxPool((3, 3), strides=(2, 2)),
        ConvBlock(3, [64, 64, 256]),
        IdentityBlock(3, [64, 64]),
        IdentityBlock(3, [64, 64]),
        ConvBlock(3, [128, 128, 512]),
        IdentityBlock(3, [128, 128]),
        IdentityBlock(3, [128, 128]),
        IdentityBlock(3, [128, 128]),
        ConvBlock(3, [256, 256, 1024]),
        IdentityBlock(3, [256, 256]),
```

```
            IdentityBlock(3, [256, 256]),
            IdentityBlock(3, [256, 256]),
            IdentityBlock(3, [256, 256]),
            IdentityBlock(3, [256, 256]),
            ConvBlock(3, [512, 512, 2048]),
            IdentityBlock(3, [512, 512]),
            IdentityBlock(3, [512, 512]),
            #AvgPool((7, 7)),
            Flatten, Dense(num_classes),
            Logsoftmax
        )
```

11.2.4 使用 ResNet 对 CIFAR100 数据集进行分类

前面介绍了 TensorFlow 自带 CIFAR100 数据集的下载。本节将使用 TensorFlow 自带的数据集对 CIFAR100 进行分类。

1. 第一步：数据集的获取

CIFAR100 数据集下载下来后，可以放在本地计算机中。需要提醒的是，对于不同的数据集，其维度的结构会有区别。此外，数据集打印的维度为 (60000,3,32,32)，并不符合传统使用的 (60000,32,32,3) 的普通维度格式，因此需要对其进行调整。代码如下：

```
train_dataset, label_dataset, test_dataset, test_label_dataset = 
get_data.get_CIFAR100_dataset(root="./cifar-10-batches-py/")
train_dataset = jnp.reshape(train_dataset,[-1,3,32,32])
x_train = jnp.transpose(train_dataset,[0,2,3,1])
y_train = jax.nn.one_hot(label_dataset,num_classes=100)
test_dataset = jnp.reshape(test_dataset,[-1,3,32,32])
x_test = jnp.transpose(test_dataset,[0,2,3,1])
y_test = jax.nn.one_hot(test_label_dataset,num_classes=100)
```

2. 第二步：模型的组件设计

这一步就是编写模型并设定优化器和损失函数，代码如下：

```
# 导入确定好的模型，这里对于 CPU 计算速度过慢的读者可以减少 Resnet 的层数
init_random_params, predict = resnet.ResNet50(100)
# 计算准确率函数
def pred_check(params, batch):
    """ Correct predictions over a minibatch. """
    # 所以这里需要使用 2 个 jnp.argmax 做一个转换
    inputs, targets = batch
    predict_result = predict(params, inputs)
    predicted_class = jnp.argmax(predict_result, axis=1)
    targets = jnp.argmax(targets, axis=1)
    return jnp.sum(predicted_class == targets)
# 计算损失函数
```

```
    def loss(params, batch):
        inputs, targets = batch
        return jnp.mean(jnp.sum(-targets * predict(params, inputs), axis=1))
    # 更新模型参数
    def update(i, opt_state, batch):
        """ Single optimization step over a minibatch. """
        params = get_params(opt_state)
        return opt_update(i, grad(loss)(params, batch), opt_state)
```

3. 第三步：模型的计算

全部代码如下所示。

【程序 11-3】

```
import os
import jax.nn
import jax.numpy as jnp
from cifar100 import get_data,resnet
from jax import jit, grad, random
from jax.experimental import optimizers
import tensorflow as tf
import tensorflow_datasets as tfds
train_dataset, label_dataset, test_dataset, test_label_dataset = get_data.get_CIFAR100_dataset(root="./cifar-10-batches-py/")
train_dataset = jnp.reshape(train_dataset,[-1,3,32,32])
x_train = jnp.transpose(train_dataset,[0,2,3,1])
y_train = jax.nn.one_hot(label_dataset,num_classes=100)
test_dataset = jnp.reshape(test_dataset,[-1,3,32,32])
x_test = jnp.transpose(test_dataset,[0,2,3,1])
y_test = jax.nn.one_hot(test_label_dataset,num_classes=100)
init_random_params, predict = resnet.ResNet50(100)
def pred_check(params, batch):
    inputs, targets = batch
    predict_result = predict(params, inputs)
    predicted_class = jnp.argmax(predict_result, axis=1)
    targets = jnp.argmax(targets, axis=1)
    return jnp.sum(predicted_class == targets)
def loss(params, batch):
    inputs, targets = batch
    return jnp.mean(jnp.sum(-targets * predict(params, inputs), axis=1))
def update(i, opt_state, batch):
    """ Single optimization step over a minibatch. """
    params = get_params(opt_state)
    return opt_update(i, grad(loss)(params, batch), opt_state)
key = jax.random.PRNGKey(17)
input_shape = [-1,32,32,3]
# 这里的 step_size 就是学习率
```

```
opt_init, opt_update, get_params = optimizers.adam(step_size = 2e-4)
_, init_params = init_random_params(key, input_shape)
opt_state = opt_init(init_params)
batch_size = 128            # 这里读者根据硬件水平自由设定 batch_size
total_num = 12800           # 这里读者根据硬件水平自由设定全部的训练数据,总量为50000
for _ in range(17):
    epoch_num = int(total_num//batch_size)
    print("训练开始")
    for i in range(epoch_num):
        start = i * batch_size
        end = (i + 1) * batch_size
        data = x_train[start:end]
        targets = y_train[start:end]
        opt_state = update((i), opt_state, (data, targets))
        if (i + 1)%20 == 0:
            params = get_params(opt_state)
            loss_value = loss(params,(data, targets))
            print(f"loss:{loss_value}")
    params = get_params(opt_state)
print("训练结束")
train_acc = []
correct_preds = 0.0
for i in range(epoch_num):
    start = i * batch_size
    end = (i + 1) * batch_size
    data = x_test[start:end]
    targets = y_test[start:end]
    correct_preds += pred_check(params, (data, targets))
train_acc.append(correct_preds / float(total_num))
print(f"Training set accuracy: {(train_acc)}")
```

根据不同的硬件设备,模型的参数和训练集的 batch_size 都需要作出调整,读者可以根据具体硬件条件和训练目标进行设置。

请读者自行打印测试。

11.3 本章小结

本章使用 JAX 官方提供的库包和模块实现了 ResNet50,这是一个经典的深度学习模型,通过这个模型的设计,希望能够抛砖引玉,引导读者掌握并独立完成使用 JAX 进行深度学习模型的编写。

第 12 章
JAX 实战——有趣的词嵌入

词嵌入（Word Embedding，也称为词向量）是什么？为什么要进行词嵌入？在深入了解这个概念之前，先看几个例子：

- 在购买商品或者入住酒店后，会邀请顾客填写相关的评价来表明对服务的满意程度。
- 使用几个词在搜索引擎上搜一下。
- 有些博客网站会在博客下面标记一些相关的 tag 标签。

实际上这是文本处理后的应用，目的是用这些文本去做情绪分析、同义词聚类、文章分类和打标签。

大家在读文章或者评论文章的时候，可以准确地说出这个文章大致讲了什么、评论的倾向如何，但是计算机是怎么做到的呢？计算机可以匹配字符串，然后告诉我们是否与输入的字符串相同，但是怎么能让计算机在我们搜索"梅西"的时候，告诉我们有关足球或者皮耶罗的事情呢？

词嵌入由此诞生，它就是对文本的数字表示。通过其表示和计算可以很容易地使计算机得到如下的公式：

$$梅西 \rightarrow 阿根廷 + 意大利 = 皮耶罗$$

本章将着重介绍词嵌入的相关内容，首先通过多种计算词嵌入的方式，循序渐进地讲解如何获取对应的词嵌入，之后再介绍一个使用词嵌入进行文本分类的实战案例。

12.1 文本数据处理

无论是使用深度学习还是传统的自然语言处理方式，一个非常重要的内容就是将自然语言转换成计算机可以识别的特征向量。文本的预处理就是如此，通过文本分词→词嵌入训练→特征词抽取这几个主要步骤处理后，组建能够代表文本内容的矩阵向量。

12.1.1 数据集和数据清洗

新闻分类数据集 AG 是由学术社区 ComeToMyHead 提供的，是从 2000 多不同的新闻来源搜集的超过一百万篇的新闻文章，用于研究分类、聚类、信息获取（rank、搜索）等非商业活动。在此基础上有研究者为了研究需要，从中提取了 127600 个样本，其中的 120000 个样本作为训练集、7600 个样本作为测试集。按以下 4 类进行区分：

- World
- Sports
- Business
- Sci/Tec

数据集采用 csv 文件格式进行存储，打开后如图 12.1 所示。

3	Wall St. Bears Claw Back Into the Black (Reuters)	Reuters - Short-sellers, Wall Street's dwindling\band of ultra-cynics, are see
3	Carlyle Looks Toward Commercial Aerospace (Reuters)	Reuters - Private investment firm Carlyle Group,\which has a reputation for ma
3	Oil and Economy Cloud Stocks' Outlook (Reuters)	Reuters - Soaring crude prices plus worries\about the economy and the outlook
3	Iraq Halts Oil Exports from Main Southern Pipeline (	Reuters - Authorities have halted oil export\flows from the main pipeline in s
3	Oil prices soar to all-time record, posing new menac	AFP - Tearaway world oil prices, toppling records and straining wallets, prese
3	Stocks End Up, But Near Year Lows (Reuters)	Reuters - Stocks ended slightly higher on Friday\but stayed near lows for the
3	Money Funds Fell in Latest Week (AP)	AP - Assets of the nation's retail money market mutual funds fell by #36;1.17
3	Fed minutes show dissent over inflation (USATODAY.co	USATODAY.com - Retail sales bounced back a bit in July, and new claims for job
3	Safety Net (Forbes.com)	Forbes.com - After earning a PH.D. in Sociology, Danny Bazil Riley started to
3	Wall St. Bears Claw Back Into the Black	NEW YORK (Reuters) - Short-sellers, Wall Street's dwindling band of ultra-cy
3	Oil and Economy Cloud Stocks' Outlook	NEW YORK (Reuters) - Soaring crude prices plus worries about the economy and
3	No Need for OPEC to Pump More-Iran Gov	TEHRAN (Reuters) - OPEC can do nothing to douse scorching oil prices when na
3	Non-OPEC Nations Should Up Output-Purnomo	JAKARTA (Reuters) - Non-OPEC oil exporters should consider increasing output
3	Google IPO Auction Off to Rocky Start	WASHINGTON/NEW YORK (Reuters) - The auction for Google Inc.'s highly antici
3	Dollar Falls Broadly on Record Trade Gap	NEW YORK (Reuters) - The dollar tumbled broadly on Friday after data showing
3	Rescuing an Old Saver	If you think you may need to help your elderly relatives with their finances.

图 12.1 Ag_news 数据集

第 1 列是新闻分类，第 2 列是新闻标题，第 3 列是新闻的正文部分，使用","和"."作为断句的符号。

由于拿到的数据集是由社区自动化存储和收集的，因此不可避免地存在大量的数据杂质：

> Reuters - Was absenteeism a little high\on Tuesday among the guys at the office? EA Sports would like\to think it was because "Madden NFL 2005" came out that day,\and some fans of the football simulation are rabid enough to\take a sick day to play it.
>
> Reuters - A group of technology companies\including Texas Instruments Inc. (TXN.N), STMicroelectronics\(STM.PA) and Broadcom Corp. (BRCM.O), on Thursday said they\will propose a new wireless networking standard up to 10 times\the speed of the current generation.

1. 数据的读取与存储

数据集的存储格式为 csv，需要按队列数据进行读取，代码如下：

【程序 12-1】

```
import csv
agnews_train = csv.reader(open("./dataset/train.csv","r"))
for line in agnews_train:
    print(line)
```

输入结果如图 12.2 所示。

```
['2', 'Sharapova wins in fine style', 'Maria Sharapova and Amelie Mauresmo opened their challenges at the WTA Champ
['2', 'Leeds deny Sainsbury deal extension', 'Leeds chairman Gerald Krasner has laughed off suggestions that he has
['2', 'Rangers ride wave of optimism', 'IT IS doubtful whether Alex McLeish had much time eight weeks ago to dwell
['2', 'Washington-Bound Expos Hire Ticket Agency', 'WASHINGTON Nov 12, 2004 - The Expos cleared another logistical
['2', 'NHL #39;s losses not as bad as they say: Forbes mag', 'NEW YORK - Forbes magazine says the NHL #39;s financia
['1', 'Resistance Rages to Lift Pressure Off Fallujah', 'BAGHDAD, November 12 (IslamOnline.net  amp; News Agencies)
```

图 12.2 Ag_news 中的数据形式

读取的 train 中的每行数据内容默认以逗号分隔，按列依次存储在序列不同的位置中。为了分类方便，可以使用不同的数组将数据按类别进行存储。当然，也可以根据需要使用 Pandas 处理。为了后续操作和运算速度，这里主要使用 Python 原生函数和 NumPy 函数进行计算。

【程序 12-2】

```
import csv
agnews_label = []
agnews_title = []
agnews_text = []
agnews_train = csv.reader(open("./dataset/train.csv","r"))
for line in agnews_train:
    agnews_label.append(line[0])
    agnews_title.append(line[1].lower())
    agnews_text.append(line[2].lower())
```

可以看到，不同的内容被存储在不同的数组之中，为了统一，将所有的字母统一转换成小写以便于后续计算。

2．文本的清洗

文本中除了常用的标点符号外，还包含大量的特殊字符，因此需要对文本进行清洗。

文本清洗的方法一般是使用正则表达式，可以匹配小写"a"至"z"、大写"A"至"Z"或者数字"0"到"9"的范围之外的所有字符，并用空格代替。这个方法无须指定所有标点符号，代码如下：

```
import re
text = re.sub(r"[^a-z0-9]"," ",text)
```

这里 re 是 Python 中对应正则表达式的 Python 包，字符串"^"的意义是求反，即只保留要求的字符而替换非要求保留的字符。通过更进一步的分析可以知道，文本清洗中除了将不需要的符号使用空格替换外，还产生了一个问题，即空格数目过多和在文本的首尾有空格残留，这同样影响文本的读取，因此还需要对替换符号后的文本进行二次处理。

【程序 12-3】

```
import re
def text_clear(text):
    text = text.lower()                          #将文本转化成小写
    text = re.sub(r"[^a-z0-9]"," ",text)         #替换非标准字符，^是求反操作
    text = re.sub(r" +", " ", text)              #替换多重空格
    text = text.strip()                          #取出首尾空格
```

```
        text = text.split(" ")                    # 对句子按空格分隔
        return text
```

由于加载了新的数据清洗工具，因此在读取数据时可以使用自定义的函数，将文本信息处理后再存储。

【程序 12-4】

```
import csv
import tools
import numpy as np
agnews_label = []
agnews_title = []
agnews_text = []
agnews_train = csv.reader(open("./dataset/train.csv","r"))
for line in agnews_train:
    agnews_label.append(np.float32(line[0]))
    agnews_title.append(tools.text_clear(line[1]))
    agnews_text.append(tools.text_clear(line[2]))
```

这里使用了额外的包和 NumPy 函数对数据进行处理，因此可以获得处理后较干净的数据，如图 12.3 所示。

```
pilots union at united makes pension deal
quot us economy growth to slow down next year quot
microsoft moves against spyware with giant acquisition
aussies pile on runs
manning ready to face ravens 39 aggressive defense
gambhir dravid hit tons as india score 334 for two night lead
croatians vote in presidential elections mesic expected to win second term afp
nba wrap heat tame bobcats to extend winning streak
historic turkey eu deal welcomed
```

图 12.3 清理后的 Ag_news 数据

12.1.2 停用词的使用

观察分好词的文本集，每组文本中除了能够表达含义的名词和动词外，还有大量没有意义的副词，例如"is""are""the"等。这些词的存在并不会给句子增加太多含义，反而会由于频率非常多而影响后续的词嵌入分析。为了减少要处理的词汇量、降低后续程序的复杂度，需要清除停用词。清除停用词一般使用 NLTK 工具包，安装代码如下：

```
conda install nltk
```

除了安装 NLTK 外，还有一个非常重要的内容——仅仅依靠安装 NLTK 并不能够清除停用词，需要额外下载 NLTK 停用词包，建议通过控制端进入 NLTK，之后运行如图 12.4 所示的代码，打开 NLTK 的控制台（见图 12.5）。

```
(base) C:\Users\wang_xiaohua>python
Python 3.6.5 |Anaconda, Inc.| (default, Mar 29 2018, 13:32:41) [MSC v.1900 64 bit (AMD64)] on win32
Type "help", "copyright", "credits" or "license" for more information.
>>> import nltk
>>> nltk.download()
showing info https://raw.githubusercontent.com/nltk/nltk_data/gh-pages/index.xml
```

图 12.4 安装 NLTK 并打开控制台

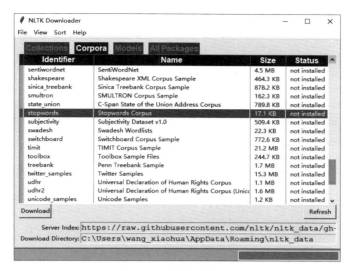

图 12.5 NLTK 控制台

在 Corpora 选项卡下选择"stopwords",单击"Download"按钮下载数据。下载后的验证方法如下:

```
stoplist = stopwords.words('english')
print(stoplist)
```

stoplist 将停用词获取到一个数组列表中,打印结果如图 12.6 所示。

['i', 'me', 'my', 'myself', 'we', 'our', 'ours', 'ourselves', 'you', "you're", "you've", "you'll", "you'd", 'your', 'yours', 'yourself', 'yourselves', 'he', 'him', 'his', 'himself', 'she', "she's", 'her', 'hers', 'herself', 'it', "it's", 'its', 'itself', 'they', 'them', 'their', 'theirs', 'themselves', 'what', 'which', 'who', 'whom', 'this', 'that', "that'll", 'these', 'those', 'am', 'is', 'are', 'was', 'were', 'be', 'been', 'being', 'have', 'has', 'had', 'having', 'do', 'does', 'did', 'doing', 'a', 'an', 'the', 'and', 'but', 'if', 'or', 'because', 'as', 'until', 'while', 'of', 'at', 'by', 'for', 'with', 'about', 'against', 'between', 'into', 'through', 'during', 'before', 'after', 'above', 'below', 'to', 'from', 'up', 'down', 'in', 'out', 'on', 'off', 'over', 'under', 'again', 'further', 'then', 'once', 'here', 'there', 'when', 'where', 'why', 'how', 'all', 'any', 'both', 'each', 'few', 'more', 'most', 'other', 'some', 'such', 'no', 'nor', 'not', 'only', 'own', 'same', 'so', 'than', 'too', 'very', 's', 't', 'can', 'will', 'just', 'don', "don't", 'should', "should've", 'now', 'd', 'll', 'm', 'o', 're', 've', 'y', 'ain', 'aren', "aren't", 'couldn', "couldn't", 'didn', "didn't", 'doesn', "doesn't", 'hadn', "hadn't", 'hasn', "hasn't", 'haven', "haven't", 'isn', "isn't", 'ma', 'mightn', "mightn't", 'mustn', "mustn't", 'needn', "needn't", 'shan', "shan't", 'shouldn', "shouldn't", 'wasn', "wasn't", 'weren', "weren't", 'won', "won't", 'wouldn', "wouldn't"]

图 12.6 停用词数据

接下来就是将停用词数据加载到文本清洁器中。除此之外,由于英文文本的特殊性,单词会具有不同的变形,例如后缀"ing"和"ed"可以丢弃、"ies"可以用"y"替换等。这样可能会变成不是完整词的词根,只要将这个词的所有形式都还原成同一个词根即可。NLTK 中对这部分词根还原的处理使用的函数为:

```
PorterStemmer().stem(word)
```

整体代码如下。

【程序 12-5】

```
def text_clear(text):
    text = text.lower()                          # 将文本转化成小写
    text = re.sub(r"[^a-z0-9]"," ",text)         # 替换非标准字符,^是求反操作
```

```
text = re.sub(r" +", " ", text)              # 替换多重空格
text = text.strip()                          # 取出首尾空格
text = text.split(" ")
text = [word for word in text if word not in stoplist]   # 清除停用词
text = [PorterStemmer().stem(word) for word in text]     # 还原词根部分
text.append("eos")                           # 添加结束符
text = ["bos"] + text                        # 添加开始符
return text
```

这样生成的最终结果如图 12.7 所示。

```
['baghdad', 'reuters', 'daily', 'struggle', 'dodge', 'bullets', 'bombings', 'enough', 'many', 'iraqis', 'face', 'freezing'
['abuja', 'reuters', 'african', 'union', 'said', 'saturday', 'sudan', 'started', 'withdrawing', 'troops', 'darfur', 'ahead
['beirut', 'reuters', 'syria', 'intense', 'pressure', 'quit', 'lebanon', 'pulled', 'security', 'forces', 'three', 'key',
['karachi', 'reuters', 'pakistani', 'president', 'pervez', 'musharraf', 'said', 'stay', 'army', 'chief', 'reneging', 'pled
['red', 'sox', 'general', 'manager', 'theo', 'epstein', 'acknowledged', 'edgar', 'renteria', 'luxury', '2005', 'red', 'sox
['miami', 'dolphins', 'put', 'courtship', 'lsu', 'coach', 'nick', 'saban', 'hold', 'comply', 'nfl', 'hiring', 'policy', 'i
```

图 12.7 生成的数据

相对于未处理过的文本，获取的是一个相对干净的文本数据。文本的清洁处理步骤总结如下：

- Tokenization：对句子进行拆分，以单个词或者字符的形式存储。在文本清洁函数中，text.split 函数执行的就是这个操作。
- Normalization：将词语正则化，lower 函数和 PorterStemmer 函数做了此方面的工作，将字母转为小写和还原词根。
- Rare word replacement：对于稀疏性较低的词，将其进行替换，一般将词频小于 5 的替换成一个特殊的 Token <UNK>。此法降噪并能减少字典的大小。本文由于训练集和测试集中的词语较为集中而没有使用这个步骤。
- Add <BOS> <EOS>：添加每个句子的开始和结束标识符。
- Long Sentence Cut-Off or short Sentence Padding：对过长的句子进行截取，对过短的句子进行补全。

由于模型的需要，我们在处理的时候并没有完整地使用以上多个处理步骤。在不同性质的项目中读者可以自行斟酌使用。

12.1.3　词向量训练模型 word2vec 的使用

word2vec（见图 12.8）是 Google 在 2013 年推出的一个 NLP 工具，特点是将所有的词向量化，这样词与词之间就可以定量地去度量它们之间的关系，以及挖掘词之间的联系。

用词向量来表示词并不是 word2vec 的首创，其在很久之前就出现了。最早的词嵌入是很冗长的，维度大小为整个词汇表的大小，对于每个具体的词汇表中的词，将对应的位置置为 1。例如，

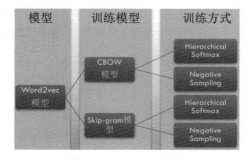

图 12.8 word2vec 模型

由 5 个词组成的词汇表，词"Queen"的序号为 2，那么它的词向量就是 (0,1,0,0,0)(0,1,0,0,0)。同理，词"Woman"的词向量就是 (0,0,0,1,0)(0,0,0,1,0)。这种词向量的编码方式一般叫作 1-of-N representation 或者 one hot。

用独热编码（One-Hot Encoding）来表示词向量非常简单，但是有很多问题，最大的问题是词汇表一般都非常大，比如达到百万级别，这样每个词都用百万维的向量来表示基本是不可能的。这样的向量除了一个位置是 1、其余的位置全部都是 0，表达的效率不高。将其使用在卷积神经网络中会使网络难以收敛。

word2vec 是一种可以解决独热编码问题的方法，思路是通过训练将每个词都映射到一个较短的词向量上。所有的这些词向量就构成了向量空间，进而可以用普通的统计学的方法来研究词与词之间的关系。

1. word2vec 的具体训练方法

word2vec 的具体训练方法主要有 2 个部分：CBOW（Continuous Bag-of-Word Model）和 Skip-gram 模型。

（1）CBOW 模型：又称连续词袋模型，是一个三层神经网络。该模型的特点是输入已知上下文，输出对当前单词的预测，如图 12.9 所示。

（2）Skip-gram 模型：与 CBOW 模型正好相反，是由当前词预测上下文词，如图 12.10 所示。

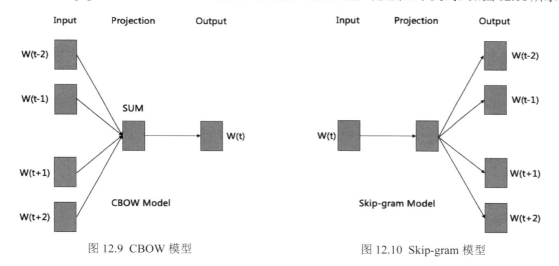

图 12.9 CBOW 模型　　　　　　图 12.10 Skip-gram 模型

对于 word2vec 更细节的训练模型和训练方式，这里不做讨论。这里主要介绍如何训练一个可以获得和使用的 word2vec 向量。

2. 使用 gensim 包对数据进行训练

对于词向量的模型训练有很多种方法，最简单的是使用 Python 工具包中的 gensim 包对数据进行训练。

（1）训练 word2vec 模型

第一步是对词模型进行训练，代码非常简单：

```
from gensim.models import word2vec           # 导入 gensim 包
# 设置训练参数
model = word2vec.Word2Vec(agnews_text,size=64, min_count = 0,window = 5)
model_name = "corpusWord2Vec.bin"            # 模型存储名
model.save(model_name)                        # 存储训练好的模型
```

首先在代码中导入 gensim 包，之后用 Word2Vec 函数根据设定的参数对 word2vce 模型进行训练。这里稍微解释一下主要参数：

```
Word2Vec(sentences, workers=num_workers, size=num_features, min_count = min_word_count, window = context, sample = downsampling,iter = 5)
```

其中，sentences 是输入数据，workers 是并行运行的线程数，size 是词向量的维数，min_count 是最小的词频，window 是上下文窗口大小，sample 是对频繁词汇进行采样的设置，iter 是循环的次数。如果没有特殊要求，按默认值设置即可。

save 函数用于将生成的模型进行存储，以供后续使用。

（2）word2vec 模型的使用

模型的使用非常简单，代码如下：

```
text = "Prediction Unit Helps Forecast Wildfires"
text = tools.text_clear(text)
print(model[text].shape)
```

其中，text 是需要转换的文本，同样调用 text_clear 函数对文本进行清洗。之后使用已训练好的模型对文本进行转换。转换后的文本内容如下：

```
['bos', 'predict', 'unit', 'help', 'forecast', 'wildfir', 'eos']
```

计算后的 word2vec 文本向量实际上是一个 [7,64] 大小的矩阵，部分数据如图 12.11 所示。

```
[[-2.30043262e-01   9.95051086e-01  -5.99774718e-01  -2.18779755e+00
  -2.42732501e+00   1.42853677e+00   4.19419765e-01   1.01147270e+00
   3.12305957e-01   9.40802813e-01  -1.26786101e+00   1.90110123e+00
  -1.00584543e+00   5.89528739e-01   6.55723274e-01  -1.54996490e+00
  -1.46146846e+00  -6.19645091e-03   1.97032082e+00   1.67241061e+00
   1.04563618e+00   3.28550845e-01   6.12566888e-01   1.49095607e+00
   7.72413433e-01  -8.21017563e-01  -1.71305871e+00   1.74249041e+00
   6.58117175e-01  -2.38789499e-01  -1.29177213e-01   1.35001493e+00
```

图 12.11 word2vec 文本向量

（3）对已有模型进行补充训练

模型训练完毕后，可以将其存储，但是随着需要训练文档的增加，gensim 同样也提供了持续性训练模型的方法，代码如下：

```
from gensim.models import word2vec                              # 导入 gensim 包
model = word2vec.Word2Vec.load('./corpusWord2Vec.bin')          # 载入存储的模型
model.train(agnews_title, epochs=model.epochs, total_examples= model.corpus_count)  # 继续模型训练
```

word2vec 提供了加载存储模型的函数。之后 train 函数将继续对模型进行训练，在最初

的训练集中，agnews_text 作为初始的训练文档，而 agnews_title 是后续的训练部分，这样可以合在一起作为更多的训练文件进行训练。完整代码如下。

【程序 12-6】

```
import csv
import tools
import numpy as np
agnews_label = []
agnews_title = []
agnews_text = []
agnews_train = csv.reader(open("./dataset/train.csv","r"))
for line in agnews_train:
    agnews_label.append(np.float32(line[0]))
    agnews_title.append(tools.text_clear(line[1]))
    agnews_text.append(tools.text_clear(line[2]))
print("开始训练模型")
from gensim.models import word2vec
model = word2vec.Word2Vec(agnews_text,size=64, min_count = 0,window = 5,iter=128)
model_name = "corpusWord2Vec.bin"
model.save(model_name)
from gensim.models import word2vec
model = word2vec.Word2Vec.load('./corpusWord2Vec.bin')
model.train(agnews_title, epochs=model.epochs, total_examples=model.corpus_count)
```

对于需要训练和测试的数据集，一般建议读者在使用的时候也一起训练，这样才能够获得最好的语义标注。在现实工程中，对数据的训练往往都有很大的训练样本，文本容量能够达到几十甚至上百吉字节，不会产生词语缺失的问题，所以只需要在训练集上对文本进行训练即可。

12.1.4 文本主题的提取：基于 TF-IDF

使用卷积神经网络对文本分类时，文本主题提取并不是必需的。

一般来说，文本的提取主要涉及以下两种：

- 基于 TF-IDF 的文本关键字提取。
- 基于 TextRank 的文本关键词提取。

除此之外，还有很多模型和方法能够用于文本提取，特别是对于大文本内容。本书由于篇幅关系并不展开这方面的内容，有兴趣的读者可以参考相关教程。本小节先介绍基于 TF-IDF 的文本关键字提取，下一小节再介绍基于 TextRank 的文本关键词提取。

1. TF-IDF 简介

目标文本经过文本清洗和停用词的去除后，一般可以认为剩下的均为有着目标含义的词。

如果需要对其特征进行更进一步的提取，那么提取的应该是那些能代表文章的元素，包括词、短语、句子、标点以及其他信息的词。从词的角度考虑，需要提取对文章表达贡献度大的词。IF-IDF 公式定义如图 12.12 所示。

$$\text{TFIDF}$$

For a term i in document j:

$$w_{i,j} = tf_{i,j} \times \log\left(\frac{N}{df_i}\right)$$

$tf_{i,j}$ = number of occurrences of i in j
df_i = number of documents containing i
N = total number of documents

图 12.12 TF-IDF 简介

TF-IDF 是一种用于信息检索与勘测的常用加权技术，也是一种统计方法，可用来衡量一个词对一个文件集的重要程度。字词的重要性与其在文件中出现的次数成正比，而与其在文件集中出现的次数成反比。该算法在数据挖掘、文本处理和信息检索等领域得到了广泛的应用，最常见的应用是从一个文章中提取关键词。

TF-IDF 的主要思想是：如果某个词或短语在一篇文章中出现的频率 TF（Term Frequency）高，并且在其他文章中很少出现，则认为此词或者短语具有很好的类别区分能力，适合用来分类。其中，TF 表示词条在文章中出现的频率。

$$\text{词频（TF）} = \frac{\text{某个词在单个文本中出现的次数}}{\text{某个词在整个语料中出现的次数}}$$

IDF（Inverse Document Frequency）的主要思想是包含某个词的文档越少，这个词的区分度就越大，也就是 IDF 越大。

$$\text{逆文档频率（IDF）} = \log\left(\frac{\text{语料库的文本总数}}{\text{语料库中包含该词的文本数} + 1}\right)$$

TF-IDF 的计算实际上就是 TF×IDF。

$$\text{TF-IDF} = \text{词频} \times \text{逆文档频率} = \text{TF} \times \text{IDF}$$

2. TF-IDF 的实现

首先是 IDF 的计算，代码如下：

```
import math
def idf(corpus):      # corpus 为输入的全部语料文本库文件
    idfs = {}
    d = 0.0
    # 统计词出现次数
    for doc in corpus:
        d += 1
        counted = []
```

```
        for word in doc:
            if not word in counted:
                counted.append(word)
                if word in idfs:
                    idfs[word] += 1
                else:
                    idfs[word] = 1
    # 计算每个词的逆文档值
    for word in idfs:
        idfs[word] = math.log(d/float(idfs[word]))
    return idfs
```

下一步是使用计算好的 IDF 计算每个文档的 TF-IDF 值：

```
idfs = idf(agnews_text)                    # 获取计算好的文本中每个词的 IDF
for text in agnews_text:                   # 获取文档集中的每个文档
    word_tfidf = {}
    for word in text:                      # 依次获取每个文档中的每个词
        if word in word_tfidf:             # 计算每个词的词频
            word_tfidf[word] += 1
        else:
            word_tfidf[word] = 1
    for word in word_tfidf:
        word_tfidf[word] *= idfs[word]     # 计算每个词的 TF-IDF 值
```

计算 TF-IDF 的完整代码如下：

【程序 12-7】

```
import math
def idf(corpus):
    idfs = {}
    d = 0.0
    # 统计词出现次数
    for doc in corpus:
        d += 1
        counted = []
        for word in doc:
            if not word in counted:
                counted.append(word)
                if word in idfs:
                    idfs[word] += 1
                else:
                    idfs[word] = 1
    # 计算每个词的逆文档值
    for word in idfs:
        idfs[word] = math.log(d/float(idfs[word]))
    return idfs
```

```
# 获取计算好的文本中每个词的 IDF, 其中 agnews_text 是经过处理后的语料库文档,
# 在数据清洗一节中有详细介绍
idfs = idf(agnews_text)
for text in agnews_text:              # 获取文档集中的每个文档
    word_tfidf = {}
    for word in text:                 # 依次获取每个文档中的每个词
        if word in word_idf:          # 计算每个词的词频
            word_tfidf[word] += 1
        else:
            word_tfidf[word] = 1
    for word in word_tfidf:
# word_tfidf 为计算后的每个词的 TF-IDF 值
        word_tfidf[word] *= idfs[word]
    values_list = sorted(word_tfidf.items(), key=lambda item: item[1],
reverse=True)  # 按 value 排序
    values_list = [value[0] for value in values_list]   # 生成排序后的单个文档
```

3. 建立词矩阵

将重排的文档根据训练好的 word2vec 向量建立一个有限量的词矩阵,请读者自行完成。

4. 将 TF-IDF 单独定义为一个类

将 TF-IDF 的计算函数单独整合到一个类中,以便后续使用,代码如下。

【程序 12-8】

```
class TFIDF_score:
    def __init__(self,corpus,model = None):
        self.corpus = corpus
        self.model = model
        self.idfs = self.__idf()
    def __idf(self):
        idfs = {}
        d = 0.0
        # 统计词出现次数
        for doc in self.corpus:
            d += 1
            counted = []
            for word in doc:
                if not word in counted:
                    counted.append(word)
                    if word in idfs:
                        idfs[word] += 1
                    else:
                        idfs[word] = 1
        # 计算每个词的逆文档值
        for word in idfs:
            idfs[word] = math.log(d / float(idfs[word]))
```

```
                return idfs
        def __get_TFIDF_score(self, text):
            word_tfidf = {}
            for word in text:                               # 依次获取每个文档中的每个词
                if word in word_tfidf:                      # 计算每个词的词频
                    word_tfidf[word] += 1
                else:
                    word_tfidf[word] = 1
            for word in word_tfidf:
                word_tfidf[word] *= self.idfs[word]         # 计算每个词的 TF-IDF 值
            values_list = sorted(word_tfidf.items(), key=lambda word_tfidf: word_
tfidf[1], reverse=True)
                                                            # 将 TF-IDF 数据按重要程度从大到小排序
            return values_list
        def get_TFIDF_result(self,text):
            values_list = self.__get_TFIDF_score(text)
            value_list = []
            for value in values_list:
                value_list.append(value[0])
            return (value_list)
```

使用方法如下：

```
tfidf = TFIDF_score(agnews_text)                     #agnews_text 为获取的数据集
for line in agnews_text:
    value_list = tfidf.get_TFIDF_result(line)
    print(value_list)
    print(model[value_list])
```

其中，agnews_text 为从文档中获取的正文数据集，可以使用标题或者文档进行处理。

12.1.5 文本主题的提取：基于 TextRank

TextRank 算法的核心思想来自著名的网页排名算法 PageRank（见图 12.13）。PageRank 是 Sergey Brin 与 Larry Page 于 1998 年在 WWW7 会议上提出来的，用来解决链接分析中网页排名的问题。

图 12.13 PageRank 算法

在衡量一个网页的排名时，可以认为：

- 当一个网页被越多网页所链接时，其排名会越靠前。
- 排名高的网页应具有更大的表决权，即当一个网页被排名高的网页所链接时，其重要性也应提高。

TextRank 算法（见图 12.14）与 PageRank 类似，其将文本拆分成最小组成单元（词汇），作为网络节点，组成词汇网络图模型。TextRank 在迭代计算词汇权重时与 PageRank 一样，理论上是需要计算边权的。为了简化计算，通常会默认相同的初始权重，以及在分配相邻词汇权重时进行均分。

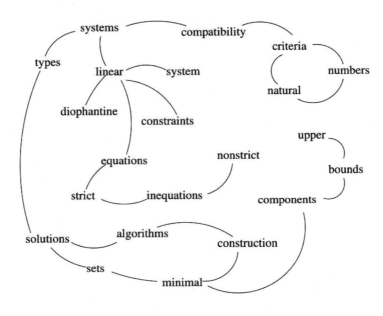

图 12.14 TextRank 算法

1. TextRank 前置介绍

TextRank 用于对文本关键词进行提取，步骤如下：

（1）把给定的文本 T 按照完整的句子进行分割。

（2）对每个句子进行分词和词性标注处理，并过滤掉停用词，只保留指定词性的单词，如名词、动词、形容词等。

（3）构建候选关键词图 $G = (V, E)$，其中 V 为节点集，由每个词之间的相似度作为连接的边值。

（4）根据下面的公式迭代传播各节点的权重，直至收敛：

$$\mathrm{WS}(V_i) = (1-d) + d \times \sum_{V_j \in \mathrm{In}(V_i)} \frac{w_{ji}}{\sum_{V_k \in \mathrm{Out}(V_j)} w_{jk}} \mathrm{WS}(V_j)$$

对节点权重进行倒序排序，作为按重要程度排列的关键词。

2．TextRank 类的实现

整体 TextRank 类的实现如下所示。

【程序 12-9】

```python
class TextRank_score:
    def __init__(self,agnews_text):
        self.agnews_text = agnews_text
        self.filter_list = self.__get_agnews_text()
        self.win = self.__get_win()
        self.agnews_text_dict = self.__get_TextRank_score_dict()
    def __get_agnews_text(self):
        sentence = []
        for text in self.agnews_text:
            for word in text:
                sentence.append(word)
        return sentence
    def __get_win(self):
        win = {}
        for i in range(len(self.filter_list)):
            if self.filter_list[i] not in win.keys():
                win[self.filter_list[i]] = set()
            if i - 5 < 0:
                lindex = 0
            else:
                lindex = i - 5
            for j in self.filter_list[lindex:i + 5]:
                win[self.filter_list[i]].add(j)
        return win
    def __get_TextRank_score_dict(self):
        time = 0
        score = {w: 1.0 for w in self.filter_list}
        while (time < 50):
            for k, v in self.win.items():
                s = score[k] / len(v)
                score[k] = 0
                for i in v:
                    score[i] += s
            time += 1
        agnews_text_dict = {}
        for key in score:
            agnews_text_dict[key] = score[key]
        return agnews_text_dict
    def __get_TextRank_score(self, text):
```

```
            temp_dict = {}
            for word in text:
                if word in self.agnews_text_dict.keys():
                    temp_dict[word] = (self.agnews_text_dict[word])
            values_list = sorted(temp_dict.items(), key=lambda word_tfidf:
                word_tfidf[1],reverse=False) # 将TextRank数据按重要程度从大到小排序
            return values_list
        def get_TextRank_result(self,text):
            temp_dict = {}
            for word in text:
                if word in self.agnews_text_dict.keys():
                    temp_dict[word] = (self.agnews_text_dict[word])
            values_list = sorted(temp_dict.items(), key=lambda word_tfidf: word_
tfidf[1], reverse=False)
            value_list = []
            for value in values_list:
                value_list.append(value[0])
            return (value_list)
```

TextRank 是实现关键词抽取的方法，相对于本书对应的数据集来说，对文本的提取并不是必需的，所以本小节为选学内容。有兴趣的读者可以自行决定是否深入学习。

12.2 更多的词嵌入方法——FastText 和预训练词向量

在实际的模型训练过程中，word2vec 是一个最常用也是最重要的将"词"转换成"词嵌入"的方式。对于普通文本来说，供人类所了解和掌握的信息传递方式并不能简单地被计算机所理解，因此词嵌入是目前来说解决向计算机传递文字信息这一问题的最好解决方式，如图 12.15 所示。

单词	长度为 3 的词向量		
我	0.3	-0.2	0.1
爱	-0.6	0.4	0.7
我	0.3	-0.2	0.1
的	0.5	-0.8	0.9
祖	-0.4	0.7	0.2
国	-0.9	0.3	-0.4

图 12.15 词嵌入

随着研究人员对词嵌入的深入研究和计算机处理能力的提高,更多、更好的方法被提出,例如利用 FastText 和预训练的词嵌入模型对数据进行处理。

本节继上一节之后,介绍 FastText 的训练和预训练词向量的使用方法。

12.2.1 FastText 的原理与基础算法

相对于传统的 word2vec 计算方法,FastText 是一种更快速和更新的计算词嵌入的方法,其优点主要有以下几个方面:

- FastText 在保持高精度的情况下加快了训练速度和测试速度。
- FastText 对词嵌入的训练更加精准。
- FastText 采用两个重要的算法:N-gram(这个词在下文说明)和 Hierarchical softmax。

1. 算法一:N-gram

相对于 word2vec 中采用的 CBOW 架构,FastText 采用的是 N-gram 架构,如图 12.16 所示。

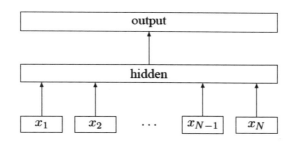

图 12.16 N-gram 架构

其中,$x_1, x_2, \cdots, x(N-1), x(N)$ 表示一个文本中的 N-gram 向量,每个特征是词向量的平均值。这里顺便介绍一下 N-gram 的意义。N-gram 常用的有 3 种,即 1-gram、2-gram、3-gram,分别对应一元、二元、三元。

以"我想去成都吃火锅"为例,对其进行分词处理,得到下面的数组:["我","想","去","成","都","吃","火","锅"]。这就是 1-gram,分词的时候对应一个滑动窗口,窗口大小为 1,所以每次只取一个值。

同理,假设使用 2-gram 就会得到 ["我想","想去","去成","成都","都吃","吃火","火锅"]。N-gram 模型认为词与词之间有关系的距离为 N,如果超过 N 则认为它们之间没有关系,所以就不会出现"我成""我去"这些词。

如果使用 3-gram,就是 ["我想去","想去成","去成都",...]。

理论上 N 可以设置为任意值,但是一般设置成上面 3 个类型就够了。

2. 算法二:Hierarchical softmax

当语料类别较多时,使用分层 softmax 减轻计算量。FastText 中的分层 softmax 利用 Huffman 树实现,将词向量作为叶子节点,之后根据词向量构建 Huffman 树,如图 12.17 所示。

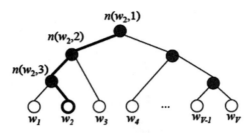

图 12.17 分层 softmax 架构

分层 softmax 的算法较为复杂，这里不过多赘述，有兴趣的读者可以自行研究。

12.2.2 FastText 训练以及与 JAX 的协同使用

前面介绍完架构和理论，本小节开始使用 FastText。这里主要介绍中文部分的 FastText 处理。

1. 第一步：数据收集与分词

为了演示 FastText 的使用，构造如图 12.18 所示的数据集。

```
text = [
"卷积神经网络在图像处理领域获得了极大成功，其结合特征提取和目标训练为一体的模型能够最好的利用已有的信息对结果进行反馈训练。",
"对于文本识别的卷积神经网络来说，同样也是充分利用特征提取时提取的文本特征来计算文本特征权值大小的，归一化处理需要处理的数据。",
"这样使得原来的文本信息抽象成一个向量化的样本集，之后将样本集和训练好的模板输入卷积神经网络进行处理。",
"本节将在上一节的基础上使用卷积神经网络实现文本分类的问题，这里将采用两种主要基于字符的和基于word embedding形式的词卷积神经网络处理方法。",
"实际上无论是基于字符的还是基于word embedding形式的处理方式都是可以相互转换的，这里只介绍使用基本的使用模型和方法，更多的应用还需要读者自行挖掘和设计。"
]
```

图 12.18 演示数据集

text 中是一系列的短句文本，以每个逗号为一句进行区分，一个简单的处理函数如下：

```
import jieba
jieba_cut_list = []
for line in text:
        jieba_cut = jieba.lcut(line)
        jieba_cut_list.append(jieba_cut)
print(jieba_cut)
```

打印结果如图 12.19 所示。

```
['卷积','神经网络','在','图像处理','领域','获得','了','极大','成功',',','其','结合','特征提取','和','目标','训练','为','一体','的','模
['对于','文本','识别','的','卷积','神经网络','来说',',','同样','也','是','充分利用','特征提取','时','提取','的','文本','特征','来','计
['这样','使得','原来','的','文本','信息','抽象','成','一个','向','量化','的','样本','集',',','之后','将','样本','集','和','训练','好','的
['本节','将','在','上','一节','的','基础','上','使用','卷积','神经网络','实现','文本','分类','的','问题',',','这里','将','采用','两种
['实际上','无论是','基于','字符','的','还是','基于','wordEmbedding','形式','的','处理','方式','都','是','可以','相互','转换','的',',
```

图 12.19 打印结果

其中，每一行根据 jieba 的分词模型进行分词处理，之后存在每一行中的是已经被分过词的数据。

2. 第二步：使用 gensim 中 FastText 进行词嵌入计算

gensim.models 中除了含有前文介绍过的 word2vec 函数，还包含有 FastText 的专用计算类，

调用代码如下：

```
from gensim.models import FastText
model = FastText(vector_size=4, window=3, min_count=1, sentences=jieba_cut_list, epochs=10)
```

其中，FastText 参数定义如下：

- sentences (iterable of iterables, optional)：供训练的句子，可以使用简单的列表，但是对于大语料库，建议直接从磁盘/网络流迭代传输句子。
- size (int, optional)：word 向量的维度。
- window (int, optional)：一个句子中当前单词和被预测单词的最大距离。
- min_count (int, optional)：忽略词频小于此值的单词。
- workers (int, optional)：训练模型时使用的线程数。
- sg ({0, 1}, optional)：模型的训练算法，1 代表 skip-gram，0 代表 CBOW。
- hs ({0, 1}, optional)：1 代表采用分层 softmax 训练模型，0 代表使用负采样。
- iter：模型迭代的次数。
- seed (int, optional)：随机数发生器种子。

在定义的 FastText 类中依次设置了最低词频度、单词训练的最大距离、迭代数以及训练模型等。完整训练代码如下所示。

【程序 12-10】

```
from gensim.models import FastText
text = [
"卷积神经网络在图像处理领域获得了极大成功，其结合特征提取和目标训练为一体的模型能够最好地利用已有的信息对结果进行反馈训练。",
"对于文本识别的卷积神经网络来说，同样也是充分利用特征提取时提取的文本特征来计算文本特征权值大小的，归一化处理需要处理的数据。",
"这样使得原来的文本信息抽象成一个向量化的样本集，之后将样本集和训练好的模板输入卷积神经网络进行处理。",
"本节将在上一节的基础上使用卷积神经网络实现文本分类的问题，这里将采用两种主要基于字符的和基于词嵌入形式的词卷积神经网络处理方法。",
"实际上无论是基于字符的还是基于词嵌入形式的处理方式都是可以相互转换的，这里只介绍使用基本的使用模型和方法，更多的应用还需要读者自行挖掘和设计。"
]
import jieba
jieba_cut_list = []
for line in text:
    jieba_cut = jieba.lcut(line)
    jieba_cut_list.append(jieba_cut)
model = FastText(vector_size=4, window=3, min_count=1, sentences=jieba_cut_list, epochs=10)
model.build_vocab(jieba_cut_list)
model.train(jieba_cut_list, total_examples=model.corpus_count, epochs=10)
```

```
# 这里使用给出的固定格式即可
model.save("./xiaohua_fasttext_model_jieba.model")
```

model 中的 build_vocab 函数是对数据进行词库建立，而 train 函数是对 model 模型训练模式的设定，这里使用笔者给出的格式即可。

最后是训练好的模型存储问题，这里模型被存储在 models 文件夹中。

3．第三步：使用训练好的 FastText 做参数来读取

使用训练好的 FastText 做参数来读取也很方便，直接载入训练好的模型，之后将带测试的文本输入即可，代码如下：

```
from gensim.models import FastText
model = FastText.load("./xiaohua_fasttext_model_jieba.model")
print(model.wv.key_to_index)
print(model.wv.index_to_key)
print(model.wv.vectors[:3])
print(len(model.wv.vectors))
print(len(model.wv.index_to_key))
embedding = (model.wv["卷积","神经网络"])
```

print(embedding) 与训练过程不同的是，这里 FastText 使用自带的 load 函数载入保存的模型，之后类似于传统的 list 方式将已训练过的值打印出来，结果如图 12.20 所示。

> FastText 的模型只能打印已训练过的词向量，而不能打印未经过训练的词，在上例中模型输出的值是已经过训练的"卷积"和"神经网络"这两个词。

```
{'的': 0, '，': 1, '处理': 2, '和': 3, '文本': 4, '。': 5, '卷积': 6, '神经网络': 7, '基于': 8, '使用': 9,
['的', '，', '处理', '和', '文本', '。', '卷积', '神经网络', '基于', '使用', '将', '训练', '词', '信息', '集
[[ 0.03940176 -0.05002697  0.11618669  0.04239887]
 [-0.12234408 -0.0936767   0.0356884   0.0468114 ]
 [-0.12312932 -0.01811463 -0.04492998  0.00040952]]
102
102
[[ 0.00614001  0.00872472 -0.04738735  0.01034034]
 [ 0.01415694  0.03052457 -0.09701374 -0.09786139]]
```

图 12.20 打印结果

下面就是如何使用词嵌入的问题，在 JAX 现有函数中实现文本分类的一个较好方法是将文本转化成词向量嵌入，然后由模型对其进行分类和处理。

12.2.3 使用其他预训练参数嵌入矩阵（中文）

无论是使用 word2vec 还是 FastText 作为训练基础都是可以的，但是对于个人用户或者规模不大的公司机构来说，做一个庞大的预训练项目是一个费时费力的工程。

既然他山之石（见图 12.21）可以攻玉，那么为什么不借助其他免费的训练好的词向量作为使用基础呢？

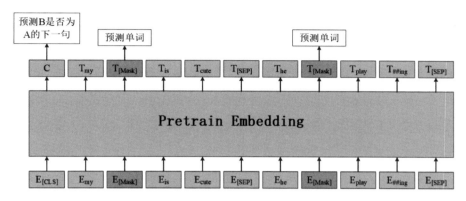

图 12.21 他山之石

在中文部分较常用且免费的词嵌入预训练数据是腾讯的词向量，地址为 https://ai.tencent.com/ailab/nlp/embedding.html，下载界面如图 12.22 所示。

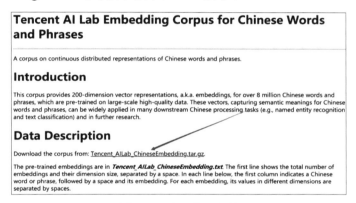

图 12.22 腾讯的词向量

腾讯的词向量的使用方法与上一节介绍的 FastText 创建词向量的使用方法一样，有兴趣的读者可以自行完成。

12.3 针对文本的卷积神经网络模型——字符卷积

卷积神经网络在图像处理领域获得了很大的成功，其结合特征提取和目标训练为一体的模型，能够最好地利用已有的信息对结果进行反馈训练。

对于文本识别的卷积神经网络来说，同样也是充分利用特征提取时提取的文本特征来计算文本特征权值大小，归一化处理需要处理的数据。这样使得原来的文本信息抽象成一个向量化的样本集，之后将样本集和训练好的模板输入卷积神经网络进行处理。

本节将在上一节的基础上使用卷积神经网络实现文本分类的问题，这里将采用基于字符的和基于词嵌入形式的两种词卷积神经网络处理方法。实际上无论是基于字符的还是基于词嵌入形式的处理方式都是可以相互转换的，本节只介绍基本的使用模型和方法，更多的应用还需要读者自行挖掘和设计。

12.3.1 字符（非单词）文本的处理

本小节将介绍基于字符的 CNN 处理方法，基于单词的卷积处理内容将在下一节介绍。我们知道任何一个英文单词都是由字母构成的，因此可以简单地将英文单词拆分成字母的表示形式：

```
hello -> ["h","e","l","l","o"]
```

这样可以看到一个单词"hello"被人为拆分成"h""e""l""l""o"这 5 个字母。对于 Hello 的处理有两种方法，即采用独热编码的方式和采用字符嵌入的方式。这样"hello"这个单词就会被转成一个 [5,n] 大小的矩阵，本例中采用独热编码的方式处理。

使用卷积神经网络计算字符矩阵时，对于每个单词拆分后的数据，根据不同的长度对其进行卷积处理，提取出高层抽象概念。这样做的好处是不需要使用预训练好的词向量和语法句法结构等信息。除此之外，字符级还有一个好处就是可以很容易地推广到所有语言。使用 CNN 处理字符文本分类的原理如图 12.23 所示。

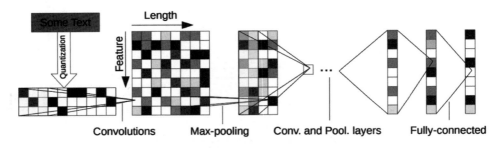

图 12.23 使用 CNN 处理字符文本分类

1. 第一步：标题文本的读取与转化

对于 Agnews 数据集来说，每个分类的文本条例既有对应的分类，也有标题和文本内容。对于文本内容的抽取在上一节中做过介绍，这里采用直接使用标题文本的方法进行处理，如图 12.24 所示。

```
3 Money Funds Fell in Latest Week (AP)
3 Fed minutes show dissent over inflation (USATODAY.com)
3 Safety Net (Forbes.com)
3 Wall St. Bears Claw Back Into the Black
3 Oil and Economy Cloud Stocks' Outlook
3 No Need for OPEC to Pump More-Iran Gov
3 Non-OPEC Nations Should Up Output-Purnomo
3 Google IPO Auction Off to Rocky Start
3 Dollar Falls Broadly on Record Trade Gap
3 Rescuing an Old Saver
3 Kids Rule for Back-to-School
3 In a Down Market, Head Toward Value Funds
```

图 12.24 AG_news 标题文本

读取标题和 label 的程序请读者参考上一节"文本数据处理"的内容自行完成。由于只是对文本标题进行处理，因此在进行数据清洗的时候不用处理停用词和进行词根还原。对于空格，由于是字符计算，因此不需要保留，直接删除即可。完整代码如下：

```
def text_clearTitle(text):
    text = text.lower()                      #将文本转化成小写字母
    text = re.sub(r"[^a-z]"," ",text)        #替换非标准字符，^是求反操作
    text = re.sub(r" +", " ", text)          #替换多重空格
    text = text.strip()                      #取出首尾空格
    text = text + " eos"                     #添加结束符，请注意，eos 前面有一个空格
return text
```

这样获取的结果如图 12.25 所示。

```
wal mart dec sales still seen up pct eos
sabotage stops iraq s north oil exports eos
corporate cost cutters miss out eos
murdoch will shell out mil for manhattan penthouse eos
au says sudan begins troop withdrawal from darfur reuters eos
insurgents attack iraq election offices reuters eos
syria redeploys some security forces in lebanon reuters eos
security scare closes british airport ap eos
iraqi judges start quizzing saddam aides ap eos
musharraf says won t quit as army chief reuters eos
```

图 12.25 AG_news 标题文本抽取结果

可以看到，不同的标题被整合成一系列可能没有任何表示意义的字符。

2．第二步：文本的独热编码处理

下面将生成的字符串进行独热编码处理，处理的方式非常简单，首先建立一个 26 个字母的字符表：

```
alphabet_title = "abcdefghijklmnopqrstuvwxyz"
```

将不同的字符获取字符表对应位置进行提取，根据提取的位置将对应的字符位置设置成 1，其他为 0，例如字符"c"在字符表中排列第 3 个，那么获取的字符矩阵为：

```
[0,0,1,0,0,0,0,0,0,0,0,0,0,0,0,0,0,0,0,0,0,0,0,0,0,0]
```

其他的类似，代码如下：

```
def get_one_hot(list):
    values = np.array(list)
    n_values = len(alphabet_title) + 1
    return np.eye(n_values)[values]
```

这段代码的作用就是将生成的字符序列转换成矩阵，如图 12.26 所示。

```
                      [[0. 1. 0. 0. 0. 0. 0. 0. 0. 0. 0. 0. 0. 0. 0. 0. 0. 0. 0. 0. 0. 0. 0. 0.
                        0. 0. 0.]
                       [0. 0. 1. 0. 0. 0. 0. 0. 0. 0. 0. 0. 0. 0. 0. 0. 0. 0. 0. 0. 0. 0. 0. 0.
                        0. 0. 0.]
                       [0. 0. 0. 1. 0. 0. 0. 0. 0. 0. 0. 0. 0. 0. 0. 0. 0. 0. 0. 0. 0. 0. 0. 0.
              ->        0. 0. 0.]
                       [0. 0. 0. 0. 1. 0. 0. 0. 0. 0. 0. 0. 0. 0. 0. 0. 0. 0. 0. 0. 0. 0. 0. 0.
                        0. 0. 0.]
                       [0. 0. 0. 0. 0. 1. 0. 0. 0. 0. 0. 0. 0. 0. 0. 0. 0. 0. 0. 0. 0. 0. 0. 0.
                        0. 0. 0.]
                       [0. 0. 0. 0. 0. 0. 1. 0. 0. 0. 0. 0. 0. 0. 0. 0. 0. 0. 0. 0. 0. 0. 0. 0.
                        0. 0. 0.]
[1,2,3,4,5,6,0]        [1. 0. 0. 0. 0. 0. 0. 0. 0. 0. 0. 0. 0. 0. 0. 0. 0. 0. 0. 0. 0. 0. 0. 0.
                        0. 0. 0.]]
```

图 12.26 字符序列转换为矩阵示意图

下一步就是将字符串按字符表中的顺序转换成数字序列，代码如下：

```python
def get_char_list(string):
    alphabet_title = "abcdefghijklmnopqrstuvwxyz"
    char_list = []
    for char in string:
        num = alphabet_title.index(char)
        char_list.append(num)
    return char_list
```

这样生成的结果如下：

```
hello  ->  [7, 4, 11, 11, 14]
```

将代码段整合在一起，最终结果如下：

```python
def get_one_hot(list,alphabet_title = None):
    if alphabet_title == None:                              # 设置字符集
        alphabet_title = "abcdefghijklmnopqrstuvwxyz"
    else:alphabet_title = alphabet_title
    values = np.array(list)                                 # 获取字符数列
    n_values = len(alphabet_title) + 1                      # 获取字符表长度
    return np.eye(n_values)[values]
def get_char_list(string,alphabet_title = None):
    if alphabet_title == None:
        alphabet_title = "abcdefghijklmnopqrstuvwxyz"
    else:alphabet_title = alphabet_title
    char_list = []
    for char in string:                                     # 获取字符串中的字符
        num = alphabet_title.index(char)                    # 获取对应位置
        char_list.append(num)                               # 组合位置编码
    return char_list
# 主代码
def get_string_matrix(string):
    char_list = get_char_list(string)
    string_matrix = get_one_hot(char_list)
    return string_matrix
```

这样生成的结果如图12.27所示。

```
[[0. 0. 0. 0. 0. 0. 0. 1. 0. 0. 0. 0. 0. 0. 0. 0. 0. 0. 0. 0. 0. 0. 0.
  0. 0. 0.]
 [0. 0. 0. 0. 1. 0. 0. 0. 0. 0. 0. 0. 0. 0. 0. 0. 0. 0. 0. 0. 0. 0. 0.
  0. 0. 0.]
 [0. 0. 0. 0. 0. 0. 0. 0. 0. 0. 0. 1. 0. 0. 0. 0. 0. 0. 0. 0. 0. 0. 0.
  0. 0. 0.]
 [0. 0. 0. 0. 0. 0. 0. 0. 0. 0. 0. 1. 0. 0. 0. 0. 0. 0. 0. 0. 0. 0. 0.
  0. 0. 0.]
 [0. 0. 0. 0. 0. 0. 0. 0. 0. 0. 0. 0. 0. 0. 1. 0. 0. 0. 0. 0. 0. 0. 0.
  0. 0. 0.]]
```

图12.27 转换字符串并进行独热编码处理

可以看到，单词"hello"被转换成一个[5,26]大小的矩阵，供下一步处理。这里又产生了一个新的问题，对于不同长度的字符串，组成的矩阵行长度不同。虽然卷积神经网络可以处理具有不同长度的字符串，但是在本例中还是以相同大小的矩阵作为数据输入进行计算。

3. 第三步：生成文本的矩阵的细节处理——矩阵补全

下一步就是根据文本标题生成独热编码矩阵，而对于上一步中的矩阵生成独热编码矩阵函数，读者可以自行将其变更成类来使用，这样能够在使用时更为简易和便捷。此处使用了单独的函数，也就是上一步编写的函数 get_string_matrix。

```
import csv
import numpy as np
import tools
agnews_title = []
agnews_train = csv.reader(open("./dataset/train.csv","r"))
for line in agnews_train:
    agnews_title.append(tools.text_clearTitle(line[1]))
for title in agnews_title:
    string_matrix = tools.get_string_matrix(title)
    print(string_matrix.shape)
```

打印结果如图 12.28 所示。

```
(51, 28)
(59, 28)
(44, 28)
(47, 28)
(51, 28)
(91, 28)
(54, 28)
(42, 28)
```

图 12.28 补全后的矩阵维度

可以看到，生成的文本矩阵被整形成一个有一定大小规则的矩阵输出。这里又出现了一个新的问题，对于不同长度的文本，单词和字母的多少并不是固定的，虽然对于全卷积神经网络来说输入的数据维度可以不统一和不固定，但是还是要对其进行处理。

对于不同长度的矩阵处理，简单的思路就是将其进行规范化处理：长的截短，短的补长。本文的思路也是如此，代码如下：

```
def get_handle_string_matrix(string,n = 64):  #n为设定的长度，可以根据需要修正
    string_length= len(string)                 # 获取字符串长度
    if string_length > 64:                     # 判断是否大于64,
        string = string[:64]                   # 长度大于64的字符串予以截短
        string_matrix = get_string_matrix(string) # 获取文本矩阵
        return string_matrix
    else:                                      # 对于长度不够的字符串
        string_matrix = get_string_matrix(string) # 获取字符串矩阵
        handle_length = n - string_length      # 获取需要补全的长度
        pad_matrix = np.zeros([handle_length,28]) # 使用全0矩阵进行补全
```

```
# 将字符矩阵和全 0 矩阵进行叠加，将全 0 矩阵叠加到字符矩阵后面
string_matrix = np.concatenate([string_matrix,pad_matrix],axis=0)
return string_matrix
```

代码分成两部分，首先是对不同长度的字符进行处理：对于长度大于 64（64 是人为设定的，也可以根据需要对其进行修改）的字符串，截取前部分进行矩阵获取；对于长度不到 64 的字符串，需要对其进行补全，生成由余数构成的全 0 矩阵进行处理。

这样经过修饰后的代码如下：

```
import csv
import numpy as np
import tools
agnews_title = []
agnews_train = csv.reader(open("./dataset/train.csv","r"))
for line in agnews_train:
    agnews_title.append(tools.text_clearTitle(line[1]))
for title in agnews_title:
    string_matrix = tools.get_handle_string_matrix(title)
    print(string_matrix.shape)
```

打印结果如图 12.29 所示。

```
(64, 28)
(64, 28)
(64, 28)
(64, 28)
(64, 28)
(64, 28)
(64, 28)
(64, 28)
```

图 12.29 标准化补全后的矩阵维度

4．第四步：标签的独热编码矩阵构建

对于分类的表示，同样可以使用独热编码的方法对其分类做出分类重构，代码如下：

```
def get_label_one_hot(list):
    values = np.array(list)
    n_values = np.max(values) + 1
    return np.eye(n_values)[values]
```

仿照文本的 one-hot 函数，根据传进来的序列化参数对列表进行重构，形成一个新的独热编码矩阵，从而能够反映出不同的类别。

5．第五步：数据集的构建

通过准备文本数据集，将文本进行清洗，去除不相干的词，提取出主干，并根据需要设定矩阵维度和大小，全部代码如下（tools 代码为上文分布代码，在主代码后部位）：

```
import csv
```

```
import numpy as np
import tools
agnews_label = []                                          # 空标签列表
agnews_title = []                                          # 空文本标题文档
agnews_train = csv.reader(open("./dataset/train.csv","r"))      # 读取数据集
for line in agnews_train:                                  # 分行迭代文本数据
    agnews_label.append(np.int(line[0]))                   # 将标签读入标签列表
    agnews_title.append(tools.text_clearTitle(line[1]))    # 将文本读入
train_dataset = []
for title in agnews_title:
    string_matrix = tools.get_handle_string_matrix(title)  # 构建文本矩阵
    train_dataset.append(string_matrix)                    # 以文本矩阵读取训练列表
train_dataset = np.array(train_dataset)                    # 将原生的训练列表转换成NumPy格式
# 将label列表转换成one-hot格式
label_dataset = tools.get_label_one_hot(agnews_label)
```

这里首先通过 csv 库获取全文本数据，之后逐行将文本和标签读入，分别将其转化成 one-hot 矩阵后，再利用 NumPy 库将对应的列表转换成 NumPy 格式，结果如图 12.30 所示。

```
(120000, 64, 28, 1)
(120000, 5)
```

图 12.30　标准化转换后的 AG_news

这里分别生成了训练集数量数据和标签数据的独热编码矩阵列表。训练集的维度为 [120000,64,28,1]，第一个数字是总的样本数，第二个和第三个数字为生成的矩阵维度，而最后一个 1 代表这里只使用 1 个通道。标签数据为 [120000,5]，是一个二维矩阵，120000 是样本的总数，5 是类别。注意，one-hot 是从 0 开始的，而标签的分类是从 1 开始的，因此会自动生成一个 0 的标签。tools 函数如下，读者可以将其修改成类的形式进行处理：

```
import re
from nltk.corpus import stopwords
from nltk.stem.porter import PorterStemmer
import numpy as np
stoplist = stopwords.words('english')          # 对英文文本进行数据清洗
def text_clear(text):
    text = text.lower()                        # 将文本转化成小写字母
    text = re.sub(r"[^a-z]"," ",text)          # 替换非标准字符，^是求反操作
    text = re.sub(r" +", " ", text)            # 替换多重空格
    text = text.strip()                        # 取出首尾空格
    text = text.split(" ")
    text = [word for word in text if word not in stoplist]    # 去除停用词
    text = [PorterStemmer().stem(word) for word in text]      # 还原词干部分
    text.append("eos")                         # 添加结束符
    text = ["bos"] + text                      # 添加开始符
    return text
# 对标题进行处理
```

```python
def text_clearTitle(text):
    text = text.lower()                            # 将文本转化成小写字母
    text = re.sub(r"[^a-z]"," ",text)              # 替换非标准字符，^ 是求反操作
    text = re.sub(r" +", " ", text)                # 替换多重空格
    #text = re.sub(" ", "", text)                  # 替换隔断空格
    text = text.strip()                            # 取出首尾空格
    text = text + " eos"                           # 添加结束符
    return text
# 生成标题的独热编码标签
def get_label_one_hot(list):
    values = np.array(list)
    n_values = np.max(values) + 1
    return np.eye(n_values)[values]
# 生成文本的独热编码矩阵
def get_one_hot(list,alphabet_title = None):
    if alphabet_title == None:                     # 设置字符集
        alphabet_title = "abcdefghijklmnopqrstuvwxyz "
    else:alphabet_title = alphabet_title
    values = np.array(list)                        # 获取字符数列
    n_values = len(alphabet_title) + 1             # 获取字符表长度
    return np.eye(n_values)[values]
# 获取文本在词典中的位置列表
def get_char_list(string,alphabet_title = None):
    if alphabet_title == None:
        alphabet_title = "abcdefghijklmnopqrstuvwxyz "
    else:alphabet_title = alphabet_title
    char_list = []
    for char in string:                            # 获取字符串中的字符
        num = alphabet_title.index(char)           # 获取对应位置
        char_list.append(num)                      # 组合位置编码
    return char_list
# 生成文本矩阵
def get_string_matrix(string):
    char_list = get_char_list(string)
    string_matrix = get_one_hot(char_list)
    return string_matrix
# 获取补全后的文本矩阵
def get_handle_string_matrix(string,n = 64):
    string_length= len(string)
    if string_length > 64:
        string = string[:64]
        string_matrix = get_string_matrix(string)
        return string_matrix
    else:
        string_matrix = get_string_matrix(string)
        handle_length = n - string_length
```

```
        pad_matrix = np.zeros([handle_length,28])
        string_matrix = np.concatenate([string_matrix,pad_matrix], axis=0)
        return string_matrix
# 获取数据集
def get_dataset():
    agnews_label = []
    agnews_title = []
    agnews_train = csv.reader(open("./dataset/train.csv","r"))
    for line in agnews_train:
        agnews_label.append(np.int(line[0]))
        agnews_title.append(text_clearTitle(line[1]))
    train_dataset = []
    for title in agnews_title:
        string_matrix = get_handle_string_matrix(title)
        train_dataset.append(string_matrix)
    train_dataset = np.array(train_dataset)
    label_dataset = get_label_one_hot(agnews_label)
    train_dataset = np.expand_dims(train_dataset,axis=-1)
    return train_dataset,label_dataset
```

12.3.2 卷积神经网络文本分类模型的实现——conv1d（一维卷积）

对文本的数据集处理完毕后，下面进入基于卷积神经网络的分类模型设计（见图12.31）。

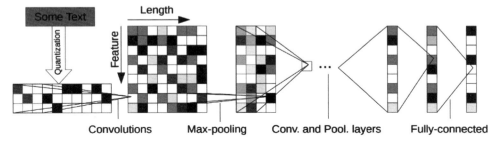

图 12.31 使用 CNN 处理字符文本分类

模型的设计多种多样，如图 12.31 所示的结构，根据类似的模型设计了一个由 5 层神经网络构成的文本分类模型：

层 次	分 类
1	Conv 3x3 1x1
2	Conv 5x5 1x1
3	Conv 3x3 1x1
4	full_connect 256
5	full_connect 5

前 3 层是基于一维的卷积神经网络，后 2 层是用于分类任务的全连接层，代码如下：

```python
def charCNN(num_classes):
    return stax.serial(
        Conv(1, (3, 3)),Relu,
        Conv(1, (5, 5)),Relu,
        Conv(1, (3, 3)), Relu,
        Flatten,
        Dense(32),Relu,
        Dense(num_classes), Logsoftmax
    )
```

这里是完整的训练模型,训练代码如下:

```python
import jax
import jax.numpy as jnp
from jax import grad
from jax.experimental import optimizers
from jax.experimental import stax
from jax.experimental import optimizers
from jax.experimental.stax import (Conv, Dense,MaxPool,
                                    Flatten,
                                    Relu, Logsoftmax)
import get_char_embedding
x_train, y_train = get_char_embedding.get_dataset()
key = jax.random.PRNGKey(17)
x_train = jax.random.shuffle(key,x_train)
y_train = jax.random.shuffle(key,y_train)
x_test = x_train[:12000]
y_test = y_train[:12000:]
x_train = x_train[12000:]
y_train = y_train[12000:]
def charCNN(num_classes):
    return stax.serial(
        Conv(1, (3, 3)),Relu,
        Conv(1, (5, 5)),Relu,
        MaxPool((3,3),(1,1)),
        Conv(1, (3, 3)), Relu,
        Flatten,
        Dense(256),Relu,
        Dense(num_classes), Logsoftmax
    )
init_random_params, predict = charCNN(5)
def pred_check(params, batch):
    inputs, targets = batch
    predict_result = predict(params, inputs)
    predicted_class = jnp.argmax(predict_result, axis=1)
    targets = jnp.argmax(targets, axis=1)
    return jnp.sum(predicted_class == targets)
```

```
def loss(params, batch):
    inputs, targets = batch
    return jnp.mean(jnp.sum(-targets * predict(params, inputs), axis=1))
def update(i, opt_state, batch):
    """ Single optimization step over a minibatch. """
    params = get_params(opt_state)
    return opt_update(i, grad(loss)(params, batch), opt_state)
input_shape = [-1,64,28,1]
#这里的step_size就是学习率
opt_init, opt_update, get_params = optimizers.adam(step_size = 2.17e-4)
_, init_params = init_random_params(key, input_shape)
opt_state = opt_init(init_params)
batch_size = 128
total_num = (120000-12000)  #这里读者根据硬件水平自由设定全部的训练数据,总量为120000
for _ in range(170):
    epoch_num = int(total_num//batch_size)
    print(f"{_}轮训练开始")
    for i in range(epoch_num):
        start = i * batch_size
        end = (i + 1) * batch_size
        data = x_train[start:end]
        targets = y_train[start:end]
        opt_state = update((i), opt_state, (data, targets))
        if (i + 1)%79 == 0:
            params = get_params(opt_state)
            loss_value = loss(params,(data, targets))
            print(f"loss:{loss_value}")
    params = get_params(opt_state)
    print(f"{_}轮训练结束")
    train_acc = []
    correct_preds = 0.0
    test_epoch_num = int(12000 // batch_size)
    for i in range(test_epoch_num):
        start = i * batch_size
        end = (i + 1) * batch_size
        data = x_test[start:end]
        targets = y_test[start:end]
        correct_preds += pred_check(params, (data, targets))
    train_acc.append(correct_preds / float(total_num))
    print(f"Training set accuracy: {(train_acc)}")
```

首先获取完整的数据集,之后对数据集进行划分,将数据分为训练集和测试集。模型的计算和损失函数的优化与上一节介绍的 ResNet 方法类似,这里不做赘述。

最终结果请读者自行完成。需要说明的是,这里的模型只是一个较简易的基于短文本分类的文本分类模型,而且效果并不太好,仅仅起到一个抛砖引玉的作用。

12.4 针对文本的卷积神经网络模型——词卷积

使用字符卷积对文本分类是可以的，但是相对于词来说，字符包含的信息并没有"词"的内容多，即使卷积神经网络能够较好地对数据信息进行学习，但是由于包含的内容关系不多而导致其最终效果差强人意。

在字符卷积的基础上，研究人员尝试使用词为基础数据对文本进行处理。图 12.32 是使用 CNN 做词卷积模型。

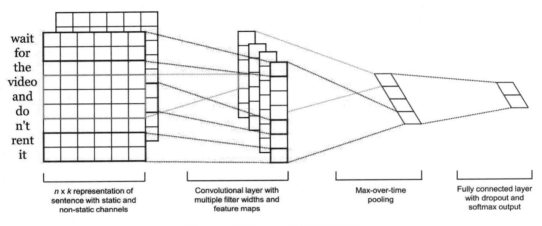

图 12.32 使用 CNN 做词卷积模型

在实际读写中，一般用短文本表达较为集中的思想，文本长度有限、结构紧凑、能够独立表达意思，因此可以使用基于词卷积的神经网络对数据进行处理。

12.4.1 单词的文本处理

使用卷积神经网络对单词进行处理的最基本要求就是：将文本转换成计算机可以识别的数据。在上一节中，我们使用卷积神经网络对字符的独热编码矩阵进行了分析处理，这里有一个简单的想法，也就是能否将文本中的单词处理成独热编码矩阵后再进行处理，如图 12.33 所示。

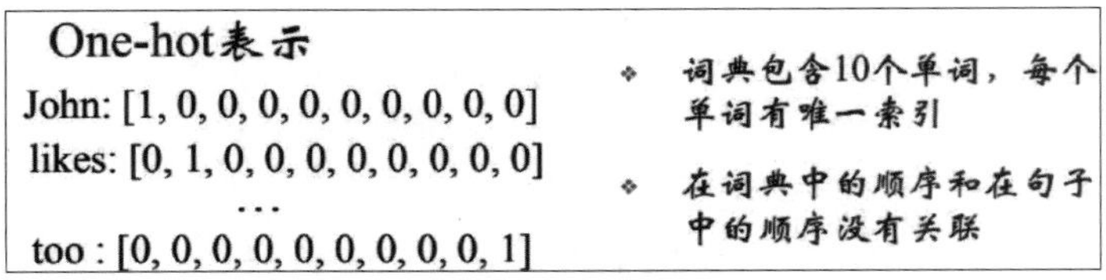

图 12.33 词的独热编码处理

使用独热编码表示单词从理论上讲是可行的，但是实际上并不可行。对于基于字符的独热编码方案来说，所有的字符会在一个相对合适的字库（例如 26 个字母或者一些常用的字符）中选取，那么总量并不会很多（通常少于 128 个），因此组成的矩阵也不会很大。

对于单词来说，常用的英文单词或者中文词语一般在 5000 左右，因此建立一个稀疏、庞大的独热编码矩阵是不切实际的想法。

目前来说，一个较好的解决方法就是使用 word2vec 的词嵌入方法，这样可以通过学习将字库中的词转换成维度一定的向量，作为卷积神经网络的计算依据。本节的处理和计算依旧使用文本标题作为处理的目标。单词的词向量的建立步骤说明如下。

1. 第一步：分词模型的处理

首先对读取的数据进行分词处理，与采用独热编码形式的数据读取类似，首先对文本进行清洗，清除停用词和标准化文本。需要注意的是，对于 word2vec 训练模型来说，需要输入若干个词列表，因此要将获取的文本进行分词，转换成数组的形式存储。

```python
def text_clearTitle_word2vec(text):
    text = text.lower()                     # 将文本转化成小写字母
    text = re.sub(r"[^a-z]"," ",text)       # 替换非标准字符，^ 是求反操作
    text = re.sub(r" +", " ", text)         # 替换多重空格
    text = text.strip()                     # 取出首尾空格
    text = text + " eos"                    # 添加结束符，注意 eos 前有空格
    text = text.split(" ")                  # 对文本分词，转成列表存储
    return text
```

请读者自行验证。

2. 第二步：分词模型的训练与载入

下面一步是对分词模型的训练与载入，基于已有的分词数组，对不同维度的矩阵分别处理。需要注意的是，对于 word2vec 词向量来说，简单地将待补全的矩阵用全 0 矩阵补全是不合适的，因此一个最好的方法就是将 0 矩阵修改为一个非常小的常数矩阵，代码如下：

```python
def get_word2vec_dataset(n = 12):
    agnews_label = []                                       # 创建标签列表
    agnews_title = []                                       # 创建标题列表
    agnews_train = csv.reader(open("./dataset/train.csv", "r"))
    for line in agnews_train:                               # 将数据读取到对应列表中
        agnews_label.append(np.int(line[0]))
        # 将数据进行清洗之后再读取
        agnews_title.append(text_clearTitle_word2vec(line[1]))
    from gensim.models import word2vec                      # 导入 gensim 包
    # 设置训练参数
    model = word2vec.Word2Vec(agnews_title, size=64, min_count=0, window=5)
    train_dataset = []                                      # 创建训练集列表
    for line in agnews_title:                               # 对长度进行判定
        length = len(line)                                  # 获取列表长度
        if length > n:                                      # 对列表长度进行判断
            line = line[:n]                                 # 截取需要的长度列表
            word2vec_matrix = (model[line])                 # 获取 word2vec 矩阵
            train_dataset.append(word2vec_matrix)
```

```
            # 将 word2vec 矩阵添加到训练集中
            else:                                    # 补全长度不够的操作
                word2vec_matrix = (model[line])      # 获取 word2vec 矩阵
                pad_length = n - length              # 获取需要补全的长度
            # 创建补全矩阵并增加一个小数值
                pad_matrix = np.zeros([pad_length, 64]) + 1e-10
                word2vec_matrix = np.concatenate([word2vec_matrix, pad_matrix],
axis=0)   # 矩阵补全
                train_dataset.append(word2vec_matrix)# 将 word2vec 矩阵添加到训练集中
    train_dataset = np.expand_dims(train_dataset,3)     # 对三维矩阵进行扩展
    label_dataset = get_label_one_hot(agnews_label)     # 转换成独热编码矩阵
    return train_dataset, label_dataset
```

最终的结果如图 12.34 所示。

```
(120000, 12, 64, 1)
(120000, 5)
```

图 12.34 卷积处理后的 AG_news 数据集

在上面代码段中倒数第三行 np.expand_dims 函数的作用是对生成的数据列表中的数据进行扩展，将原始的三维矩阵扩展成四维，在不改变具体数值大小的前提下扩展了矩阵的维度，这是为下一步使用二维卷积对文本进行分类做数据准备。

12.4.2 卷积神经网络文本分类模型的实现

下面对卷积神经网络进行设计，使用二维卷积进行文本分类任务，如图 12.35 所示。

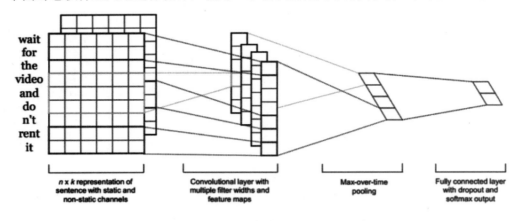

图 12.35 使用二维卷积进行文本分类任务

模型的思想很简单，根据输入的已转化成词嵌入形式的词矩阵，通过不同的卷积提取不同的长度进行二维卷积计算，将最终的计算值进行链接，之后经过池化层获取不同矩阵均值，之后通过一个全连接层对其进行分类。

具体代码请有兴趣的读者参考上一节的字符卷积形式完成。

12.5 使用卷积对文本分类的补充内容

在上面的章节中，我们通过卷积实现了文本的分类，并且通过使用 gensim 掌握了对文本进行词向量转化的方法。词嵌入是目前最常用的将文本转化成向量的方法，比较适合较复杂词袋中词组较多的情况。

使用独热编码方法对字符进行表示是一种非常简单的方法，但是由于其使用受限较大，产生的矩阵较为稀疏，因此在实用性上并不是很强，在这里统一推荐使用词嵌入的方式对词进行处理。

可能有读者会产生疑问，使用 word2vec 的形式来计算字符的"字向量"是否可行？答案是完全可以的，并且相对于单纯采用独热编码形式的矩阵来表示，能有更好的表现和准确度。

12.5.1 中文的文本处理

中文文本的处理相较于英文文本略为复杂，一个非常简单的办法就是将中文转化成拼音的形式，使用 Python 提供的拼音库包：

```
pip install pypinyin
```

使用方法如下：

```
from pypinyin import pinyin, lazy_pinyin, Style
value = lazy_pinyin('你好')      # 不考虑多音字的情况
print(value)
```

打印结果如下：

```
['ni', 'hao']
```

这里不考虑多音字的普通模式，除此之外还有带有拼音符号的多音字字母，有兴趣的读者可以自行学习。

较常用的对中文文本处理的方法是使用分词器进行文本分词，将分词后的词数列去除停用词和副词之后制作词嵌入（即词向量化），如图 12.36 所示。

> 在上面的章节中，作者通过不同的卷积（一维卷积和二维卷积）实现了文本的分类，并且通过使用 gensim 掌握了对文本进行词向量转化的方法。词嵌入是目前最常用的将文本转成向量的方法，比较适合较为复杂词袋中词组较多的情况。
> 使用独热编码方法对字符进行表示是一种非常简单的方法，但是由于其使用受限较大，产生的矩阵较为稀疏，因此在实用性上并不是很强，作者在这里统一推荐使用词嵌入的方式对词进行处理。
> 可能有读者会产生疑问：使用 word2vec 的形式来计算字符的"字向量"是否可行？答案是完全可以，并且准确度相对于单纯采用独热编码形式的矩阵来表示能有更好的表现和准确度。

图 12.36 使用分词器进行文本分词

这里对图 12.36 所示的文字进行分词并将其转化成词向量的形式进行处理。

1. 第一步：读取数据

为了演示直接使用字符串作为数据的存储格式，而对于多行文本的读取读者可以使用 Python 类库中文本读取工具，这里不做讲解。

```
text = "在上面的章节中，笔者通过不同的卷积（一维卷积和二维卷积）实现了文本的分类，并且通过使用 gensim 掌握了对文本进行词向量转化的方法。词向量 word embedding 是目前最常用的将文本转成向量的方法，比较适合较为复杂词袋中词组较多的情况。使用 one-hot 方法对字符进行表示是一种非常简单的方法，但是由于其使用受限较大，产生的矩阵较为稀疏，因此在实用性上并不是很强，笔者在这里统一推荐使用 word embedding 的方式对词进行处理。可能有读者会产生疑问：使用 word2vec 的形式来计算字符的"字向量"是否可行？答案是完全可以，并且准确度相对于单纯采用 one-hot 形式的矩阵表示能有更好的表现和准确度。"
```

2. 第二步：中文文本的清理与分词

下面使用分词工具对中文文本进行分词计算。对于文本分词工具，Python 类库中最常用的是 jieba 分词库，导入如下：

```
import jieba                    # 分词器
import re                       # 正则表达式库包
```

对于正文的文本，首先需要对其进行清洗，剔除非标准字符，这里采用 re 正则表达式用于对文本进行处理，部分处理代码如下：

```
# 替换非标准字符，^ 是求反操作
text = re.sub(r"[a-zA-Z0-9-,。""()]"," ",text)
text = re.sub(r" +", " ", text)                # 替换多重空格
text = re.sub(" ", "", text)                   # 替换隔断空格
```

处理好的文本如图 12.37 所示。

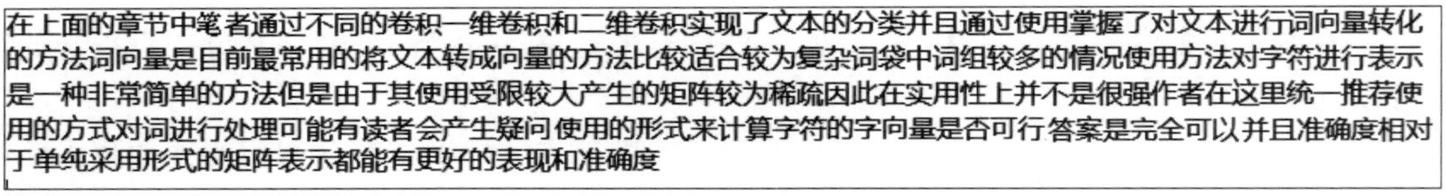

```
在上面的章节中笔者通过不同的卷积一维卷积和二维卷积实现了文本的分类并且通过使用掌握了对文本进行词向量转化的方法词向量是目前最常用的将文本转成向量的方法比较适合较为复杂词袋中词组较多的情况使用方法对字符进行表示是一种非常简单的方法但是由于其使用受限较大产生的矩阵较为稀疏因此在实用性上并不是很强作者在这里统一推荐使用的方式对词进行处理可能有读者会产生疑问使用的形式来计算字符的字向量是否可行答案是完全可以并且准确度相对于单纯采用形式的矩阵表示都能有更好的表现和准确度
```

图 12.37 处理好的文本

文本中的数字、中文字符以及标点符号已经被删除，并且其中由于删除不标准字符所遗留的空格也一一删除，留下的是完整的待切分文本。

jieba 库是一个用于对中文文本进行分词的工具，分词函数如下：

```
text_list = jieba.lcut_for_search(text)
```

这里使用结巴分词对文本进行分词，之后将分词后的结果以数组的形式存储，打印结果如图 12.38 所示。

```
['在', '上面', '的', '章节', '中', '笔者', '通过', '不同', '的', '卷积', '一维', '卷积', '和', '二维', '卷积', '实现', '了', '文本', '的', '分类', '并且', '通过', '使用', '掌握', '了', '对', '文本', '进行', '词', '向量', '转化', '的', '方法', '词', '向量', '是', '目前', '最', '常用', '的', '将', '文本', '转', '成', '向量', '的', '方法', '比较', '适合', '较为', '复杂', '词', '袋中', '词组', '多', '的', '情况', '使用', '方法', '对', '字符', '进行', '表示', '是', '一种', '非常', '简单', '非常简单', '的', '方法', '但是', '由于', '其', '使用', '受限', '较大', '产生', '的', '矩阵', '较为', '稀疏', '因此', '在', '实用', '实用性', '上', '并', '不是', '很强', '作者', '在', '这里', '统一', '推荐', '使用', '的', '方式', '对词', '进行', '处理', '可能', '有', '读者', '会', '产生', '疑问', '使用', '的', '形式', '来', '计算', '字符', '的', '字', '向量', '是否', '可行', '答案', '是', '完全', '可以', '并且', '准确', '准确度', '相对', '于', '单纯', '采用', '形式', '的', '矩阵', '表示', '都', '能', '有', '更好', '的', '表现', '和', '准确', '准确度']
```

图 12.38 分词后的中文文本

3. 第三步：使用 gensim 构建词向量

使用 gensim 构建词向量的方法相信读者已经比较熟悉，这里直接使用即可，代码如下：

```
from gensim.models import word2vec          # 导入 gensim 包
# 设置训练参数，注意方括号内容
model = word2vec.Word2Vec([text_list], size=50, min_count=1, window=3)
print(model["章节"])
```

有一个非常重要的细节需要注意，因为 word2vec.Word2Vec 函数接受的是一个二维数组，而本文通过 jieba 分词的结果是一个一维数组，所以需要在其上加上一个数组符号人为地构建一个新的数据结构，否则在打印词向量时会报错。

代码正确执行，等待 gensim 训练完成后打印一个字符的向量，如图 12.39 所示。

```
[ 0.00700214 -0.00771189 -0.00651557  0.00805341  0.00060104 -0.00614405
  0.00336286 -0.00911157  0.0008981   0.00469631 -0.00536773 -0.00359946
  0.0051344  -0.00519805 -0.00942803 -0.00215036 -0.00504649 -0.00531102
  0.00060753 -0.00373814 -0.00554779 -0.00814913  0.00525336 -0.00070392
  0.00515197  0.00504736 -0.00126333 -0.00581168  0.00431437  0.00871824
  0.00618446  0.00265644 -0.00094638 -0.0051491   0.00861935  0.0091601
 -0.00820806 -0.00257573 -0.00670012  0.01000227  0.00413029  0.00592533
 -0.00560609 -0.00134225  0.00945567 -0.00521776  0.00641463  0.00850249
 -0.00726161  0.0013621 ]
```

图 12.39 单个中文词的向量

完整代码如下所示。

【程序 12-11】

```
import jieba
import re
text = re.sub(r"[a-zA-Z0-9-,。""()]"," ",text)   # 替换非标准字符，^ 是求反操作
text = re.sub(r" +", " ", text)                   # 替换多重空格
text = re.sub(" ", "", text)                      # 替换隔断空格
print(text)
text_list = jieba.lcut_for_search(text)
from gensim.models import word2vec                # 导入 gensim 包
# 设置训练参数
model = word2vec.Word2Vec([text_list], size=50, min_count=1, window=3)
print(model["章节"])
```

对于后续工程，读者可以自行参考二维卷积对文本处理的模型进行下一步的计算。

12.5.2 其他细节

对于普通的文本，完全可以通过一系列的清洗和向量化处理将其转换成矩阵的形式，之后通过卷积神经网络对文本进行处理。在上一节中只做了中文向量的词处理，缺乏主题提取、去除停用词等操作，相信读者可以自行学习，根据需要补全代码。

对于词嵌入构成的矩阵（例如，在前面的章节中实现的 ResNet 网络，以及加上了 attention 机制的记忆力模型，见图 12.40），能否使用已有的模型进行处理？

答案是可以的。笔者在文本识别的过程中使用了 ResNet50 作为文本模型识别器，同样可以获得不低于现有模型的准确率，有兴趣的读者可以自行 验证。

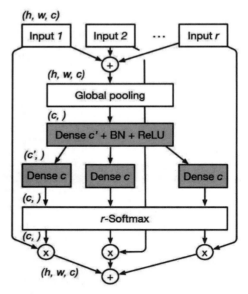

图 12.40 加上 attention 后的 ResNet 模型

12.6 本章小结

卷积神经网络并不是只能对图像进行处理，本章演示了如何使用卷积神经网络对文本进行分类。对于文本处理来说，传统的基于贝叶斯分类和循环神经网络（RNN）实现的文本分类方法，卷积神经网络一样可以实现，而且效果并不差。

卷积神经网络的应用非常广泛，通过正确的数据处理和建模可以达到程序设计人员心中所要求的目标。更重要的是，相对于循环神经网络来说，卷积神经网络在训练过程中的训练速度更快（并发计算），处理范围更大（图矩阵），能够获取更多的相互联系。因此，卷积神经网络在机器学习中起着越来越重要的作用。

预训练词向量内容非常新，使用词向量等价于把 embedding 层的网络用预训练好的参数矩阵初始化了，但是只能初始化第一层网络参数，再高层的参数就无能为力了。

下游 NLP 任务在使用词嵌入的时候一般有两种做法：一种是 Frozen，就是词嵌入那层网络参数固定不动；另一种是 Fine-Tuning，就是词嵌入那层参数随着训练过程被不断更新。

第 13 章
JAX 实战——生成对抗网络（GAN）

前面学习了使用 JAX 分别进行计算机视觉、自然语言处理等方面的深度学习任务，可以看到基于 JAX 的深度学习框架能够较好地完成这些基本任务。本章将学习使用 JAX 实现一种较特殊的网络——生成对抗网络（Generative Adversarial Network，GAN）。

生成对抗网络，顾名思义是一种包含两个网络的深度神经网络结构，将一个网络与另一个网络相互对立（因此称为"对抗"），如图 13.1 所示。

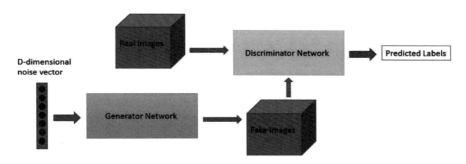

图 13.1 生成对抗网络

从目前对 GAN 的研究和应用上来看，GAN 的潜力巨大，因为它能学习模仿任何数据分布，因此，GAN 能被教导在任何领域创造类似于真实世界的东西，比如图像、音乐、演讲、散文等。在某种意义上，GAN 可以被视为一个机器人艺术家，它们的输出令人印象深刻，甚至能够深刻地打动人类。

13.1 GAN 的工作原理详解

为了理解 GAN，需要知道 GAN 是如何工作的。实际上 GAN 的组成和工作原理非常简单：

$$生成器 + 判别器 = GAN$$

GAN 是一种生成式的对抗网络。具体来说，就是通过对抗的方式去学习数据分布的生成式模型。所谓的对抗，指的是生成网络和判别网络的互相对抗。生成网络尽可能生成逼真样本，判别网络则尽可能去判别该样本是真实样本还是生成的假样本。

13.1.1 生成器与判别器共同构成了一个 GAN

生成器（generator）与判别器（discriminator）共同构成了一个 GAN。在介绍 GAN 之前我们先对生成器和判别器的存在作用做个解释。

1. 判别器

对于判别器来说，给它一幅画，判别器中的判别算法能够判别这幅画是不是由真正的画家完成的。画的真假是给与判别器的生成标签之一，而这幅画本身的向量特征就组成了输入的特征向量，如图 13.2 所示。

图 13.2 判别一幅画

把上述这句话用数学形式表示出来，标签被定义为 y，而特征向量被定义为 x，那么判别器的判定公式就是：

$$\text{discriminator} = p(y\,|\,x)$$

也就是在输入的 x 特征向量的基础上定义出 y 的概率。在这个判别器的例子中，输入向量也就是画的特征被定义成 x，而判别器对画的判定则是 y，即判别器对这幅画判定真伪的概率。因此，判别算法将特征映射为概率，判别器只关心其中的特征是否满足概率生成的条件。

2. 生成器

生成器的做法恰恰相反，它不关心向量是什么形式和内容，只关心给定标签信息，尝试由给定的标签内容去生成特征。同样以画为例，生成器需要考虑的是：假定这个画是由真实画家完成的，那么这些画中需要包含哪些画家的特征信息，这些信息又是什么样的，怎么将其展示出来让"别人（判别器）"认为这幅画是画家本人的真迹。这也和人类思考的过程相类似。

判别器关心的是由 x 判断出 y，而生成器关心的是如何生成一个 x 去满足对 y 的判定，用公式表示如下：

$$\text{Generator} = p(x\,|\,y)$$

生成器与判别器的区别总结如下：

- 判别器：学习不同类别和标签之间的区分界限。
- 生成器：学习标签中某一类的概率分布进行建模。

13.1.2 GAN 是怎么工作的

简单来说，GAN 的工作原理就是使用生成器去生成新的具有一定特征的向量内容，并且将生成的向量内容输入到判别器中去对其进行验证，评估这些向量内容为真或假的概率。

手写字体作为交易的依据是最常见的一种存根方式，而往往有人就是通过仿造别人的手写数字进行诈骗，特别是在银行领域，冒领支票的事件层出不穷，如图 13.3 所示。

在这个过程中"生成器"的作用就是根据标签的类别进行特征生成，最终生成具有真实手写特征的一系列数字，而判别器的目标就是当其被展示一个手写数字时能够识别出这个数字的真实性，如图 13.4 所示。

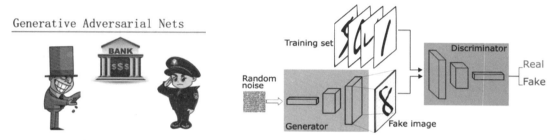

图 13.3 冒领支票　　　　　图 13.4 识别出数字的真实性

在这个过程中，GAN 所采取的步骤如下：

（1）生成器接收随机数然后返回一幅图片。
（2）这幅图片和真实数据集的图片流一起被送进了判别器。
（3）判别器接收真实的和假的图片然后返回概率，一个 0～1 的数字，1 代表真实的预测，0 代表是假的。

读者可以把 GAN 想象成猫鼠游戏中伪造者和警察的角色，伪造者不断学习假冒票据，警察在学习检测它们。双方都是动态的，也就是说，警察也是在训练（就像中央银行正在为泄漏的票据做标记），并且双方在不断升级中学习对方的方法。

需要强调的是，在这个过程中生成器与判别器是一个循环过程，随着生成器与判别器能力的提升，其对应的生成和判别能力也越来越强。这样实际上也就构成了一个反馈链接：

- 判别器和图片的标签构成一个反馈。
- 生成器和判别器构成一个反馈。

13.2 GAN 的数学原理详解

GAN 的理解非常简单：生成器的作用是根据标签信息生成具有一定特征的特性向量，而判别器的作用则是对生成的特征向量进行判别，生成器与判别器在这个循环中相互成长从而增加各自的能力。

13.2.1 GAN 的损失函数

GAN 的实质是一种生成、对抗网络，GAN 在这种对抗的过程中去学习数据分布的生成式模型，生成的模型尽可能地逼近真实样本的数据。而判别模型尽可能地判定这个样本的真实性。

对于 GAN 的数学原理分析我们首先从损失函数开始。图 13.5 所示的一个随机变量（通常为一个随机的正态分布噪音）通过生成器 Generator 生成一个 X_{fake}，判别器根据输入的数据 X_{data}（可能是判别器生成的 X_{fake}，也可能是真实样本 X_{real}）进行判定。

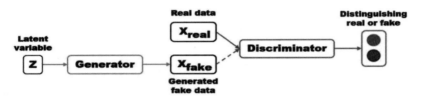

图 13.5 GAN 的数学原理分析

对于损失函数的确定，正如前面所介绍的反馈过程，分别独立进行判定，即：

（1）在判别器中，判别器和图片的标签构成一个反馈：

$$\mathrm{discriminator} = -p(x)(\log D(x)) = (E_x \sim X_{data})(\log D(x))$$

$D(x)$ 是判别器的计算输出结果，$E_x \sim X_{data}$ 是输入数据含有的真实标签，此时判别器所计算的目标来自于真实数据。由于 $D(x)$ 本身就是一个神经网络计算模型，负号的翻转可以对其计算后的值实现消去负号。

（2）生成器和判别器构成一个反馈。对于生成器来说，其公式如下：

$$\mathrm{Generator} = (E_x \sim G(z))(\log(1 - D(G(z))))$$

对于生成器的理解略微复杂一些，为了尽可能地欺骗判别器 D，因此需要最大化判别器对生成器生成的特征概率 $D(G(z))$，而 Z 是输入的随机噪音，在这个基础上 $1 - D(G(z))$ 获得最大概率。$(E_x \sim G(z))$ 则是告诉判别器输入的向量数据来自于生成器。

（3）总的优化目标。合成后的总优化目标如下：

$$\mathrm{loss} = (E_x \sim X_{data})(\log D(x)) + (E_x \sim G(z))(\log(1 - D(G(z))))$$

总的训练目标如上述公式所示，叠加了生成器与判别器交叉熵损失之和。然而，在实际训练时生成器和判别器采取交替训练的方式，即先训练 D 再训练 G 不断往复从而达到最终的平衡使得模型收敛。

13.2.2 生成器的产生分布的数学原理——相对熵简介

生成器的产生分布的数学原理如图 13.6 所示。简单来说，任何一组具有相似标签的数据

X_{data} 可以认为服从相同的分布 $P_{data}(x)$。而对于以随机正态分布 z 为输入的生成器来说，$P_G(z;\Theta)$ 是生成器的输出，即以参数 Θ 为学习参数对 z 的修正。注意，如果生成的 $P_G(z;\Theta)$ 是一个正态分布，那么 Θ 就是这个正态分布的均值和方差。

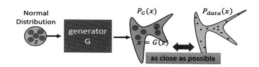

图 13.6 生成器的产生分布的数学原理

通过学习参数 Θ 使得 $P_G(z;\Theta)$ 最大限度地接近真实数据 $P_{data}(x)$，那么这个参数构成的神经网络就被称为生成器。对 Θ 的估算也被称为"极大似然估计"。

$$\Theta^* = \int P_{data}(x)\log(PG(z;\Theta))\mathrm{d}x - \int P_{data}(x)\log D(x)\mathrm{d}x = KL(P_{data}(x) \| PG(z;\Theta))$$

一个非常简单的求 Θ 的方法就是计算并最小化 $P_G(z;\Theta)$ 与 $D(x)$ 的差值，这种差值被称为 KL 散度（Kullback-Leibler Divergence，它是一种量化两种概率分布 P1 和 P2 之间差异的方式，又叫相对熵）。KL 散度的概念本书不做过多介绍。

通过相对熵获取生成器 Θ 的方式固然可行，然而有一个非常大的问题就是采用最大熵模型的拟合会使得模型过于复杂，同时生成目标不明确（分布的拟合需要非常复杂的网络和庞大的计算量，耗费的时间相当长）。因此 GAN 采用了神经网络替代了最大熵的计算过程，直接使用生成器拟合一个完整的分布计算模型，使得输入的噪音 z 能够直接被拟合相似于真实数据的分布，如图 13.7 所示。

图 13.7 采用了神经网络替代了最大熵的计算过程

此时用 Gernerator 代替 $P_G(z;\Theta)$，用 Discriminator 代替 $P_{data}(x)$ 去约束 Gernerator，不再需要似然估计，而采用使用神经网络去直接对这个分布变换进行拟合。

整个训练过程简单来说就是交替下面的过程：

（1）固定 Gernerator 中所有参数，收集 Real image + Fake image，用梯度下降法修正 Discriminator。

（2）然后固定 Discriminator 中所有参数，收集 Fake image，用梯度下降法修正 Gernerator。

由于涉及反馈的处理，同时代码本身也不是很难，这里就不再展示，有兴趣的读者可以自行完成。

13.3 JAX 实战——GAN 网络

下面我们通过 JAX 实现 GAN 网络的程序设计。

13.3.1 生成对抗网络 GAN 的实现

相对于前面所学习的内容，生成对抗网络在结构上并不复杂，而更多的是需要学习编程技巧以及模型计算的顺序。在本小节示例中，我们采用的是 MNIST 数据集，目标是判定输入的数据是真实有效的手写数字还是随机的图像。

1. 第一步：数据的获取

这里采用 MNIST 数据集，因为生成对抗网络不需要对输入的数据类型进行判定，因此在此只使用 MNIST 的数据部分，代码如下：

```
mnist_data = jnp.load("../第1章/mnist_train_x.npy")
mnist_data = jnp.expand_dims(mnist_data,axis=-1)
mnist_data = (mnist_data - 256)/256.# 这样确保值在 -1,1 之间
```

2. 第二步：生成模型与对抗模型的编写

下面的工作就是按照上一节中的分析来设计生成模型与对抗模型。

（1）生成模型

生成模型的设计需要使用一个较特殊的卷积网络，即逆卷积网络，其作用是对输入的数据进行一次卷积逆计算：

```
def GeneralConvTranspose(dimension_numbers, out_chan, filter_shape,
strides=None, padding='VALID', W_init=None, b_init=normal(1e-6)):
    lhs_spec, rhs_spec, out_spec = dimension_numbers
    ...
    Conv1DTranspose = functools.partial(GeneralConvTranspose, ('NHC',
'HIO', 'NHC'))
    ConvTranspose = functools.partial(GeneralConvTranspose, ('NHWC', 'HWIO',
'NHWC'))
```

可以看到，逆卷积的源码形式与我们前面讲解的卷积计算形式类似，都需要输入卷积核大小与步进的数目，而对于数据的输入格式则根据设定可以设置不同的一维卷积或者二维卷积。

完整的生成模型代码如下所示。

【程序 13-1】

```
def generator(features = 32):
    return stax.serial(
        # 默认输入的维度为 [-1,1,1,1]
        stax.ConvTranspose(features * 2,[3, 3], [2, 2]),stax.BatchNorm(),stax.Relu,
        stax.ConvTranspose(features * 4, [4, 4], [1, 1]), stax.BatchNorm(), stax.Relu,
        stax.ConvTranspose(features * 2, [3, 3], [2, 2]), stax.BatchNorm(), stax.Relu,
        stax.ConvTranspose(1, [4, 4], [2, 2]), stax.Tanh
        # 生成的维度为 [-1,28,28,1]
```

)

笔者根据输入的数据与最终输出的数据维度预先计算好逆卷积的卷积核大小，以及步进的大小。下面是一个测试生成模型的例子：

```
key = jax.random.PRNGKey(17)
# 下面是测试 fake_image 的处理
fake_image = jax.random.normal(key,shape=[10,1,1,1])
init_random_params, predict = generator()
fake_shape = (-1,1, 1, 1)
opt_init, opt_update, get_params = optimizers.adam(step_size=2e-4)
_, init_params = init_random_params(key, fake_shape)
opt_state = opt_init(init_params)
params = get_params(opt_state)
result = predict(params,fake_image)
print(result.shape)
```

在这里设计了一个伪造的数据，其维度为[10,1,1,1]，而此数据通过生成模型后，输出结果如下所示：

$$(10, 28, 28, 1)$$

（2）判别模型

判别模型的作用是对生成的数据进行真假判定，这里的真假可以使用一个二分类的目标进行替代，完整的判别模型代码如下：

```
def discriminator(features = 32):
    return stax.serial(
        stax.Conv(features,[4, 4], [2, 2]),stax.BatchNorm(), stax.LeakyRelu,
        stax.Conv(features, [4, 4], [2, 2]), stax.BatchNorm(), stax.LeakyRelu,
        stax.Conv(2, [4, 4], [2, 2]),stax.Flatten
    )
```

可以看到，判别模型实际上就是一个普通的分类模型，在这里接受的数据维度为[-1,28,28,1]，经计算后生成最终的结果。测试函数代码如下所示：

```
real_image = jax.random.normal(key,shape=[10,28,28,1])
init_random_params, predict = discriminator()
real_shape = (-1, 28,28, 1)
opt_init, opt_update, get_params = optimizers.adam(step_size=2e-4)
_, init_params = init_random_params(key, real_shape)
opt_state = opt_init(init_params)
params = get_params(opt_state)
result = predict(params, real_image)
print(result.shape)
```

3．第三步：损失函数的设计

下面就是损失函数的设计，经过前面分析可以知道，对于GAN网络的损失函数来说，其实际上就是多个交叉熵函数的集合，因此损失函数的设计说明如下。

生成函数的损失函数：

```
@jax.jit
def loss_generator(gen_params,dic_params, fake_image):
    gen_result = gen_predict(gen_params, fake_image)
    fake_result = dic_predict(dic_params,gen_result)
    fake_targets = jnp.tile(jnp.array([0,1]),[fake_image.shape[0],1])
#[0,1] 代表虚假数据
    loss = jnp.mean(jnp.sum(-fake_targets * fake_result, axis=1))
    return loss
```

判别函数的损失函数：

```
@jax.jit
def loss_discriminator(dic_params,gen_params, fake_image,real_image):
    gen_result = gen_predict(gen_params, fake_image)
    fake_result = dic_predict(dic_params,gen_result)
    real_result = dic_predict(dic_params, real_image)
    fake_targets = jnp.tile(jnp.array([0,1]),[fake_image.shape[0],1])
#[0,1] 代表虚假数据
    real_targets = jnp.tile(jnp.array([1,0]),[real_image.shape[0],1])
#[1,0] 代表真实数据
    loss = jnp.mean(jnp.sum(-fake_targets * fake_result, axis=1)) + jnp.mean(jnp.sum(-real_targets * real_result, axis=1))
    return loss
```

这里在设计损失函数的目标值时使用了不同的分类数据代表不同的值，其中 [0,1] 代表虚假数据，而 [1,0] 代表真实数据。

4．第四步：GAN 程序训练

下面就是 GAN 程序的完整训练代码：

```
import jax
import jax.numpy as jnp
from jax import grad
from jax.experimental import optimizers
from jax.experimental import stax
from jax.experimental import optimizers
import gen_and_dis
def sample_latent(key, shape):
    return jax.random.normal(key, shape=shape)
key = jax.random.PRNGKey(17)
latent = sample_latent(key, shape=(100, 64))
real_shape = (-1, 28, 28, 1)
# gen_fun 的处理
gen_init_random_params, gen_predict = gen_and_dis.generator()
fake_shape = (-1, 1, 1, 1)
```

```python
    gen_opt_init, gen_opt_update, gen_get_params = optimizers.adam(step_size=2e-4)
    _, gen_init_params = gen_init_random_params(key, fake_shape)
    gen_opt_state = gen_opt_init(gen_init_params)
    # dic_fun 的处理
    dic_init_random_params, dic_predict = gen_and_dis.discriminator()
    real_shape = (-1, 28, 28, 1)
    dic_opt_init, dic_opt_update, dic_get_params = optimizers.adam(step_size=2e-4)
    _, dic_init_params = dic_init_random_params(key, real_shape)
    dic_opt_state = dic_opt_init(dic_init_params)
    @jax.jit
    def loss_generator(gen_params,dic_params, fake_image):
        gen_result = gen_predict(gen_params, fake_image)
        fake_result = dic_predict(dic_params,gen_result)
        fake_targets = jnp.tile(jnp.array([0,1]),[fake_image.shape[0],1])
#[0,1] 代表虚假数据
        loss = jnp.mean(jnp.sum(-fake_targets * fake_result, axis=1))
        return loss
    @jax.jit
    def loss_discriminator(dic_params,gen_params, fake_image,real_image):
        gen_result = gen_predict(gen_params, fake_image)
        fake_result = dic_predict(dic_params,gen_result)
        real_result = dic_predict(dic_params, real_image)
        fake_targets = jnp.tile(jnp.array([0,1]),[fake_image.shape[0],1])
#[0,1] 代表虚假数据
        real_targets = jnp.tile(jnp.array([1,0]),[real_image.shape[0],1])
#[1,0] 代表真实数据
        loss = jnp.mean(jnp.sum(-fake_targets * fake_result, axis=1)) + jnp.mean(jnp.sum(-real_targets * real_result, axis=1))
        return loss
    mnist_data = gen_and_dis.mnist_data
    batch_size = 128
    for i in range(1):
        batch_num = len(mnist_data)//batch_size
        for j in range(batch_num):
            start = batch_size * j
            end = batch_size * (j + 1)
            real_image = mnist_data[start:end]
            gen_params = gen_get_params(gen_opt_state)
            dic_params = dic_get_params(dic_opt_state)
            fake_image = jax.random.normal(key + j, shape=[batch_size, 1, 1, 1])
            gen_opt_state = gen_opt_update(j, grad(loss_generator)(gen_params,dic_params, fake_image), gen_opt_state)
            dic_opt_state = gen_opt_update(j, grad(loss_discriminator)(dic_params,gen_params, fake_image,real_image), dic_opt_state)
```

请读者自行运行验证。

13.3.2 GAN 的应用前景

自诞生以来，GAN 的发展取得了令人瞩目的成就。GAN 最早的原型是自动编码器和变分编码器，是为了让计算机能够进行画画、创作诗歌等具有创造性的工作而创造的。在此基础上，2014 年诞生了目前常用的生成对抗网络——GAN。

GAN 的应用场景非常广泛，可用于图像生成、图像转换、图像合成、场景合成、人脸合成、文本到图像的合成、风格迁移、图像超分辨率、图像域的转换（换发型等）、图像修复，甚至于做填空题。

1. 风格迁移

妆容迁移（Makeup transfer），常用于将参考图像的妆容迁移到目标人脸上。妆容迁移实际上也是一种风格迁移，如图 13.8 所示。

2. 虚拟换衣

虚拟换衣就是给定某款衣服图像，让目标试衣者虚拟穿上。该应用主要用于对上身换装。模型首先提取目标人物的姿态骨骼点、身体形状二值图、头部三部分构成"不带衣服信息的身体表征"，加上衣服图像，作为网络的输入，通过两阶段网络，由粗到细地生成穿上衣服的效果。国际上已有的 ClothFlow 工具生成衣服的效果如图 13.9 所示。

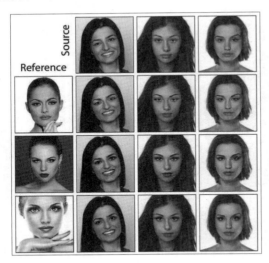

图 13.8 妆容迁移

图 13.9 虚拟换衣

3. 生成图像数据集

人工智能的训练是需要大量的数据集的，如果全部靠人工收集和标注，成本很高。GAN 可以自动地生成一些数据集，以提供低成本的训练数据，如图 13.10 所示。

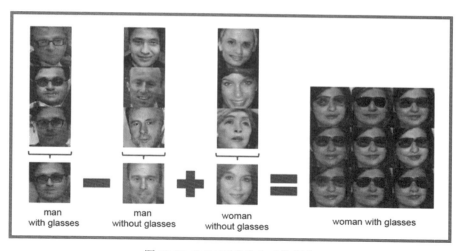

图 13.10 GAN 可自动生成数据集

4．图像到图像的转换

简单来说就是把一种形式的图像转换成另外一种形式的图像，就好像加滤镜一样神奇。例如把草稿转换成照片、把卫星照片转换为 Google 地图的图片、把照片转换成油画、把白天转换成黑夜等，如图 13.11 所示。

图 13.11 图像到图像的转换

5．照片修复

假如照片中有一个区域出现了问题（比如被涂上颜色或者被抹去），GAN 可以修复这个区域，还原成原始的状态，如图 13.12 所示。

图 13.12 照片修复

6．姿势引导人像生成

通过姿势的附加输入，我们可以将图像转换为不同的姿势。例如，图 13.13 右上角图像是基础姿势，右下角是生成的图像。

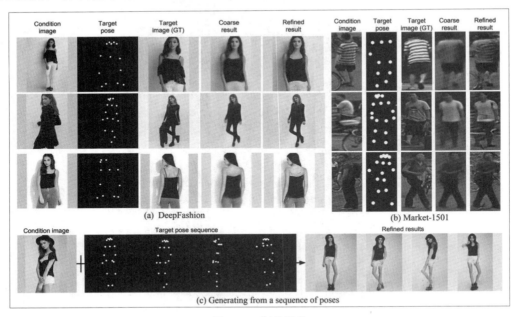

图 13.13 姿势转换

7．音乐的产生

GAN 可以应用于非图像领域，例如作曲，如图 13.14 所示。

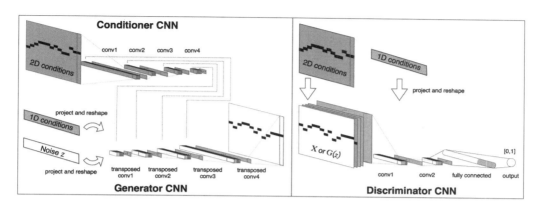

图 13.14 作曲

8. 医疗（异常检测）

GAN 还可以扩展到其他行业，例如医学中的肿瘤检测，如图 13.15 所示。

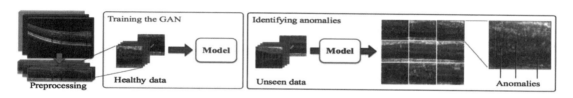

图 13.15 医学中的肿瘤检测

13.4 本章小结

本章使用 JAX 完成了 GAN 网络的程序设计，帮助读者复习 JAX 程序设计的完整步骤，以及需要了解的一些技巧，同时也介绍了一种新的网络模型——生成对抗网络。

正如其他一些具有非常大研究价值和潜力的学科一样，GAN 的发展也越来越受到关注，对其的研究也越深入。GAN 采用简单的生成与判别关系，在大量重复学习运算之后，可能为行业发展带来十分巨大的想象力。从基本原理上看，GAN 可以通过不断地自我判别来推导出更真实、更符合训练目的的生成样本。这就给图片、视频等领域带来了极大的想象空间。

本章只是粗略地对 GAN 进行了介绍，从结构组成和数学表达上对其做了说明，随着计算技术的发展和人们对其研究的深入，更多基于 GAN 的探索和应用还会陆续地被发现和实现。

附录
Windows 11 安装 GPU 版本的 JAX

第 1 章介绍了基于 WSL 的 CPU 版本的 JAX 安装方法,目的是为了方便读者快速开启 JAX 的程序设计之旅。可能有读者会发现,随着学习的深入以及程序模型设计得越来越复杂,使用 CPU 版本的 JAX 已经无法满足程序设计的需求,其运算(特别是模型的训练过程)所消耗的时间也越来越长,因此部分读者可能迫切需要安装 GPU 版本的 JAX。

对于 GPU 版本的 JAX 安装,一个比较好而且相对简单的办法就是:直接将其安装在 Linux 操作系统上,熟悉 Linux 操作系统的读者可以尝试一下。

Windows 10 系统由于版本问题,对于大多数读者来说,直接在 Windows 10 系统上使用具有 GPU 运算功能的 WSL 也是不可行的(参见前面章节)。因此要么放弃使用 GPU 版本的 JAX,或者就是直接在 Linux 操作系统上使用 GPU 版本的 JAX。

随着 Windows 11 系统的正式发布,这个问题可以说是迎刃而解,下面给出在 Windows 11 系统上安装 GPU 版本的 JAX 的完整步骤。

1. 第一步:Windows 11 的准备

Windows 11 的安装需要读者自行解决,推荐使用正版的 Windows 操作系统。目前笔者所使用的版本号如图 A.1 所示。

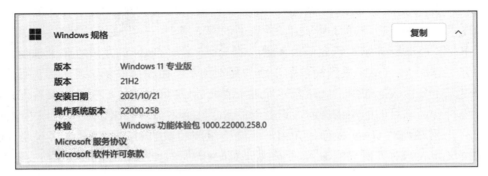

图 A.1 Windows 11 版本

在不低于此版本的 Windows 11 操作系统上即可以正确安装 GPU 版本的 JAX。

2．第二步：安装支持 WSL 的 NVIDIA 驱动

与在第 1 章中直接安装 WSL 不同，我们需要安装最新版本支持 WSL 的 NVIDIA 驱动，这个驱动可以在 NVIDIA 官方网站下载，网站打开界面如图 A.2 所示。

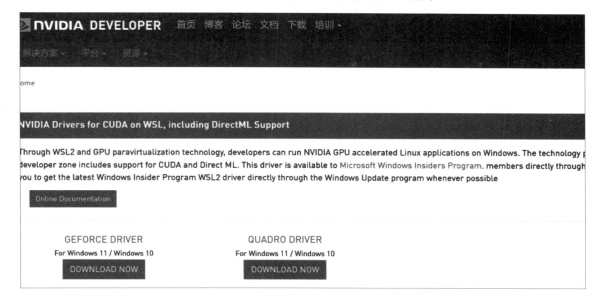

图 A.2 NVIDIA 官方网站

选择支持 WSL 的 Windows 11 驱动，这里请选择左侧的基于"GEFORCE DRIVER"的驱动程序，单击"DOWNLOAD NOW"按钮后开启下载。下载完毕后可自行安装此驱动并重启计算机。

3．第三步：安装 WSL

在第 1 章中已经讲解了 Windows 10 版本下 WSL 的安装，并且使用的是 Ubuntu 20.04 版本，这里可以使用相同的安装方式来完成 WSL 的安装。

4．第四步：WSL 中安装必要的组件

在 WSL 中安装 CUDA 驱动之前需要安装一些必要的组件，打开 WSL 的终端，依次输入如下命令（有可能需要读者输入操作密码，输入预先设定好的安装密码即可）：

```
sudo apt update
sudo apt install gcc make g++
sudo apt install build-essential
sudo apt install python3-pip
```

在安装完相应的组件后，再进入 WSL 中安装 CUDA。

5．第五步：WSL 中 CUDA 驱动的下载与安装

CUDA 的安装需要下载相应的驱动程序。

（1）首先在终端界面输入如下命令，创建一个下载文件夹：

```
sudo mkdir downloads
```

创建完毕后，可以使用 ls 命令查看创建结果，如图 A.3 所示。

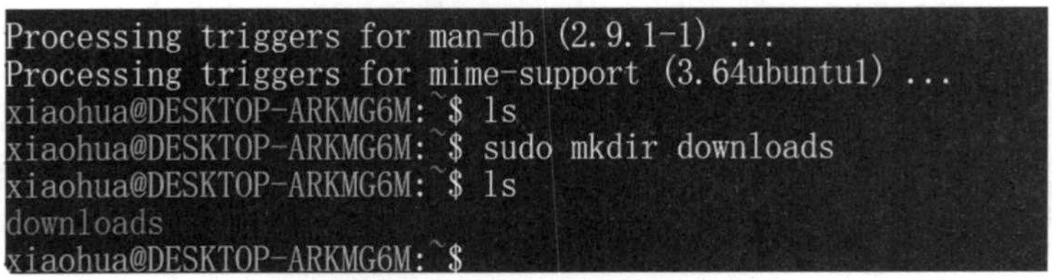

图 A.3 ls 命令查看结果

（2）在终端输入如下命令进入 downloads 文件夹：

```
cd downloads/
```

（3）在其中下载 11.1 版本的 CUDA 驱动文件，命令如下：

```
sudo wget https://developer.download.NVIDIA.com/compute/cuda/11.1.0/ local_installers/cuda_11.1.0_455.23.05_linux.run
```

效果如图 A.4 所示。

图 A.4 下载 CUDA 文件

（4）等待 CUDA 驱动程序下载完毕后（此下载根据读者的网络情况可能需要一些时间，见图 A.5），进入安装 CUDA 环节。

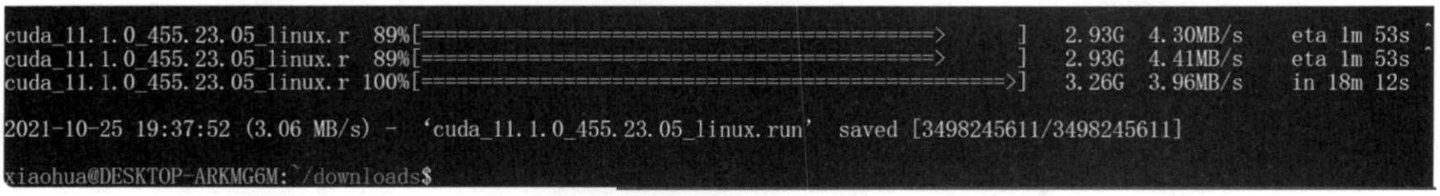

图 A.5 等待下载

（5）CUDA 的安装需要在当前 downloads 目录中输入如下命令：

```
sudo sh cuda_11.1.0_455.23.05_linux.run
```

开启安装模式。注意，初始化 CUDA 的安装界面需要一些时间，耐心等待一下，如图 A.6 所示。

图 A.6 安装模式 CUDA

（6）在正式进入 CUDA 安装界面之前，需要读者确认许可信息，这里直接输入"accept"即可，如图 A.7 所示。

按 Enter 键后正式进入 CUDA 安装过程，这里采用默认的安装内容，移动键盘上下键将光标移动到"Install"上直接按 Enter 键，开始安装，如图 A.8 所示。

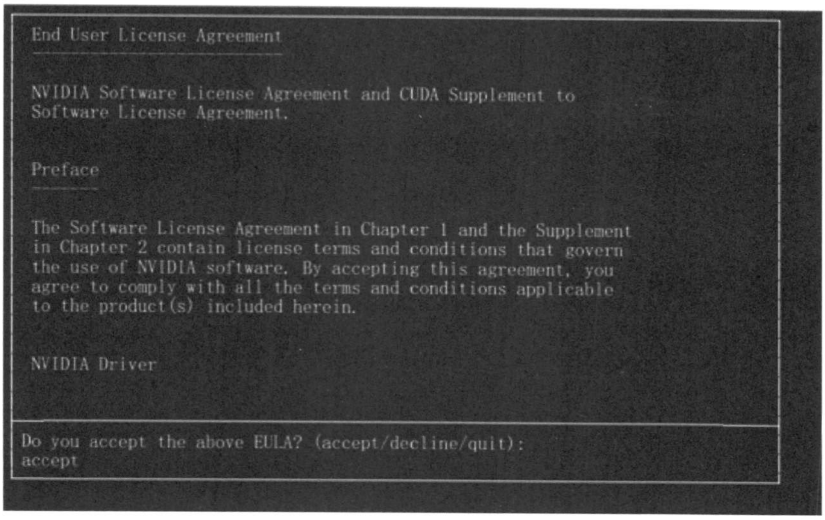

图 A.7 确认许可信息

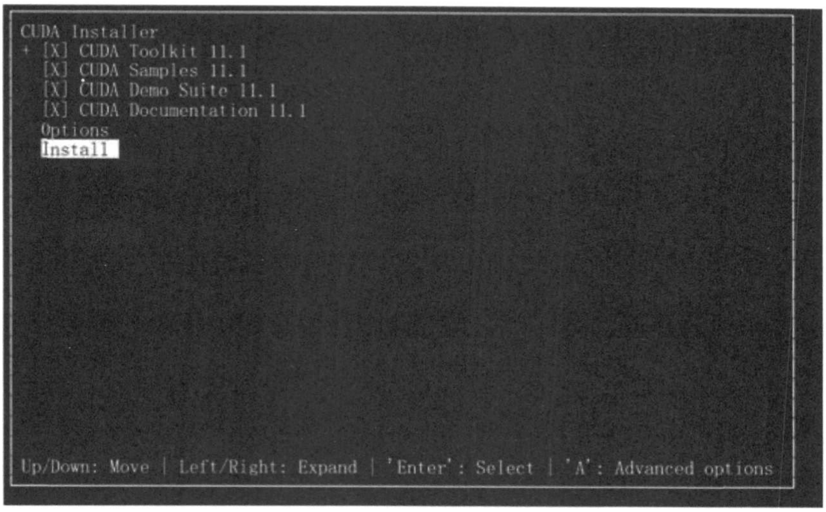

图 A.8 开启安装

（7）光标重新出现后表示 CUDA 安装完毕，之后依次输入如下命令：

```
cd /usr/local/
ls
```

可以在 local 文件夹下看到已经生成了 2 个新的文件夹：cuda 和 cuda-11.1，如图 A.9 所示，表明 CUDA 的安装结束。

图 A.9 检查文件夹

6．第六步：配置 CUDA 环境变量

对 CUDA 的环境变量配置略为麻烦，步骤如下：

（1）首先关闭并重新打开 WSL 终端，之后输入如下命令：

```
sudo cp /etc/profile /mnt/d/profile
```

将配置文件复制到 Windows 11 系统的 D 盘文件夹中。

（2）使用 Windows 系统自带的记事本打开 profile 文件，在最后添加如下 2 条语句：

```
export PATH='$PATH:/usr/local/cuda-11.1/bin/:/usr/bin:/usr/local/bin: /usr/local/sbin:/usr/sbin:/sbin'
export LD_LIBRARY_PATH="/usr/local/cuda-11.1/lib64:$LD_LIBRARY_PATH"
```

之后保存文件，如图 A.10 所示。

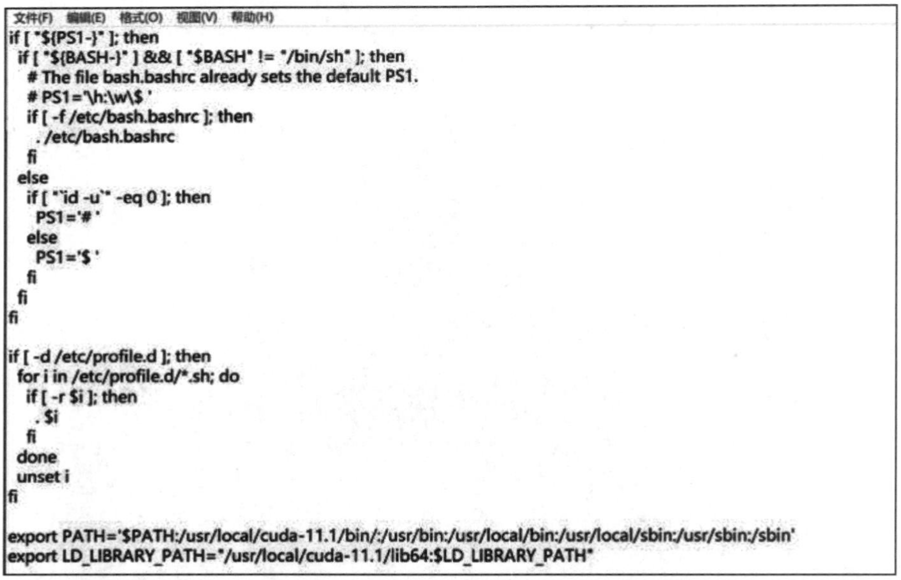

```
文件(F) 编辑(E) 格式(O) 视图(V) 帮助(H)
if [ "${PS1-}" ]; then
  if [ "${BASH-}" ] && [ "$BASH" != "/bin/sh" ]; then
    # The file bash.bashrc already sets the default PS1.
    # PS1='\h:\w\$ '
    if [ -f /etc/bash.bashrc ]; then
      . /etc/bash.bashrc
    fi
  else
    if [ "`id -u`" -eq 0 ]; then
      PS1='# '
    else
      PS1='$ '
    fi
  fi
fi

if [ -d /etc/profile.d ]; then
  for i in /etc/profile.d/*.sh; do
    if [ -r $i ]; then
      . $i
    fi
  done
  unset i
fi

export PATH='$PATH:/usr/local/cuda-11.1/bin/:/usr/bin:/usr/local/bin:/usr/local/sbin:/usr/sbin:/sbin'
export LD_LIBRARY_PATH="/usr/local/cuda-11.1/lib64:$LD_LIBRARY_PATH"
```

图 A.10 添加配置语句后的记事本文件

（3）将保存好的记事本文件重新发送到 WSL 下的 /etc/profile 中，使用如图 A.11 所示的命令。

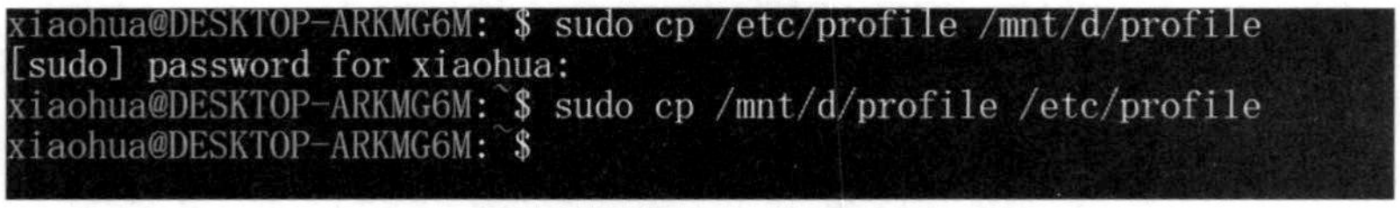

```
xiaohua@DESKTOP-ARKMG6M: $ sudo cp /etc/profile /mnt/d/profile
[sudo] password for xiaohua:
xiaohua@DESKTOP-ARKMG6M:~$ sudo cp /mnt/d/profile /etc/profile
xiaohua@DESKTOP-ARKMG6M:~$
```

图 A.11 将 profile 文件重新复制到 WSL 中

（4）关闭终端后重新打开，输入如下命令：

```
nvcc -V
```

可以看到，在终端中打印出对应的 NVIDIA 驱动程序版本，如图 A.12 所示，此阶段结束。

图 A.12 NVIDIA 驱动程序版本

7. 第七步：cuDNN 的安装

cuDNN 的安装也需要用到我们刚才使用的 cp 命令，步骤如下：

（1）首先注册 NVIDIA 开发者用户，下载如图 A.13 所示版本的 cuDNN 到 D 盘的根目录中。

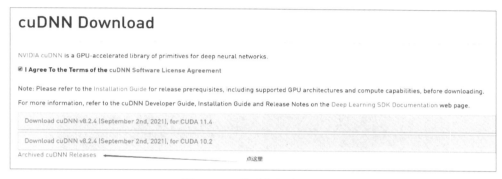

图 A.13 下载选择版本页面

（2）之后选择对应的 cuDNN，如图 A.14 所示。

图 A.14 需要下载的 cuDNN

（3）下载好的 cuDNN 安装文件如图 A.15 所示。

图 A.15 下载好的 cuDNN

（4）重新打开 WSL 终端，使用如下命令重新进入刚才创建的 downloads 文件夹，如图 A.16 所示。

```
cd downloads/
```

图 A.16 进入 downloads 目录

（5）输入如下命令将 D 盘中的 cuDNN 文件复制到 WSL 中，如图 A.17 所示：

```
sudo cp /mnt/d/cudnn-11.2-linux-x64-v8.1.0.77.tgz cudnn-11.2-linux-x64-v8.1.0.77.tgz
```

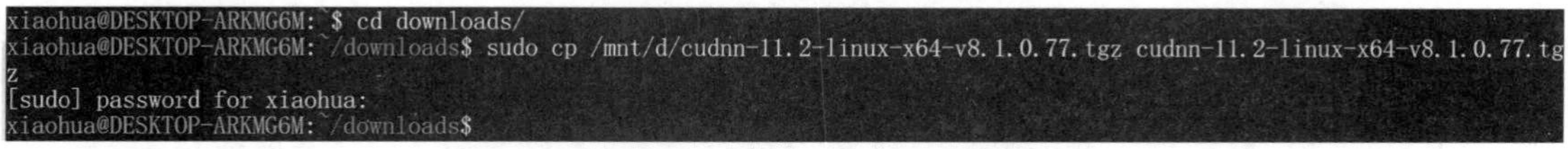

图 A.17 复制 cuDNN 到 WSL 的 downloads 中

（6）此时，在当前 WSL 目录下输入 ls 命令即可看到目录中有 2 个文件，如图 A.18 所示。

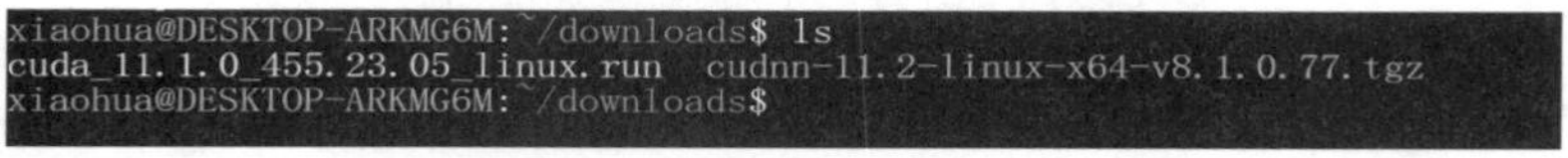

图 A.18 ls 查看

（7）需要对下载的 tgz 文件进行解压缩，命令如下：

```
sudo tar -zxvf cudnn-11.2-linux-x64-v8.1.0.77.tgz
```

如图 A.19 所示，等待解压缩完毕后即可进入下一个阶段。

图 A.19 解压缩

8. 第八步：cuDNN 文件的复制

下面需要将解压缩的 cuDNN 文件复制到 CUDA 文件夹中，请读者在 downloads 文件夹中依次进行如下操作：

```
sudo cp cuda/include/cudnn.h /usr/local/cuda-11.1/include/
sudo cp cuda/lib64/libcudnn* /usr/local/cuda-11.1/lib64/
sudo cp /usr/local/cuda-11.1/lib64/libcusolver.so.11 /usr/local/cuda-11.1/lib64/libcusolver.so.10
sudo chmod +x /usr/local/cuda/include/cudnn.h
sudo chmod +x /usr/local/cuda/lib64/libcudnn*
```

这里第 3 条语句可能需要花费一些时间。操作结束后，即可完成 CUDA 与 cuDNN 的安装。

9. 第九步：验证 CUDA 的安装

下面是验证 CUDA 的安装部分，我们采用 TensorFlow 的安装来验证，在终端中输入如下命令：

```
pip install tensorflow-GPU==2.5.0
```

安装结束后，如图 A.20 所示。

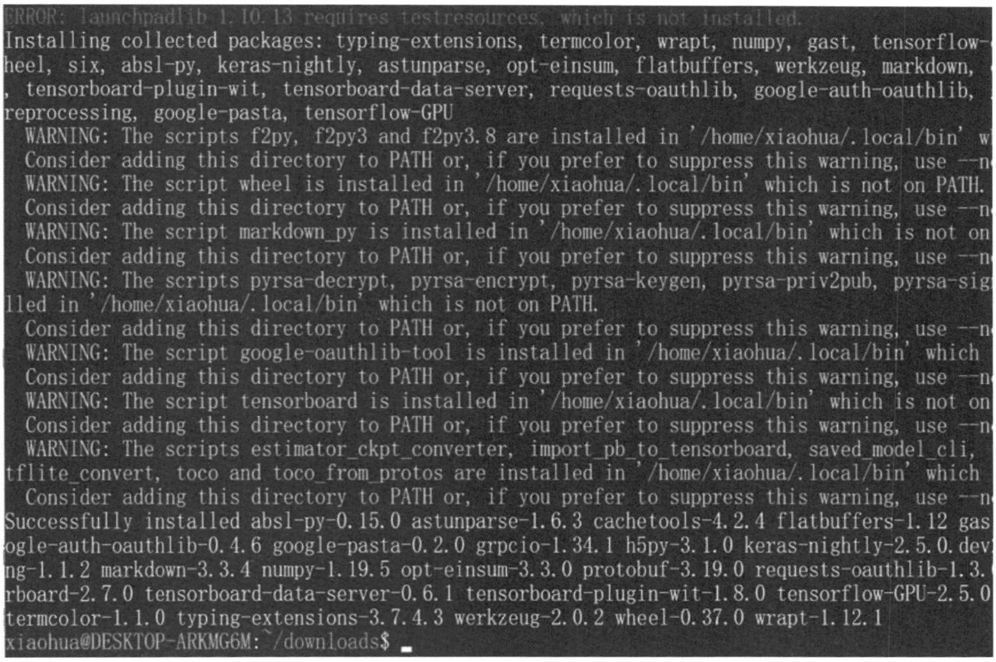

图 A.20 TensorFlow 安装完毕

之后输入 python3 进入到 Python 编程界面，输入如下语句：

```
import tensorflow as tf
devices = tf.config.list_physical_devices()
print(devices)
```

最后输出结果如图 A.21 所示。

```
[PhysicalDevice(name='/physical_device:CPU:0', device_type='CPU'), PhysicalDevice(name='/physical_device:GPU:0', device_
type='GPU')]
```

图 A.21 代码输出结果

这样可以确认 CUDA 与 cuDNN 已经正确安装完毕。

10．第十步：安装 GPU 版本的 JAX

关闭终端后重新打开，开始安装GPU版本的JAX。现阶段的JAX有若干个版本，经过测试，读者可使用如下命令安装 GPU 版本的 JAX：

```
pip install --upgrade jax==0.2.19 jaxlib==0.1.71+cuda111 -f https://storage.
googleapis.com/jax-releases/jax_releases.html
```

最终安装结果如图 A.22 所示。

```
x-releases/jax_releases.html
Looking in links: https://storage.googleapis.com/jax-releases/jax_releases.html
Collecting jax==0.2.19
  Downloading jax-0.2.19.tar.gz (728 kB)
     |████████████████████████████████| 728 kB 285 kB/s
Collecting jaxlib==0.1.71+cuda111
  Downloading https://storage.googleapis.com/jax-releases/cuda111/jaxlib-0.1.71%2Bcuda111-cp38-none-manylinux2010_x86_64
.whl (197.3 MB)
     |████████████████████████████████| 197.3 MB 409 kB/s
Requirement already satisfied, skipping upgrade: absl-py in ./.local/lib/python3.8/site-packages (from jax==0.2.19) (0.1
5.0)
Requirement already satisfied, skipping upgrade: numpy>=1.18 in ./.local/lib/python3.8/site-packages (from jax==0.2.19)
(1.19.5)
Requirement already satisfied, skipping upgrade: opt_einsum in ./.local/lib/python3.8/site-packages (from jax==0.2.19) (
3.3.0)
Requirement already satisfied, skipping upgrade: flatbuffers<3.0,>=1.12 in ./.local/lib/python3.8/site-packages (from ja
xlib==0.1.71+cuda111) (1.12)
Collecting scipy
  Downloading scipy-1.7.1-cp38-cp38-manylinux_2_5_x86_64.manylinux1_x86_64.whl (28.4 MB)
     |████████████████████████████████| 28.4 MB 8.1 MB/s
Requirement already satisfied, skipping upgrade: six in ./.local/lib/python3.8/site-packages (from absl-py->jax==0.2.19)
 (1.15.0)
Building wheels for collected packages: jax
  Building wheel for jax (setup.py) ... done
  Created wheel for jax: filename=jax-0.2.19-py3-none-any.whl size=834870 sha256=6eaf6f933176c205de7cd27077f75df79380172
a084574e3f66127b9db0f4653
  Stored in directory: /home/xiaohua/.cache/pip/wheels/78/ae/07/bd3adac873fa80efc909c09331831905ac657dbb8d1278235e
Successfully built jax
Installing collected packages: jax, scipy, jaxlib
Successfully installed jax-0.2.19 jaxlib-0.1.71+cuda111 scipy-1.7.1
xiaohua@DESKTOP-ARKMG6M:~$
```

图 A.22 GPU 版本的 JAX 安装

最后是对 JAX 的安装验证，在 Python 3.8 编程界面上输入如下命令：

```
import jax
print(jax.random.PRNGKey(17))
```

结果如图 A.23 所示。

```
xiaohua@DESKTOP-ARKMG6M:~$ python3
Python 3.8.10 (default, Sep 28 2021, 16:10:42)
[GCC 9.3.0] on linux
Type "help", "copyright", "credits" or "license" for more information.
>>> import jax
>>> print(jax.random.PRNGKey(17))
[ 0 17]
>>>
```

图 A.23 测试 GPU 版本的 JAX

至此成功完成 GPU 版本的 JAX 安装。